G

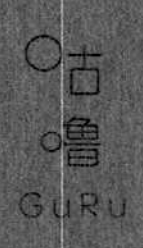
咕
噜
GuRu

崔凯
著

谷物的故事

The Story of GRAIN

读解大国文明的
生存密码

上海三联书店

图书在版编目（CIP）数据

谷物的故事：读解大国文明的生存密码/崔凯著. —上海：上海三联书店，2024. 1 重印
ISBN 978-7-5426-7709-9

Ⅰ. ①谷…　Ⅱ. ①崔…　Ⅲ. ①谷物—农业史—世界
Ⅳ. ①S37-091

中国版本图书馆 CIP 数据核字（2022）第 058594 号

谷物的故事
读解大国文明的生存密码

著　　者 / 崔　凯

责任编辑 / 匡志宏　刘　琼
装帧设计 / 人马艺术设计工作室·储平
监　　制 / 姚　军
责任校对 / 王凌霄

出版发行 / 上海三联书店
（200030）中国上海市漕溪北路 331 号 A 座 6 楼
邮　　箱 / sdxsanlian@sina. com
邮购电话 / 021-22895540
印　　刷 / 上海颛辉印刷厂有限公司

版　　次 / 2022 年 9 月第 1 版
印　　次 / 2024 年 1 月第 4 次印刷
开　　本 / 890 mm × 1240 mm　1/32
字　　数 / 240 千字
印　　张 / 11. 125
书　　号 / ISBN 978-7-5426-7709-9/K·668
定　　价 / 49. 00 元

目录

第三部分
工业化时代的谷物

前言

以谷物的视角，看人类的历史

2018 年，我在宾夕法尼亚大学做访问学者，选修了人类学系的《人类史大变迁》课程。英语中，文明（culture）的词源即耕作（cultivation）和农业（agriculture）。虽然这些资讯在课堂上只是一带而过，但人类学的视角和全球化的视野给我很大触动。当时就突发奇想：能不能用谷物的视角写一本人类学的书籍？四年时间过去了，今天《谷物的故事》终于呈现在大家面前，希望它能够带领读者步入人类文明史的长卷。

民以食为天，国以粮为本。从古至今，谷物一直是人类文明赖以生存和传承的基础，也是人类史上至关重要的叙事话题。1 万年前，人类将野草驯化成谷物，就此开启了文明的篇章。起源于西亚的小麦、中国的水稻、美洲的玉米今天已经遍布世界，地球人口也从 1 万年前的几百万增加到 2022 年的 80 亿。从米饭到面包，从养殖场到酿酒厂，从爆米花到燃料乙醇，到处都有谷物的身影。人类影响着谷物，让它们有了饱满的籽粒、更高的产量和更好的口感；谷物也在塑造着人类：在埃及，啤酒可以作为法老支付给金字塔劳工的薪水；在中国，农耕民族为防御游牧民族的劫掠构筑了长城，帝王为了将南方的粮食调运至北方修建了运河；在欧洲，为了提高粮食产量，科学家发明了拖拉机和化肥；在美国，为了增加农作物产量及抵抗病虫害，生物学家发明了转基因技术，并引发巨大争议……

过去 20 年，人们生活在网络里。往前 100 年，许多人生活在工厂里。再往前几千年，几乎所有人都是农民。2011 年，中国城镇化率突破 50%，很少有人意识到，这是中国有史以来的第一次——人口的多数不再是农民。我们正在走出“乡土中国”，人们开始“告别农业”。城市里长大的孩子，对农田几乎完全生疏。人们在超市里购买肉蛋奶，感觉和买牙膏、毛巾没有什么区别。人们喜欢在楼宇中谈论各种概念，却渐渐丧失了关于自然的原始记忆。

当然，大家依旧关注着农业，只是这种关注已经从“锄禾日当午”升级到“舌尖上的中国”。人们畏缩在食品工业链的末端，只是偶尔在博物馆中管窥曾经的农耕文明。过去的孩子拿起镰刀是生活，今天的孩子拿起镰刀是体验生活。1 公顷有多少亩？1 亩地有多少平方米？这样的农业常识很多人恐怕已经说不清楚。所幸，现代人的 DNA 里仍保留着对田野的亲近，仍然喜欢生命的绿色——那里不仅有祖先的基因，还有人类的根基。

图书市场里有不少欧美作者写的咖啡、甘蔗、胡椒、辣椒、棉花等通识书籍。这些物种都是在地理大发现后走向世界的。其中既有财富故事，也有族群血泪史，欧洲人对此有着独特的情感记忆。相比之下，谷物是农业版图中的“主角”，是人类最悠久的驯化物种，不仅养育了人类，也孕育了文明。在漫长的历史进程中，种地甚至成为中国人的“天赋”。然而，适合大众阅读的谷物历史读本依然罕见。在很多人眼中，谷物只是站在田野里的瘦弱植物，或者是包装袋中的各种粮食。不能不说，这是一种尴尬。

对我而言，谷物不仅属于书本，更是厚重的人生记忆。在写作时，我心中经常涌动着一份激情。我出生于东北农村，房前屋后就是连绵几十里的农田，在不知不觉间见证了谷物的春华秋实，这是一种与生俱来的“田野调查”。很幸运，在不收学费的年代我考上了大学。大学毕业实习时，我还去科尔沁草原上的一个村落管理过 5000 亩的稻田。从本科到博士，我分别学习了农学、生物化学、食品工程和心理学四个专业。工作以后，我调研过数百家农业企业，还担任过多家农业上市公司的独立董事。这些实践积累使我能够跳出书本，用产业、经济和社会的视角审视农业。这些年，我还走遍了中国大陆 31 个省份，访学美国农业，游历埃及和墨西哥等谷物起源地。回想起来，从小到大的这些经历让我成为谷物话题的杂食者，似乎就是为了今天可以写成这样一本书。我更大的心愿是能以这本书为蓝本，拍摄一部谷物主题的纪录片。

乡土是我与生俱来的一块胎记，骨子里我仍是那个手拿镰刀、在田野中耕作的少年，有着自然蛮性。我喜欢简单快意的生活，愿意写有情感、有温度、能够让大众读懂的东西。写作中，我尽量减少晦涩的专业术语，同时穿插了一些趣闻轶事、诗词画作和生活经历。希望这种写法能够为读者带来一份轻松和愉悦。囿于学识所限，观点浅薄和疏漏之处，也恳请大家谅解和包容。

以谷物的视角，放眼世界，纵横万年。《谷物的故事》不是一本仅属于农业圈的读物，它的读者可以是任何热爱自然、历史和生活的人。让我们一道与谷物为伴，回望历史、洞见未来！

崔　凯

2022 年春分

第一部分

谷物与人类的一万年

1.3万年前，地球遭遇了一次冰河期，人类不得不吃起了草籽，就此开启了漫长而又复杂的谷物驯化历程。

5000多年前，小麦、水稻、小米、高粱等谷物已经在田野中各就各位，人口汇聚成村落、城镇和国家，孕育出我们熟知的两河文明、古埃及文明和华夏文明。

2000多年前，欧亚大陆上先后出现了几个征战四方的大帝国，物种开始随着军队的脚步加速传播。

500年前，地理大发现将世界融为一体，有了我们今天丰盛的餐桌。

假如把地球46亿年的历史比作一天24小时，那么21时30分（4.7亿年前）植物从水中登上陆地，22时10分（3.6亿年前）种子植物开始出现，人类直立行走的400万年发生在23时58分45秒，人类种植谷物的1万年只是最后的0.2秒。然而就是在这最后0.2秒才出现的谷物，使得人类历史走向了截然不同的方向。文明的诞生、近代工业化、现代社会的富足，追根溯源，都要归功于它的出现。

第 1 章

谷物的起源与驯化

我们在战场上殒命，历史却对这些战场大加宣扬；我们在耕地里繁荣，历史却对这些耕地充满轻蔑、不愿提及；国王的私生子都能在历史上留名，而小麦的源头却无人知晓。人类就是如此愚蠢。

——卡西米尔·法布尔（Casimir Fabre），法国博物学家

1 万年前的一个秋天，一位远古先民走在旷野中。冬天就要到了，能够找到的越冬食物越来越少，她有些困顿。忽然，一片结满籽粒的野生麦子映入她的眼帘。她欣喜若狂，挥舞着木柄石刀，收割了一捆成熟的野麦，兴冲冲地背回山洞。几颗麦粒从植株上脱落，散落在坡地上。第二年大地回春，她发现麦粒发了芽，长出了新的麦株，在秋天还结出了果实。很快，更多人开始效仿她。就这样，人类祖先开启了野生植物的种植历程，主动给自己生产粮食。农田出现了，并向四周延伸。当时男人负责狩

猎，女人负责采集，所以第一代农民很可能是女性。我们不知道她的名字，但她就是历史上的第一位农民。

吃草籽，人类被动的选择

天有不测风云，冰河期好像是老天爷手里的骰子，每隔约10万年就会降临地球一次，中高纬度的很多地方成为冰雪世界。大冰河期间隙又夹杂一些小冰河期，间冰期只有约1/10。

7万年前，地球突然遭遇了一场冰期。关于冰期原因，有学者认为是印度尼西亚那一场遮天蔽日的8级火山爆发，称其为“多峇巨灾”（Toba Catastrophe）。北半球高纬度地区的气温甚至下降了10℃以上。这场冰期持续了约1000年，生态系统遭受重创，多个古老人种走向衰亡。基因研究显示：现代人的祖先大约只有2000人在非洲热带地区得以幸存。他们挺过了这次危机。冰期结束，春暖花开，人口开始增长，需要拓展新的生存空间。

树挪死，人挪活，一些部落拖家带口踏上了走出非洲的漫漫征途。这更像是一次寻找食物的远行：一路上风餐露宿，遇到食物多的地方，就多待一段日子；荒野上的食物匮乏了，就继续赶路。远古人类没有地理概念，更没有GPS导航，穿越大陆所面临的未知风险和今天的星际探索差不多。

大约6.5万年前，有一支先民沿着东非的海岸线，一路向北，穿过苏伊士地峡，阴差阳错地走出了闭塞的非洲，来到了今天亚洲西部的两河流域。5万年前，有些人选择北上，沿着地中海东岸来到了欧洲；另一些人则继续沿着印度洋海岸，向东进入到了东南亚地区，并进一步向南扩散到澳大利亚。大约 4.5 万年前，东南亚的一支古人向北方内陆迁徙，其中的先行者在 4 万年前抵达了今天的北京周边。约 1.6 万年前，又一支东亚先民越过白令海峡，踏上了美洲大地。

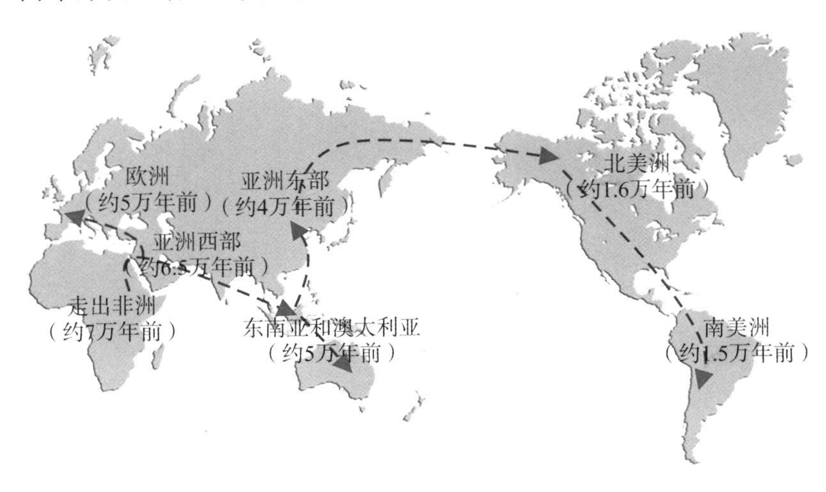

图 1-1　人类全球迁徙示意图

今天我们知道，在这批先民之前，更早期的直立人曾有过两次断断续续走出非洲的尝试。笼统来说，亚洲的北京猿人属于 100 万年前的那支，欧洲的尼安德特人则是 50 万年前的那支。迄今为止，考古学家发现了二十多种远古人类。由于严酷的冰河期和无情的物种竞争，多数远古人类已经灭绝。尼安德特人存活到三万多年前，与现代人类的祖先有过混血。科学家发现，在现代人的基因组中，大约有 2% 来自尼安德特人。而所有现代人类携带的线粒体 DNA 都可以追溯到一位生活在 20 万年前的非洲母亲，她也因此被称为“线粒体夏娃”。

7 万年前走出非洲的这支智人幸运地在蛮荒中生存了下来，

并逐步扩散到全世界。大自然赋予了人类杂食能力，肉类、块茎、野果、海螺，都是原汁原味的纯天然绿色食品。但别把这种生活想得太轻松，远古先民茹毛饮血，冬穴夏巢，过着颠沛流离的生活。四方游走时，要面对猛兽、疫病和天灾，遇到食物匮乏的季节，更是饥一顿饱一顿。他们的平均寿命不到20岁，极少数人能兴高采烈地活到30岁。

人类食谱的变化始于1.3万年前。当时地球突然遭遇了一次冰期，气温骤然下降了8℃，相当于福州的年均温度变得和北京差不多。原本只在极地生长的“仙女木”花开始在欧洲大陆上绽放，说明这一时期的欧洲变得像北极一样寒冷，地质学称之为“新仙女木事件”。从珠穆朗玛峰山体上的硕大冰川到天山深处水流冲击而成的纵深峡谷，这些天地奇观都是冰河世纪冷暖轮回的杰作。渤海和黄海的海床干涸成陆地，大量海水变成陆地上的冰川，全球1/5的地方被完全冻住，这一冻就冻了1200年，猛犸象、剑齿虎、美洲狮等动物彻底灭绝。

面对寒冷，很多哺乳动物进化出厚厚的脂肪层和长而粗的毛发。数量稀少的动物在深深的积雪中艰难地挪动，苦苦寻觅着一丝丝可能的生存机会。远古先民能够采集到的水果和块茎也越来越少，不得不拓宽食谱，吃起了以前看不上眼的草籽，考古遗存中野草种子数量开始增加。很多学者推测，正是“新仙女木事件”带来的生存压力，迫使人类走上了谷物驯化道路。或者说，人类文明只是一场绝处逢生的意外。原野中生长着茂盛的植物群落，哪些能吃，哪些有毒，远古人类了然于胸。他们对野生植物的认知能力可能远超现代植物学家。

谷物的祖先就是路边的野草。最初人类采集谷物，可能不是为了充饥，而是作为生火的柴草或者保暖的草垫。它们把瘦小的种子包裹在颖壳和麸皮中，表皮口感艰涩，既没有艳丽的色彩，也没有刺激味蕾的芳香，更不能像野苹果那样直接生吃。这些刻意的低调骗过了很多动物，却挡不住会使用火的早期人类。富含淀粉和蛋白质的草籽经过火堆的焙烤，颜色变得深褐，很容易被消化，而且散发出诱人的香味——《食品化学》教材中称之为“焦糖化反应”和“美拉德反应”——貌不惊人的草籽从此赢得了人类的青睐，逐渐登上了人类的食谱。

一直以来考古学家都认为人类是先学会了种植麦类，然后才学会用石器将麦子磨成粉，再经火烤后制成面包。然而 2018 年，在约旦东北部的一处遗址中，考古学家在石壁炉中发现了世界上最古老的面包，距今约有 1.4 万年。经过鉴定，面包的原材料是野生的大麦、小麦和燕麦等。现在看来，面包在麦类驯化之前就已经出现。甚至有学者据此推测：很可能是野生麦类焙烤后的香气促进了人类从狩猎转化为耕种——为了更方便地获取面包原料，人类开始大面积地种植谷物。

1.2 万年前，冰期终于结束。气温回升，地球上 300 米厚的冰川历时 1500 年逐渐融化为水，汇入大海，使海平面上升了 130 米。在古代，一条黄河泛滥都令我们的祖先头痛。有学者进行过测算，在这次冰雪融化时期，相当于有 30 条黄河的水量在华夏大地上肆虐奔腾，史前先民看到的会是何等景象？

冰雪融化后，大片陆地裸露出来，重见天日。气候转暖，河水充沛，地球迎来了最美好的时代。在幅员辽阔的亚洲，一些地貌复杂的高山与河谷是幸运物种的“避难所”。那里有着多元的生态环境，有着丰富的野生植物物种，让人类有了更多的选择。

根据考古学成果，在距今 1 万年前后的窗口期，天时（气候转暖）、地利（亚洲两端的河流冲积平原）、人和（居住在那里的先民）俱全，人类终于在 1 万年前开启了农业时代。西亚两河流域先民开始种植麦类，东亚的中国出现了水稻。幸运的是，在此后的 1 万年间，地球总体上沐浴着间冰期温暖的阳光，这两种谷物成为后来人类的主粮。

过去的 100 万年，地球上发生过多次冰期和暖期的交替，人类为什么没有更早开启谷物驯化？也许是因为人类祖先还没有进化出足够的智力水平，也许是因为谷物祖先还没进化到对人类有足够的吸引力，也许只是人类和谷物在时空上擦肩而过。

早期考古遗存中主要是动物骨骼，植物残留物不多。然而随着谷物驯化，碳水化合物在人类饮食结构中的比重从狩猎时期的 1/3 猛增到 2/3。几乎所有的古代国家和文明都以谷物为主粮，没有基于木薯、山药、芋头或者西瓜、苹果和松子的国家，小麦、稻米和玉米至今仍是人类的主食。请客吃饭在中国被雅称为“饭局”，而不是“肉局”或“菜局”。究竟是什么原因，使得瘦小的谷物最终跻身人类主食呢？

耶鲁大学政治学教授詹姆斯·斯科特（James C. Scott）在《反谷》（*Against the grain*）一书中提出一个新奇的观点：因为便于国家收税，谷物成为了人类的主食。谷物长在地上，摸得着也看得见，而且每年有固定的成熟季节。官吏可以根据农田面积，估测出产量，按比例收取税费。相对于谷物，土豆、红薯、木薯的果实生长在地下，可以躲过收税官的核查。还有些农作物的成熟期没有一定之规，比如四季豆有两三个月的采收期，收税官没法一次性收齐税款。我个人不太认同斯科特教授的这种说法，国家是在人类驯化谷物后四五千年才出现的，是谷物孕育出国家，而不是国家选择了谷物。

相对于人文学者，科学家更注重硬核依据。谷物种子的优势在于富含高能量的淀粉，能够为人类在荒野中奔跑提供力量。坚果虽然富含能量，但油脂含量高，容易引起腹泻。一棵红松要长 25 年以上，每年才能结出 10 斤松子，远古人类不时要迁居到新的地方，没法等这么久。爬到 10 米高的树顶去采摘，一不小心还会摔成骨折，所以松子只能作为零食。相比之下，蔬菜和水果中缺少能量物质，只能作为副食，增加营养和口味。今天很多人为了减肥选择“少吃饭多吃菜”就是这个道理。更为重要的是，人类没有冬眠的功能，入冬以后只能靠囤积的食物果腹。谷物种子风干后的含水量只有 14%——这也是今天粮库储存谷物的安全

表 1－1　主要食物含水量

类别	食物	含水量
肉类	猪肉	53%—60%
	牛肉	50%—70%
	鸡肉	74%
	鱼肉	65%—81%
水果	浆果、樱桃、梨	80%—85%
	苹果、桃子、橘子	90%
	草莓、西红柿	90%—95%
蔬菜	豌豆	74%—80%
	甜菜、西蓝花、胡萝卜、马铃薯	85%—90%
	芦笋、青豆、卷心菜、莴苣	90%—95%

资料来源：Owen R. Fennema, *Food Chemistry*, Marcel Dekker, 1996

含水量标准，收获以后会进入休眠状态，新陈代谢非常缓慢，能够存放几年，帮助人类熬过食物短缺的日子。相比之下，肉类的含水量约为60%—80%，水果和蔬菜的含水量约为80%—90%，很容易腐烂变质，不可能长期存放。远古人类常年奔波迁徙，相对于水分多的块茎和果蔬，充满干物质的谷物当然是最优选择。时至今日，如果援助非洲难民的食物是土豆或红薯，半路上就会烂掉。就此而言，即使土豆和红薯长在地上，而且非常便于税收计量，它们依然难以像谷物那样成为人类的主粮。

当然，谷物也不是完美无缺。它们籽粒坚硬，难以直接食用，外面还包裹着一层纤维素壳。远古时期将小麦变成面粉，要经历复杂的工序。先要通过拍打方式对麦穗进行脱粒，去除草籽和秸秆残渣。用烘烤方式让麦壳变脆，麦粒会破壳而出。再用石磨反复碾压麦粒，才能磨出白色的面粉。如果没有石器，谷物将“英雄无用武之地”。

植物王国就像一座营养抽取机，用根系从地下抽取各种矿物质和氮、磷、钾，通过茎秆输送到叶片。叶片开启光合作用，制造出各种营养物质。和多年生的树木不同，一年生的谷物是急躁的：它只有100天的生长期，也熬不过冬天。它们必须抓住短暂的生长期，源源不断地从泥土中汲取营养，把大量的营养物质都输送到秋天的种子中。

谷物储藏养分的本义是供养种子在第二年生根发芽，繁衍生息。没想到人类发现了这个规律后，将种子变成自己的盘中餐。食物链本质上是生物之间对能量的争夺战，是一个“以命换命”的过程。人类吃下一粒种子或一枚鸡蛋，其实就是吃掉了其他物种孕育的“下一代”。

今天，全世界的植物中有 2/3 会孕育种子。但在 3.6 亿年前的石炭纪，种子植物还是个“跑龙套”的物种。当时的气候温暖湿润，蕨类、苔藓和藻类等孢子植物茂盛生长。孢子由单一的厚壁细胞组成，没有额外的种皮保护层，也没有储存能量的胚乳，只有掉落在湿润的泥土中才会生长发芽，遇到干燥的环境只能存活几小时。到了 3 亿年前的二叠纪，气候变得干燥寒冷，而且变化无常。孢子植物无法适应这样的气候，起源于干燥高地上的种子植物开始逆袭，跻身地球上主要的植物种群。

孢子植物并不开花，很多都采用无性繁殖的方式繁衍后代，而让世界变得五彩缤纷的种子植物则通过雄花和雌花实现有性繁殖，不断进行基因重组，有着强大的进化和变异优势。为了胚芽的生长发育，种子在胚乳中备足了营养物质，又包裹上能够遮风挡雨的种皮。小巧精致的种子落入泥土中，条件不好时就休眠，少则一个冬季，多则几年，待到温湿度适宜时再生根发芽。这种特性使得种子植物能够抵御气候和环境的变化，熬到春暖花开的季节。

远古人类不断翻山越岭，寻找新的生存空间。行囊虽然简陋，但种子会得到精心的呵护，避免被水浸、盐渍和暴晒。到达新的家园后，他们会把种子播撒在土壤中，期待收获的季节。曾经有人问我：种子的活力能够保持多久？一般只有几年到几十年。迄今为止，全世界最“长寿”的是深埋在西伯利亚永久冻土层中的一堆柳叶蝇子草种子，居然“活了”三万年。2012 年，《美国科学院院报》刊登了一项研究报告。俄罗斯古生物学家在西伯利亚地下 38 米深的松鼠洞中，发现了一堆已经沉睡了 3 万年的柳叶蝇子草种子，很可能是那一时期松鼠储存的过冬食物。然而因为年代久远，这些种子已经无法正常发芽。后来，科学家通过细胞克隆技术成功让种子“复活”并且开花结实，引起极大轰动。因为当时人类复活的最古老的植物种子是存放了两千年的一粒海枣树种子。该纪录由20世纪70年代的以色列的科学家创造，这项纪录在2012年以前已经保持了40多年。

8200年前，又一次冰期突如其来，降温幅度约为5—6℃，持续了约100年，影响要小于1.3万年前的那次冰期。这次冰期提升了谷物在人类生活中的地位。在中国内蒙古赤峰兴隆沟遗址，就出土了距今约8000年的小米和糜子遗存。与此同时，在南方的长江流域也出现了早期稻作农业。

8200年冰期结束后，地球迎来了历时4000年的“全新世大暖期”，也被称为“仰韶温暖期”。其间的年均气温约比现代高出2℃，降水量约比现代高出20%，非常有利于谷物生长。当时非洲的撒哈拉地区是一片充满生机的土地，那里有着充沛的降雨，分布着很多淡水湖。在距今8000—7000年的岩画上，描述了猎人追逐大象、犀牛、野牛、河马、羚羊和长颈鹿的场面。

这段大暖期对人类弥足珍贵，我们的祖先抓住了这个窗口期，谷物种植的“星星之火”开始燎原，农业种植逐渐取代采集狩猎活动。据考古学家统计，10000—8500年前的中国新石器遗址只有20余处，但8500—7000年前的新石器遗址猛增到670余处。在7000年前的中国浙江河姆渡遗址，先民们仍需要靠采集（菱角、橡子等野生植物）和渔猎来维持生计，但稻谷已经成为重要的食物。在6000多年前的黄河流域，先民们开启锄耕农业，种植小米，但采集和渔猎仍有很重要的地位，半坡人面鱼纹陶盆凝聚着华夏先民的原始美学。在6000年前的西亚两河流域，生长着一片又一片的麦类，这里的先民们进入了更高级的文明阶段：发明了金属工具，创造出文字，建立起国家。

4200年前，地球又遭遇了一次冰期事件，历时约400年。有学者推测温度大约下降了1—2℃，尽管弱于1.3万年和8200年前的那两次冰期，但对农业仍产生了灾难性的影响。对人类来说，一两度的降温也许不算什么，但植物对温度非常敏感。每季谷物的生长期为100—120天，需要大约2000℃的积温。一旦冰期来临，平均温度每降低1℃，意味着积温减少100—120℃，导致谷物无法正常成熟。与此同时，降水量减少，而且分布不均，会造成约10%的减产。

1991年6月15日，沉寂了500年的菲律宾皮纳图博火山突然喷发——这是20世纪全世界最大的火山喷发之一。约2000万吨的硫化物像火箭弹一样冲入大气层，阻挡了10%的阳光，致使当年的地球平均气温下降了0.5℃。北半球多地发生低温冷害，1991年世界主要谷物产量下降了3%，而中国的粮食也减产了2.5%。所以，温度升降一两度是可能影响文明走向的事情。《巴黎协定》谈来谈去，不也是1.5℃还是2℃的事吗？

4200年前的这次冰期导致世界范围的食物来源不足，诸多古文明也被“雨打风吹去”。幸运的是，人类在此前的大暖期已经掌握了搭建草屋、烧制陶器和出海捕鱼的能力，增强了熬过严寒的能力。生活在东欧草原上的古印欧人以游牧为生，驯化出野马，还发明了双轮战车。食物短缺迫使他们开启了历时千年的大迁徙，在欧亚大陆上横冲直撞。有人向西到了希腊，有人向南到了两河流域，有人向东到了印度，对很多古文明造成重大冲击。甚至还有人到了中国西北的新疆。罗布泊出土了3800年前的“小河公主”，她身上就有印欧人的骨骼特征。

谷物没有人类的快速迁徙能力，在气候变化中不得不通过变异适应新的生存环境。基因测序结果显示：就是在 4200 年前的这次冰期后，水稻变异分化出粳稻品种，种植区域逐渐从中国扩大到东亚和东南亚地区。巧合的是，源自西亚的小麦也在这一时期翻越帕米尔高原，传入华夏大地，开始冲击小米和糜子在田野中的地位。源自中国的小米和糜子也在公元前 2000 年前后出现在了印度、中亚、北亚和东欧平原。

“4200 年冰期”后，气候再次回暖。人类根据谷物的生长规律，对农业技术不断进行创新。从铁犁牛耕到植保无人机，从兴修水利到基因工程育种，地球上的粮食产量不断增加。有了坚实的食物基础，人类从地球流浪者跻身为主宰者，演化出发达的智力、语言系统和社会结构，谱写出史无前例的传奇。

回望人类史，大约 400 万年前人类开始直立行走，大约 100 万年前开始使用火，吃上了熟食。然而，狩猎采集的生活和野兽并没有根本性的差别，人类依然过着“吃上顿没下顿”的日子，真正改变人类命运的，是 1.3 万年前人类开启了对谷物的驯化。正如索尔·汉森（Thor Hanson）在《种子的胜利》（*The triumph of seeds*）一书中写道：没有种子，就不会有面包、米、豆、玉米或坚果。它们是真正意义上的生命支柱，是全世界日常饮食、经济活动以及生活方式的基础。

野草变谷物的驯化之路

谷物的祖先就是原野中随处可见的野草，它们经历过风霜雪雨的万年洗礼和无数次的生死迭代，才一步步走上了人类的餐桌。

在大自然的语境中，所有的物种都是平等的。野草和谷物本是“同宗兄弟”，在田野里努力地为自己争取生存空间——“种豆南山下，草盛豆苗稀”。但人类通过播种、耕地、浇水、施肥、除草等行为，让谷物独享阳光雨露，茁壮成长。成语“良莠不齐”中的“莠”指的就是乡间随处可见、常混在禾苗中的狗尾巴草。狗尾巴草的小穗轻盈可爱，在微风中摇曳。其实它和小米是同一个祖先，因为人类的介入，兄弟俩分道扬镳，进入了不同的世界。如果再向前追溯，小米和水稻也有共同的祖先，大约在5000万年前开始分化。

图1-2 野生的狗尾巴草（左）和驯化的小米（右）

野草是没人管的穷孩子，只能靠自身来抵御病虫害，必须有顽强的生命力。很多野菜吃起来微苦，那味道来自它们分泌的自我保护化合物。也有的野草以刺来拒人于千里之外。少时我去野外割草，很不喜欢一种名为“刺刺秧”的野草（学名是葎草），它们在田野里匍匐缠绕，茎蔓上密布着很尖的小刺，划在胳膊上就是一道血痕，又痛又痒。还有味道苦涩可作药用的苍耳子，果实有黄豆粒大小，上面也长着硬刺，人在田野中走过，衣服上就会粘挂上几十粒。

与苦命的野草不同，谷物享受着人类的百般呵护，却也因此失去了野外生存能力。以玉米为例，它的祖先是原产于墨西哥的大刍草，籽粒成熟后，会从瘦弱的穗秆上脱落，随风顺水传播。大刍草的籽粒外壳坚硬发亮，鸟类吃了以后，能够完整地被排泄出来，实现远途传播。现代玉米籽粒饱满，产量很高，但种皮却被驯化得非常薄弱，会被鸟类彻底消化。现代玉米的穗棒粗壮，籽粒成熟后不会脱落，而是随着玉米穗掉到地上。第二年，几百粒种子扎堆发芽，挤得就像早高峰的地铁一样，没有正常的通风透光，根本无法正常生长和孕育后代。现代玉米必须与人类相依为命，才能繁衍生息。

地球上的40万种植物中，只有600多种被人类驯化栽培，最终成为人类粮食的谷物只有几十种，堪称万里挑一。谷物世界如同金庸先生笔下的武林江湖，挤上饭桌的物种都是经过几千年的“华山论剑”，才得以“登堂入室”。

植物分类学中，几十万种植物被划分为几百个科目。谷物是指禾本科成员的种子，包括水稻、小麦、玉米、高粱、小米等，它们具有生长快和种子多的特性，种子中60%—70%的成分是淀粉，占据了地球耕地总面积的70%，是当之无愧的谷物第一家族。

排在第二位的是豆科植物，包括大豆、花生和蚕豆等。严格地说，豆科植物不属于“正宗”的谷物。但中国有传统的五谷之说，包括稻、黍（糜子）、稷（谷子）、麦、菽（大豆）五种农作物。大豆在古代曾是重要的主粮，如今在中国国家统计局发布的粮食产量数据公告中，豆类也是和谷物、薯类并列的三大品种之一。大豆的种子富含蛋白质和脂肪，是食用油和饲料的重要原料。为什么同是谷物的种子，成分却有这样大的差异？这是大自然的一个谜题，只能说“天生我材必有用”，这就是自然选择的结果。不过对于人类而言，多种谷物的组合让我们可以获得均衡的营养。

物竞天择，驯化谷物投人类所好，其性状与野生祖先相比发生了显著变化：

第一，减少落粒。野草有一种很特别的落粒基因，种子一旦成熟后，就会从植株上迅速脱落，散落到田野中，等待来年春天生根发芽。这种性状显然不利于人类的采集。所幸每1—10万棵野生植物中，就会有一株“不走寻常路”，落粒基因突变为不落粒基因。这种会让植物“断子绝孙”的基因突变却是人类的重大利好。先民们将这些不落粒的植物种子采摘下来，第二年继续种植。历经千年繁衍，谷物成熟以后，种子会继续停留在植株上，给人类留一段收割“窗口期”，提高了获得食物的效率。

1.1万年前，西亚先民开始种植的野生小麦都是落粒品种。到了8000年前，大部分小麦才被优化为不落粒品种，而且种子都是大粒的。当时，中国的水稻只有20%是不落粒的，到了5000年前，才被驯化成完全不落粒的品种。也就是说，人类改变小麦和水稻的落粒基因用了整整3000年的时间。然而这种改变并非一劳永逸，很多植物都存在“返祖现象”。比如稻田中，少数植株出现早熟和落粒。东北种植一季稻，冬季土地闲置，老鼠和鸟类会把掉落的籽粒一扫而光。南方种植双季稻，散落的谷粒会从地里长出来，成为“杂草稻”。由于其种性与栽培稻极其相似，除草剂难以根除这种山寨版的水稻。

相对于其他谷物，大豆至今仍存在落粒问题。进入成熟期，必须尽快收割。一旦错过窗口期，很多豆荚会开裂，豆粒散落在田间。使用收割机时，机械振动还会导致“炸荚”增加，甚至会造成20%的损失。很多农民因此觉得种大豆很麻烦，更愿意种省事的玉米。

第二，减少芒刺。俗话说“针尖对麦芒”，很多谷物的种子上长有针状的芒刺，不仅可以抵御鸟兽啄食，还能缓冲谷穗之间的碰撞，在叶片间隔出空隙，利于空气流通。芒刺还可以帮助籽粒附着在穿行而过的人类和动物身上。如果有机会飘落到一块肥沃的土地上，就会落地生根、传宗接代。

然而同样历经几千年的种植，为什么麦芒依然很长，稻芒却变得很短？因为麦芒能够进行光合作用，有芒品种的产量要高于无芒品种。尽管在收获季节皮肤经常被麦芒刺破，但人类利弊相权，还是选择对麦芒忍气吞声。野生水稻也有很长的芒，但是稻芒不能进行光合作用，可有可无，稻种就渐渐被驯化成短芒或无芒。

第三，直立生长。很多野生植物长得东倒西歪，甚至披头散发地匍匐在地上，踩不死，压不烂。它们有着柔韧纤细的茎秆，会随风摇曳。野草繁育出成千上万的种子，靠数量优势来繁衍生息。种子因此长得轻巧瘦小，可以随风顺水，四处飘散。然而细小的种子意味着很低的产量，这当然不是人类所爱。驯化谷物都是齐刷刷直立生长，依托顶端优势可以获得更多的光照，粗壮的茎秆可以支撑起沉甸甸的谷穗。

第四，更高的经济系数。植物合成的全部有机物质为生物产量，被用于孕育种子的为经济产量。人类以种子为食，更关注种子在整个植株中所占的比例（经济产量：生物产量），这个比例称为经济系数。未经驯化的野草籽粒瘦小，经济系数甚至不到 0.1，大豆为 0.2，小麦、玉米为 0.35，水稻则达到 0.5。由此可见，水稻在谷物中最富有母爱，将一半的营养物质都留给了自己的孩子。

驯化农作物还发生了其它变化，比如休眠期被打破、同步开花和结果、光周期敏感性改变、苦味物质减少等。就这样，经历万年驯化，谷物祖先终于完成了从野草到谷物的进化之路。那些易于采收、颗粒饱满的谷物最终走上了人类的餐桌。

人类对谷物的驯化历程如同一部爱情小说。谷物在发生改变，以更加吸引人类。人类也在发生改变，以适应谷物。两个角色被命运撮合在一起，互相影响着对方，这就是生物学上的“协同进化”。其实，食物本身就是一部人类的演化史。在狩猎采集年代，野生食物质感粗糙，生肉或块茎需要更多次的咀嚼才能嚼碎，所以原始人类有宽大的臼齿。后来，谷物成为人类的主粮，人类还用火将生食烧成熟食，不再需要强大的咀嚼能力，颌骨逐渐萎缩，臼齿（尤其是立事牙）和腮部肌肉逐渐退化。人类的脸每 1000 年变小 1%，于是，今天的人类就拥有了“娇小”的面孔和丰富的表情，说话口齿也变得清晰。

更多的耕地面积和高产品种可以养活更多的人口，专业化的品种也迎合了食品工业的标准化要求。加工过程中，谷皮、糊粉层、胚芽都被分离出去，只剩下缺乏维生素和矿物质的精米白面。中国疾病预防控制中心的研究成果显示：在我国居民膳食结构中，全谷物的摄入量还不到推荐摄入量的一半，这是心脑血管疾病的主要原因。但近年来风行的“全谷物食物”也面临一些现实问题。如：谷物米糠层含有膳食纤维等成分，既影响口感，也不易消化；米糠层中蛋白质含量高，容易吸附重金属（比如镉）等。

农业，其实是一场错误吗?

在距今 1.16—1.05 万年前的今土耳其和叙利亚北部，已经出现了早期的农业种植部落。原始农业之初，狩猎采集仍是主要的食物来源，谷物只是季节性的补充，帮助早期人类熬过冬季。先民们最初是在水分和温度条件较好的土地上播撒种子，然后继续四方游猎。等到谷物成熟的时候，他们会算准时间，赶回来收割。

今天人类村落聚集在广袤的平原上，然而远古时期村落却散落在山间河谷附近。那里的地貌虽然不够开阔，但遇到洪涝旱灾，先民们能够进退自如，就近找到生存空间；遇到谷物歉收的年景，还能进山打猎，维持生计。

狩猎部落需要不断追着猎物迁徙，没有能力携带和储存更多的食物。为了跟上族群的脚步，一个母亲只能带上一个蹒跚学步的孩子，孩子多了会成为累赘。受土地载能和出行距离的限制，狩猎采集族群的人数在 15 至 50 人之间，平均 25 人，这被人类学家认为是“最佳生存规模”。在现代社会中，我们依然可以找到“25 人最佳规模”的影子，比如学校里的班级人数。

相比之下，定居部落则没有迁徙之苦，可以在房前屋后种植出更多的粮食。种植面积逐渐扩大，粮食变得充裕，人口迅速增长，群体从狩猎时期的几十个人，壮大到具有成百上千人口的部落、村寨。渐渐地，种植部落的人口比采集狩猎部落多出几十倍，帮助他们形成军事上的优势，狩猎部落开始被取代、征服和同化。在欧亚大陆中部、中东以及北非地区，有很多无法开展种植的草原或荒漠，先民们就骑在马背上放牧牛羊，发展成为后来的游牧民族。

与狩猎采集部落的“走过路过”不同，定居部落的先民用心经营土地，垦荒除草，播种收获。他们甚至在这片“领地”周围建起篱笆，以防外人和野猪闯入。在中东腹地，西起地中海，东至波斯湾，有一条弧形狭长地带，囊括了今天的以色列、巴勒斯坦、叙利亚、伊拉克等地。西部的黎凡特（Levant，拉丁语意指太阳升起的地方）位于地中海东岸地区，东部的美索不达米亚（Mesopotamia，希腊语意指两河之间的土地）则位于底格里斯河和幼发拉底河之间，因为地形似一弯新月，西方学者称之为“新月沃地”（Fertile Crescent），在中国则常被称作“两河流域”。人类的发源地在非洲，而农业的起源地则在狭长的新月沃地。

两河流域下游有一片面积约为 20 万平方千米的冲积平原——美索不达米亚平原。考古学家在 9000 年前的地层处发现了定居村落，出土了石制锄头、人工种植的大麦、小麦和豆荚，还有驯化的山羊和绵羊的骨头。

农业的基础是光合作用，谷物将太阳光能转化为化学能，生产出葡萄糖，并进一步合成淀粉、蛋白质和脂肪等物质。长满种子的谷物给人们提供了可靠的食物。驯化的猪、鸡、牛、羊等也以谷物为食，生产出肉蛋奶。“五谷丰登，六畜兴旺”，人类则可以站在食物链的顶端，荤素通吃。面对这样的好事，先民们二话不说，把手中的长矛一扔，拿起锄头开启了热火朝天的农业革命。

这是一场巨大的革命：在此之前，人类和豺狼虎豹一样，都是自然界中的寄生物种，有啥吃啥；在此之后，人类开启了创造食物资源的时代，改变了人与自然的关系。粗糙笨重的打制石器（旧石器）不适合农业种植，人类祖先学会了磨制石刀、石斧和石锄，农业革命因此也被称为“新石器革命”。

先民们把石刀捆绑在木棍上，砍伐荒野上的草木，草木晒干后再用火焚烧。经过火烧的土地变得松软，草木灰也是很好的肥料，这就是“刀耕火种”的原始农业。远古先民还不懂得施肥，春天他们在田野里漫撒种子，土壤营养完全依赖自然植被的自我恢复，也不进行翻耕，只有种和收两个环节，秋天的收成听天由命。

今天的很多古村落是大家族世代居住之地，但远古时期的定居是相对的。受限于大自然的负荷能力和恢复能力，原始农业的生产水平很低。一块地种了两三年，地力就会衰竭。人类就“打一枪换个地方”，扔下撂荒，易地而种。土地休耕几年后，地力恢复，人类再回来重新播种。这种“迁移农业”方式在一些地方甚至持续了六七千年。

渐渐地，人们发现把种子埋在地下会比漫撒的收成要好，除草、防虫、浇水等耕作措施能够提高谷物产量。荒野中食物密度低，耕作大幅度提高了土地的产出能力。早期人类依靠野生物种生存，冬季或旱季必然出现季节性的食物短缺，生态系统严格制约着人口密度。考古学者陈胜前做过测算：在狩猎采集模式下，长江流域每百平方公里的野生食物量只能养活 2—3 人。今天，这里的百平方公里人口密度已经达到 2.5 万，增长了约 10000 倍。先天条件只能决定你的下限，后天努力才能决定你的上限。

农业革命就是人类拉高自身上限的重要一步。如果说火可以让我们摄取更多种类的食物，耕作则大大提高了食物产出效率，是人类历史上的又一次革命。根据美国人口学者卡尔·霍伯（Carl Haub）的粗略估算，大约在 5 万年前现代人类开始出现，迄今为止地球上共存在过 1080 亿人口，其中超过 99%的人口出生于最近的 8000 年，也就是人类开启农业革命以后。

在相当长的一段时间里，土地面积决定着农业产出和部落人口。为了获取充足的食物，城邦和王国开始为土地和水源而战。有了充裕的粮食，地方首领才可以招募军人以维护族群安全，帝王才可以组织民众修建金字塔和万里长城。各个帝国都执着于开疆扩土，由此演化出复杂的地缘政治和人类历史。

谷物带给人类的不只是能量，还有快乐。有一天，一位先民把一堆煮熟的谷物存放在树洞里，转身却忘了这件事。一场暴雨倾盆而至，树洞里的谷物被雨水打湿，又接触到空气中的野生酵母。糖分被酵母分解为二氧化碳和酒精，还发出了奇异的香气——这就是酒。这位先民闻到了诱人的香气，冒险尝了一口，大脑在酒精的刺激下释放出多巴胺，人类从此变得“如痴如醉”。《美国科学院院刊》2015 年的一篇论文揭示：大约 1000 万年前，人类祖先（古猿）的乙醇脱氢酶基因曾发生过一次突变，乙醇代谢效率提升了 40 倍，“酒量”由此大增。越来越多的谷物被用来酿造美酒，包括麦芽酿造的啤酒、稻米和糜子酿造的黄酒、高粱和玉米酿造的白酒。在发酵、蒸馏、陈酿和品尝的过程中，人将情感注入酒里。“古来圣贤皆寂寞，唯有饮者留其名”。桂花树下一坛女儿红，更寄托着父母无尽的牵挂。由于古代米酒酿造工艺粗糙，酒体上漂着淡绿色的发酵糟沫，就有了“灯红酒绿”一说。

天下没有免费的午餐，人类享受着农业的红利，当然也得付出些代价。农忙季节的弯腰劳作，让现代人的腰腿疾病远多于远古人类。高碳水饮食为细菌创造了良好的口腔环境，现代人的蛀牙率也明显升高。农业生产要求人口聚居，而人畜共生导致流行病增加。有些病毒潜伏在驯化动物身上，基因突变后感染人类，演变成麻疹、肺结核、天花、疟疾、猪瘟等。相对于狩猎采集者，尽管农民们生产出更多的食物，却也生育出更多的孩子，不得不更加辛苦地工作。烧山开荒、围湖造田对自然环境造成破坏，化学农业还导致土壤板结和农药残留问题。贾雷德·戴蒙德（Jared M. Diamond）博士甚至在《枪炮、病菌与钢铁》（*Guns, Germs and Steel*）中提出了一个见仁见智的观点——农业是“人类历史上最大的错误”。

但果真如此吗？要知道，风餐露宿、朝不保夕的原始人类平均活不到 20 岁，而今天人类的平均寿命已经超过 70 岁，我们不能“因噎废食”。

在非洲坦桑尼亚的草原上，有一个传承数万年、至今没有农业的原始部落——哈扎部落。大约 1000 名土著过着与世隔绝的生活，偶尔会和现代人交换一条短裤或一双凉鞋。没有工作、老板和时间表，也没有货币、宗教和法律，他们的生活方式和 1 万年前的人类没有太大的区别。现代游客送给他们的礼物中，妇女喜欢珠子做的小包，而男人喜欢钢钉——可以用来做成弓箭。

哈扎人最喜欢的食物是蜂蜜，其次是肉类、浆果和非洲特有的猴面包果，最后才是块茎。科学家发现：因为几乎从不摄入抗生素和加工食品，哈扎人的肠道微生物种类比现代人要多30%。微生物群落越丰富，生病的几率越低。

坦桑尼亚政府给哈扎人援助了粮食种子和农业用具，希望帮助他们解决淡季的食物短缺问题。然而懒惰的哈扎人却把种子当成粮食给吃了，农具也被拆得七零八落。他们很不理解现代人的生活："天天在田地里劳作，等上几个月才能收获食物。而我们每天只需花上一个小时，就可以让部落的人吃饱，为什么还要那么辛苦地种地?"哈扎人不会明白，如果让80亿现代人放弃农业种植，回归狩猎采集，最终能够活下来的恐怕只是一个零头。

事实上，是农业开启了人类生活方式的变革之路。人群慢慢聚集到城镇，最终导致交通堵塞、房价飙升和社会焦虑，但问题的根源不在于技术进步和社会发展，而是人类如何控制自己的欲望。小的时候，我就在乡村小学读书，放学后在田野里疯玩，摘野果、抓河鱼、掏鸟窝，乐不思"家"。这种快乐或许就源自远古祖先那无忧无虑的狩猎采集时光。

人类学家詹姆斯·苏兹曼（James Suzman）在《工作：从石器时代到机器人时代的深刻历史》（*Work*：*A Deep History*，*from Stone Age to the Age of Robots*）一书中就提出了这样的观点：在很长的一段历史时间里，人类以狩猎采集为生，既没有经历过经济快速增长，也不会去担心经济短缺。我们的天性并不是每天进行长时间工作以获得更多的财富，而是更少地从事工作，更多地享受美好生活。他甚至提出一个很有哲理性的问题：我们是否可以学会像我们的祖先那样生活，那就是认为自由的时间比金钱更为重要。

第2章

谷物孕育古代文明

> 如果同意美索不达米亚出现文明的日期是公元前3500年前后，那么，其他各地区出现文明的大致日期则应分别为：埃及文明起于约公元前3000年，印度河流域的文明起于约公元前2500年，中国黄河流域的文明起于约公元前1500年，中美洲和秘鲁的文明起于约公元前500年。
>
> ——斯塔夫里阿诺斯（Leften Stavros Stavrianos），美国历史学家

5000年前，一位苏美尔人把削成三角形尖头的芦苇秆当成笔，在潮湿的泥板上写下一份账单："在37个月里，总共收获了29086单位的大麦，记录者库辛。"这份账单穿越亘古漫长的历史，成为人类历史上最早的文字。因为笔画很像楔子，所以被称为"楔形文字"。"库辛"（Kushim）是现在所知世界上的第一个名字，他因为大麦而名垂青史。

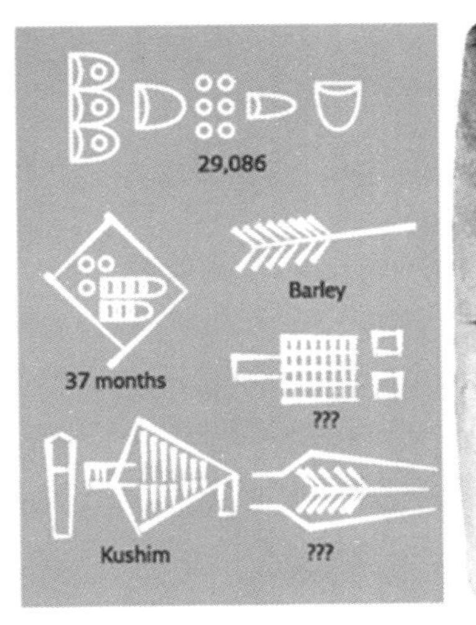

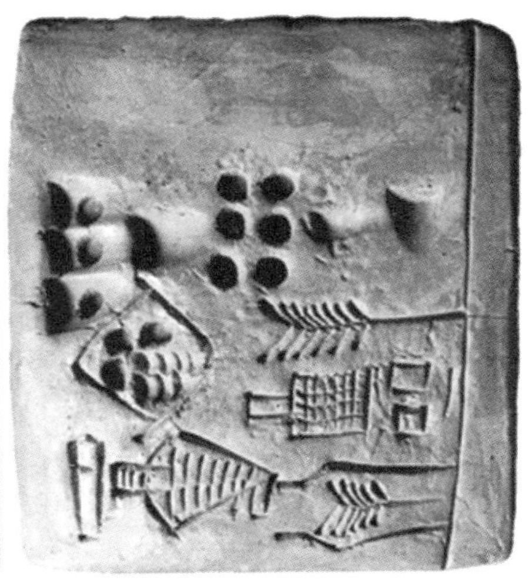

图 2-1　5000 年前的苏美尔“大麦”泥板

北纬 30 度线，谷物的发源地

考古发现证实，世界上有四个谷物起源中心区，即西亚、非洲东北部、中国和中美洲，总体分布在北纬 30 度线上，有人将这条线喻为地球的“脐带”。人类在这四个区域与很多谷物的祖先相遇，开启谷物驯化与农业种植，也让这里成为世界文化和宗教的诞生地。公元前 1000 年，世界人口达到大约 5000 万，人类在这条线上建立起最古老的几个帝国。

5000 多年前，人类基本完成了谷物驯化，为文明的发展铺平了道路。亚洲西部是小麦、大麦和黑麦的发源地，孕育出两河文明。非洲东北部是高粱和咖啡的发源地，尼罗河下游承接了西亚的小麦，孕育出古埃及文明。东亚是小米、水稻和大豆的发源地，孕育出华夏文明。中美洲的墨西哥则是玉米的发源地，孕育出玛雅文明。人类学研究通常按照地域、宗教、肤色和语言划分族群，其实主粮作物也是一种划分视角。两河流域、埃及和印度是麦作文明，华夏文明是北方粟作和南方稻作，而美洲的玛雅则是玉米文明。

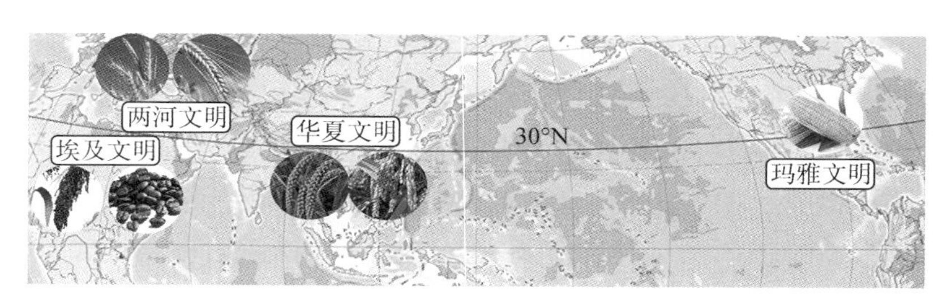

图 2-2　谷物起源与古文明示意图

或许有人会问：谷物驯化为什么不是在热带或者温带开启？这是因为北纬 30 度地区地貌多样，物种丰富，夏季不会太热，冬季也不会太冷，半湿润半干旱的气候很适合人类居住和植物生长。时至今日，地球上多数人口仍然居住在北纬 30 度线附近的“舒适区”；而靠近赤道的热带地区，或是相对干旱的非洲大地，或是湿热瘟瘴的美洲雨林。终年高温，缺少季节变化，不利于谷物的成熟和收获，炎热的气候也消磨着族群的斗志。湿热条件下，各种病虫害频发，也会影响谷物生长。虽然非洲是人类的发源地，然而除埃及以外的非洲大地却未能孕育出优秀的农业文明，狩猎采集文化在一些地方甚至一直延续到近现代。

在北纬 40 度以北的温带，冷凉的气候不能满足很多谷物的生长需要，生产力落后。游牧民族在草原上策马驰骋，凛冽的寒风打磨出他们勇猛彪悍的性格。人类开启农业后，随着食物的增多，村落的人口不断聚集壮大，给城邦的崛起创造了条件。城市的出现是文明起源的标志之一。许多考古学家都认为，位于巴勒斯坦的杰里科（Jericho）是地球上最古老的人类定居城市。9000年前，这里已经发展成为一个面积为 2.5 万平方米的城市雏形，可以容纳 2000 多人定居。杰里科的麦类产量丰富，会用多余的粮食和其他定居点进行商品交易。

不过，原始农业依旧是靠天吃饭。为了获得稳定的粮食来源，人类开始利用地形落差开挖沟渠，在旱季缺水的时候引来江河水源，雨水过剩时也能将水排走。灌溉农业的出现，让人类的粮食生产实现了规模化、可控化。修建灌溉工程和征收税赋都需要有人组织，国家开始出现。城邦和王国里有了成千上万的人口，神庙和宫殿等建筑物越来越宏大，出现了官员、商人、僧侣、工匠、艺人等特权职业。这些专职人员并不从事农耕，他们通过征税的方式来获得粮食。物质基础发展到一定阶段，就产生了“交换”和“经商”等高级经济行为。人类需要学习和记忆的东西越来越多，大脑变得更加高效和智慧，也更加善于利用资源共同协作，孕育出丰富多彩的古代文明。

在中国的第一部字典《说文解字》中，“科”字被释义为“从禾从斗，斗者量也”。从结构上，“科”字是“禾 + 斗”的组合，寓意“谷物测量之学问”。从这个意义上说，谷物是最早的科学研究对象，很多专业都发源于谷物。比如：谷物驯化开启了生物学，丈量土地和谷物计量推动了数学发展，农具设计蕴含着力学原理，农时管理开启了天文学。谷物交易还开启了商品经济。

两河流域：驯化物种天堂

水是生命之源，人口逐渐向大河流域聚集。大河中下游的冲积平原地势平坦，土地疏松肥沃，利于刀耕火种，孕育出农业文明。两河文明、古埃及文明、古印度文明，以及华夏文明都诞生于亚洲和非洲的大江大河，以至于很多时候“大河文明”会与亚非文明画上等号。然而福兮祸所伏，土壤肥沃、食物充裕的地方，异族入侵成为必修课。很多古代文明最终成为湮灭的辉煌，种族、信仰都发生了根本性的变化，文字也早已成了谜，甚至只能从神话中找到些影子。关于古文明的消失原因，学界有一条很重要的观点：气候变化导致农业衰落，大饥荒导致战乱，随后人口迁徙导致文明衰落。

接下来，我们先从农业的发源地——两河流域说起。

位于西亚的两河流域是一块“风水宝地”。北方的高加索山脉和安纳托利亚高原阻挡了寒流南下，靠近河流的山谷地带很适合人类居住。春季来临，高原积雪融化，汇聚到底格里斯河与幼发拉底河中，河水由北向南奔流直下，进入波斯湾。麦类的野生祖先就生长在新月沃地北部的山谷地带。大约 1 万年前，人类在这里播下了第一粒种子，开启了农业时代。

有科学家在全世界的几千种野生植物中，筛选出 56 种籽粒个头最大的物种，其中有 32 种的祖先分布在新月沃地，包括麦类和豆类等。人类驯化出 5 种遍布全世界的家畜，即牛、绵羊、山羊、猪和马。除了马起源于美洲，其他 4 种也都起源于新月沃地。一言蔽之，在物种资源方面，新月沃地是夺天地之造化的一方水土。

32 种野生作物和 4 大哺乳动物满足了两河先民的基本生活需求。1.1 万年前，他们还主要依赖野生食物，到了 8000 年前，很多地方几乎完全依赖作物和家畜了。历经 3000 年风雨，两河流域率先完成了对农业物种的驯化。有了种植谷物，人类不再只依赖大自然提供食物。先民们终于告别了流浪岁月，开启了定居和农耕时代。新月沃地不仅是麦类的诞生地，也是人类最早的文明诞生地。

大约 7000 年前，美索不达米亚南部的苏美尔地区出现了长着黑头发的族群，被称为“苏美尔人”。在其他族群的人还穿着兽皮跟动物搏斗的时候，苏美尔人已经开沟挖渠，发展农业，建立城邦，有了历法、神庙和王宫，开创了人类史上最古老的文明——苏美尔文明，以高度发达的姿态站在了当时的世界巅峰。

大约 9000 年前，农业种植技术从西亚传播到了希腊，并在 7000 年前传入欧洲西部的法国和荷兰。5000 年前，印度河流域已经大面积种植来自新月沃地的大麦和小麦，源自中国北方的小米也占有一席之地，孕育出被称为印度文明“第一道曙光”的哈拉帕文化。4300 多年前，镰刀已经在美索不达米亚平原上普及，带漏斗的播种犁也已出现，小麦产量甚至能够达到播种量的 86 倍。优越的气候条件和自然资源使两河流域的人口迅速增长。

然而，天有不测风云，4200 年前的冰期重创了当时的农业。此后，两河流域的阿卡德帝国消亡，尼罗河流域的埃及古王国终结。居住在哈拉帕的原住民被迫远走他乡，一部分南迁到温暖的恒河流域，主要种植的作物不再是小麦，而是稻米。北方的游牧民族雅利安人接踵而至，彻底毁灭了“印度河文明”，建立起以印度教及种姓制度为核心特征的“印度教文明”。这次冰期结束后，古埃及、古印度的传统农业又逐渐恢复，但是两河流域却陷入另一个梦魇——土壤盐碱化。河流会从上游山地溶解大量的无机盐并带入下游。少量无机盐成分可以成为谷物生长的肥料，但冗余的盐分逐年积累，就会使得土壤盐碱化。很多内陆封闭的湖泊最终会变成咸水湖就是这个原因。

幼发拉底河与底格里斯河的水量每年变化很大，下游还汇入了来自伊朗高原的其他水系。泛滥成灾时，下游的美索不达米亚平原几乎全被淹没。“奔腾咆哮的洪水没有人能跟它相斗，它们摇动了天上的一切，同时使大地发抖，冲走了收获物，当它们刚刚成熟的时候。”这是苏美尔人刻在泥板上的诗句，生动地描述了人们对洪水的恐惧。面对母亲河不合时宜的泛滥，当地人开始发展灌溉体系。然而，不完善的排水体系使得水分蒸发后，盐分却开始积累起来。

4400 年前的文献上就有了土地因为盐碱化不得不被放弃耕种的记载。不耐盐的小麦首先退出耕地舞台，紧接着耐盐的大麦也熬不住了。面对优质耕地的减少，古巴比伦王国更多地毁林造田，气候干旱和过度放牧进一步加剧了植被的破坏，造成更严重的水土流失和盐碱化。在 3000 多年前古巴比伦王国的一块界碑上，刻着这样一段诅咒越界者的语句：“愿阿达德神，天地之间掌管灌溉的神，用洪水冲垮他的臣民，让盐碱地代替草木，让荆棘代替大麦，永不再繁荣。”由此可见，土地盐碱化当时对农业的影响之大。

历经千年荡涤，一方水土不能再种植谷物，新月沃地开始荒漠化。失去了农业基础，也就没有了人口优势，两河文明成了无源之水，迅速衰落，消失在历史风尘中。

如果说两河文明衰落的内因是生态环境的恶化，尤其是土地盐碱化导致的农业衰败，那么外因就是古希腊文明与伊斯兰文明的入侵。整个中东地区气候干旱，耕地资源稀缺。要在这里成为超级强国，就必须抢占坐拥两河流域的新月沃地。从古至今，食物、宗教、能源、种族、地缘政治让这片土地一直笼罩在战乱阴影中，盛极一时的帝国如潮水般起落。伊拉克南部的沼泽地曾经是世界上最重要的湿地，人类和各种动植物在这里和谐栖息。有人认为，这里曾是亚当和夏娃居住过的伊甸园。今天，这里湿地干涸，大量土地沦为荒漠，仅剩下 1/3 能够耕种，粮食只能大量依赖进口。

埃及古王国：懒人种地

“非洲水塔”埃塞俄比亚高原孕育了埃及的母亲河——尼罗河。河水一路向北，流经非洲东部与北部，穿过高原峡谷，溶解了丰富的营养物质。尼罗河全长 6650 千米，是幼发拉底河与底格里斯河的三倍。如果没有尼罗河，气候炎热干燥的埃及将是一片荒漠。埃及毗邻西亚的新月沃地，承接了小麦的恩泽，孕育出古埃及文明。

不一样的母亲河，有着不一样的性格。与两河流域的泛滥无常不同，尼罗河非常有规律——印度洋季风会在夏季掠过东非高原，带来充沛的降雨。8 月丰水期，不断上涨的河水流入埃及境内，在沙漠中蜿蜒流淌，因为支流少且流域面积小，尼罗河水量相对稳定，流域中又有大面积的沼泽地蓄养水流。河水缓缓溢出河道，夹带着肥沃的淤泥流过平坦的河床，滋润着两岸土地。雨季的河水含盐量很低，不断冲洗土壤中的盐分，再排到地中海中，因此两岸绿洲很少受到土壤盐碱化的困扰。到了 11 月，尼罗河水退去，农民将种子撒在潮湿、肥沃的土地上，两岸很快变成绿色走廊。洪水会抹掉田地中的界线标志，人们在退水后必须重新丈量和划分田地，就此开启了数学中的“面积”概念。对尼罗河水的测量等活动，还助推了古埃及在天文学、历法学、水利学等学科的发展。

当世界各地的人们把洪水泛滥视为灾难的同义词时，埃及人却写下了对尼罗河泛滥的赞美诗篇：“啊，尼罗河，我赞美你。你从大地涌流而出，养育着埃及……一旦你的水流减少，人们就停止了呼吸。”作为世界第一长河，尼罗河也是地球上最长的一座自动灌溉系统。

2500 年前，古希腊“历史之父”希罗多德（Herodotus）到古埃及游历后，发出这样的感叹：“埃及是尼罗河的馈赠”，“现在必须承认，他们比世界上其他任何民族，包括其他埃及人在内，都易于不费什么劳力而取得大地的果实。因为他们要取得收获，并不需要用犁耕地，也不需要用锄掘地，也不需要做其他人所必须做的工作，那里的农夫只需等河水自行泛滥出来，流到田地上去灌溉，灌溉后再退回河床，然后每个人把种子撒在自己的土地上，叫猪上去踏进这些种子，此后便只等收获了，他们是用猪来打谷的，然后把粮食收入谷仓。”

古埃及毗邻新月沃地，广义上的“新月沃地”甚至把尼罗河下游也算进去。近水楼台先得月，古埃及在第一时间从新月沃地获得了麦类种植技术。埃及虽然不是麦类的起源地，但由于尼罗河的恩赐，两岸可以浑然天成地进行大面积种植。麦子在这里如鱼得水，古埃及大约在 7000 年前进入原始农业时代，开启文明的步伐并不比驯化麦类的新月沃地慢多少。

公元前 2686 年—公元前 2181 年，埃及进入成熟统一的古王国时期。当时的尼罗河两岸已经使用牛拉的木犁、碎土整地的木耙和金属镰刀进行耕作，种植的谷物有大麦、小麦。充足的食物供养着庞大的国家机器和手工业者。146 米高的胡夫金字塔正是这一时期拔地而起。在 1889 年法国埃菲尔铁塔建成以前，它一直是世界上最高的建筑物。如此浩大的工程，至今仍有人怀疑是外星人建造的。

啤酒是人类最古老的饮料，起源于大麦的发源地美索不达米亚平原。人类发明啤酒应该是一场意外：一个秋天的夜晚，气温刚好 20℃，大麦跟其他谷物被装在一只木桶里。有人把木桶误当作了水缸，把一桶水灌了进去。谷物就这样被浸泡了整整一周，开始发芽。空气中飘浮着活泼的酵母，麦芽里的糖分是它们的最爱。酵母吐出来的液体，金黄透亮，并散发出温和诱人的香味，好奇的人类忍不住尝了一口——啤酒就此诞生了！

真正让啤酒成为硬通货的是古埃及——对古埃及人来说，啤酒不只是饮料，更是货币和富含营养的主食。古埃及的法律有这样的规定：只有女性才能酿造啤酒，禁止男性酿制和销售啤酒。法老的陵墓石刻中甚至标示出来世的啤酒供给量。修建金字塔花费了成千上万的劳动力，有时候发给他们的薪水不是金钱，而是啤酒。建造金字塔的工匠一天能获得 4 升啤酒，等级越高的监管者获得的食物和啤酒越多。一天喝不完可以过两天再领，国家会写啤酒欠条给劳工，这算得上世界上最早的借记体系。

在英国广播公司（BBC）拍摄的纪录片《尼罗河的死亡》（*Death on the Nile*）中，古王国在经历了近1000年的辉煌后，于4200年前突然瓦解，陷入到持续200年的黑暗深渊。传统理论认为，是法老死后的继位之争引发了血腥的政治冲突，从而导致了古王国的最终毁灭。然而，有学者对这种理论表示怀疑，因为历史上虽然不乏权力争夺引发的朝代更替，但最终导致社会、艺术、宗教和经济全面崩溃的却不多见。

1971年，考古学家在埃及南部发现了距今大约4200年的一座古墓，墓主人是一位名叫“安克狄菲”的总督。墓墙上有一段用象形文字记述的事件：在古王国末期，整个埃及发生了严重的大饥荒，甚至出现了人吃人的现象。地质学家通过钟乳石分析，发现4200年前，这里的降水量突然减少了20%。撒哈拉的淡水湖甚至全部干涸，撒哈拉远古文明结束，成为后来的一片沙漠。

古埃及法老佩皮二世（Pepy II）在位时间长达94年（公元前2278年—公元前2184年）。倘真如此，他算得上世界上执政时间最长的统治者。他本该有充足的时间来为自己修建庞大的金字塔，然而他生不逢时，执政期间的尼罗河水位变得很低，能够灌溉的耕地面积大幅减少。粮食产量降低，饥荒逐年严重。《埃及四千年》一书中有着这样的描述：“一整年的粮食收成都没指望了。富人们显得忧心忡忡，每个人都携带起了武器，好友们不再彼此招待，随着物质匮乏而到来的是谎言欺骗。”国库空虚，经济崩溃，王权削弱，动乱频发。最终，佩皮二世的陵墓只建到52米高，曾经辉煌的埃及古王国在他死后三年就落下了帷幕。

知识卡：尼罗河上的大坝

几千年前的古埃及，人口不到 500 万，两岸民众衣食无忧。到了 1960 年，埃及人口接近 3000 万，吃饭压力越来越大。埃及政府在南部边境的尼罗河干流上修建起非洲规模最大的阿斯旺大坝，为枯水期的农田灌溉提供了保障，提高了埃及的粮食产量，水力发电还能带来经济效益。不过大坝也彻底改变了尼罗河的千年泛滥规律，两岸的土地失去了泥沙滋养，土壤肥力开始下降，并出现了盐碱化问题。阿斯旺大坝的利弊得失还需要更多的时间来验证。

尼罗河上游发源于拥有 1 亿人口的埃塞俄比亚，饥荒是这个东非国家的代名词。阿斯旺大坝建成后，埃及依托强大的军事实力对上游国家进行霸道管控，形成“下游埃及说了算，上游国家靠边站”的地缘格局。2011 年，埃及政权发生动荡，埃塞俄比亚趁机在尼罗河上游动工兴建一座“复兴大坝”，建成后蓄水量可达三峡水库的 2 倍。这座大坝不仅能够灌溉农田，缓解粮食压力，还能够从战略上掌控下游埃及的水源。一座大坝，关系着两个国家的“命运”。“同饮一江水”的埃及人暴跳如雷，时任埃及总统穆尔西甚至放下狠话：尼罗河水份额“减少了一滴，就要用鲜血来代替”，甚至还有埃及人扬言要空袭炸毁“复兴大坝”。“你有千条妙计，我有一定之规。”任凭埃及人跳脚叫嚷，埃塞俄比亚人依旧在自己境内紧锣密鼓地施工，复兴大坝终于在 2020 年建成蓄水。

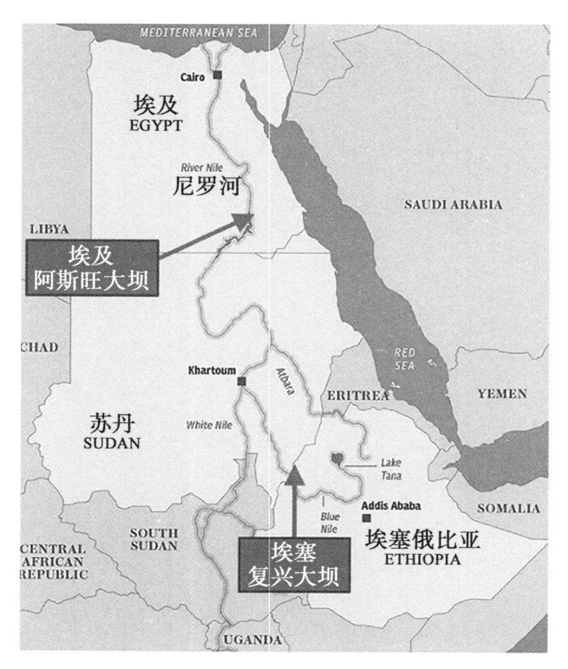

图 2-3 复兴大坝和阿斯旺大坝示意图

遗世孤立的美洲文明

在 1.3 万年前的那次冰河期，成群结队的亚洲野生动物从西伯利亚向东穿过白令海峡“冰桥”到达阿拉斯加，生活在亚洲东部的狩猎人类追赶着野生动物群也来到了美洲。他们并不知道自己来到了一片新世界。冰河期结束，雪水融化，海水重新淹没了白令海峡，隔断了欧亚大陆和美洲之间的陆地联系。美洲从此变了一座与世隔绝的“孤岛”，无法与欧亚大陆进行农业资源共享。

美洲农业有两个短板：

其一，美洲大陆是狭长的南北走向。连接南美洲和北美洲的巴拿马地峡，最窄处只有50公里。南北因跨度大存在巨大的气候差异，谷物异地传播后要面对不同的气候，出现光周期敏感性、生长季节变化和植物生理障碍等问题，需要很长的时间完成进化以适应气候落差，传播速度很慢。9000年前，印第安人在中美洲开始驯化玉米，与欧亚大陆上小麦和水稻的驯化时间大致相近。欧亚大陆总体上是东西走向，纬度相近的地方气候条件也相近，物种容易进行横向传播。6000年前，当欧亚大陆上有了成片的麦田和稻田时，美洲仍处于狩猎采集阶段。

北美洲的东部河谷地区与西亚的新月沃地纬度相近，也有宽阔的河流、肥沃的土壤和适宜的气候。然而直到4000年前，印第安土著才在北美驯化出了四种作物——南瓜、向日葵、菊草和藜，在时间上比新月沃地晚了整整4000年。这四种作物或者热量值低，或者产量低，只能作为补充食物，印第安人主要以野生动物和坚果为食物。因为高大山脉的阻隔，不同地区之间的人群交流十分困难。直到公元1100年左右，来自中美洲的玉米才在北美落地生根。19世纪以前，北美依然存在很多未进入农业社会的族群。

其二，美洲文明缺少最重要的役畜——马。其实美洲才是马的故乡，然而在1万年以前，马却在美洲灭绝了，原因至今是个谜。有学者认为是气候变化原因，也有人认为跟印第安人过度捕猎有关。所幸在远古冰河期的“窗口期”，少量美洲马穿过白令海峡的“冰桥”来到了欧亚大陆，得以生存繁衍。4000年前，亚洲北部的游牧民族驯化了马，就此开启了人类社会金戈铁马的岁月。500 年前大航海时代开启，欧洲殖民者又将马匹带回到阔别万年的美洲故乡。

在欧亚大陆上，农耕民族和游牧民族之间不断发生冲突，“军备竞赛”促进技术进步，你发明马镫，我发明火药，带动了生产力和科技发展。因为古代美洲没有马匹，也就没有出现过游牧民族。印第安人种好玉米和土豆就可以载歌载舞，缺少驱动技术进步的动力。由于白令海峡阻隔，欧亚大陆的牛和铁器也未能传播到美洲，美洲也未能发明出农耕机械和运输车辆。

公元 3—9 世纪，中美洲热带雨林曾孕育出玛雅文明。由于生产力低下，玛雅人利用焚烧雨林的方式来获得耕地。几年种植后，就会出现水土流失和土壤肥力下降的情况，玛雅人不得不再去焚烧其他雨林。很多学者认为，这种极端的毁林开荒方式严重破坏了生态环境。到了公元 10 世纪，严重的干旱和随之而来的饥荒使玛雅文明走向衰落。

尽管美洲孕育出印加文明、玛雅文明与阿兹特克文明，在天文历法等特定领域达到很高水准，然而由于农业落后，这里难以完成文明的升级，总体科技水平远落后于欧亚大陆。当欧洲人在 16 世纪登上美洲大陆时，土著文明仍停留在石器、青铜和奴隶制阶段，甚至还在使用结绳记事，对犁耕、铁器和车轮一无所知。赤脚的印加帝国战士手持木棒、石斧和弓箭迎战西班牙人的骑兵、钢铁铠甲和火绳枪，遭到碾压式的降维打击。美洲土著对世界最大的贡献是在远古时期驯化出玉米、马铃薯等高产作物，在最近的 500 年大大扩充了人类的粮食资源。

生生不息的华夏文明

夏季，温暖湿润的太平洋水汽随着季风吹向中国大陆，浇灌出长江流域的鱼米之乡。水汽又源源不断地登上“世界屋脊”青藏高原，汇集成雨雪。这座“亚洲水塔”成为长江和黄河的源头。两条世界级的母亲河奔流而下，向东汇入太平洋，其间形成的冲积平原是地球上最广阔、最肥沃、最适合农耕的土地之一。

当暖湿气流滋润烟雨江南时，强劲的西北季风将中亚和蒙古高原地区的黄色粉尘源源不断地吹向东部。颗粒较大的粗砂留在了新疆和内蒙古；细小的粉尘继续随风南下，被青藏高原和秦岭挡住了去路，在甘肃、陕西、山西一带沉降下来，形成了壮阔的黄土高原。黄河流域水系众多，众多的台阶地和河谷交界地为华夏祖先提供了繁衍栖息地。在土质疏松的黄土坡地上，凿一座窑洞比在平地上建造房屋还要容易。

8000 年前，黄河中游的中原大地气候温暖湿润，以种植小米、糜子为代表的北方旱作农业在这里发端。黄土地松散易碎，使用木石和骨蚌材质的原始农具，就能进行耕种。在河南新郑市的裴李岗遗址，出土了大量的石斧、石铲、石刀、石镰等农具，其中狩猎工具占 49.5%，捕捞工具占 25.1%，农耕用具仅占 25.4%。这说明当时还处在初级农业阶段，采集狩猎仍占据主要地位。直到 6500 年前，黄河流域完成了从狩猎到农耕的转变，成为中华文明的发祥地。

知识卡：东西方文明的发源地——古希腊 VS 河南

不同的地理环境孕育出不同的生活方式。毗邻爱琴海的古希腊和居于黄河流域中心地带的河南都位于北纬 35 度线上。前者是欧洲海洋文明的源头——“光荣属于希腊”，后者则是华夏大河文明的“老家”——中国主要的姓氏都源自河南。在悠久漫长的历史中，古希腊文明与华夏文明在欧亚大陆两端遥相辉映。希腊国土面积为 13 万平方千米，相当于 0.8 个河南省。然而希腊岛屿众多，很多地方都是贫瘠的荒山野岭，只能种植橄榄和葡萄，能够用来种粮的耕地很少。希罗多德曾以“一生下来就是由贫穷哺育的”描述希腊。河南则有大面积的平原，被誉为“中原粮仓”，中国人每吃四个馒头，就有一个来自河南。时至今日，希腊的粮食产量仅为河南省的 1/20，希腊人口仅相当于河南省的 1/10。3000 年前，随着人口增加，希腊人将麦种、葡萄藤、火种和象征故乡的一口大锅放在船舱里，沿着地中海开启了殖民历程。在公元前 8—前 6 世纪，约 200 个城邦小国如雨后春笋般涌现在希腊地区。斯巴达是幸运的，拥有不错的河谷和平原。然而雅典的粮食却主要依靠进口，必须出口陶器、橄榄油和葡萄酒，再从埃及和黑海换回粮食。

波涛汹涌的海洋蕴藏着风险，扬帆远航需要进取和冒险精神。骨子里，希腊人就不是安土重迁的农业民族，而是流动型的商业民族。回望历史，粮食短缺促进了古希腊的商业和航海文化，最终刻入了欧洲文明的基因。250 万平方千米的地中海被欧亚非三块大陆包围，有着独特的地缘优势。欧洲位于地中海北部，其东部和南面就是西亚的新月沃地和北非的古埃及。**农耕文明的基础是农田里的谷物，海洋文明的基础则是其所主导的海上贸易网络**。欧洲人依托这两块人类最早的农耕区域，通过与后者进行商贸交换获得食物，逐渐孕育出海洋文明，发展成为今天的发达国家聚集地。

与黄河流域的旱作农业遥相呼应，稻作农业在长江中下游也开始发端。这里雨热同期、土质肥沃，适合喜温喜光的水稻。7000 年前，杭州湾南岸分布着众多的湖泊沼泽，大自然赐予了先民们富饶多样的生态环境，他们日出而作，饭稻羹鱼，孕育出我们熟知的河姆渡文化。距今 6000—5000 年前，长江流域也完成了从渔猎到稻作农业的转变，为华夏文明提供了另一个农业支点。

放眼世界大河，最大的亚马孙河太凶猛，湿热的雨林环境导致土壤贫瘠酸化，不适合人类居住。最长的尼罗河又有些窄，有限的流量只能将两岸几里宽的荒漠变成绿洲。只有长江流域，在古代就有着万顷良田，在现代更孕育出星罗棋布的城市群。

在古代神话中，华夏农业的始祖是神农氏炎帝。相传神农氏在野外狩猎时，发现了金黄色的谷物能够充饥；他发明犁杖农具，教会了先民耕种；他亲尝百草为部众治病；他还制造出了陶器和炊具。用今天的说法，神农是横跨农业、机械、医药和新材料等领域的超级学霸。关于神农的描述最早出现于战国时期，而且神农和炎帝是两个不同的人。然而到了西汉末期，两个人物形象在文献典籍中逐渐合二为一。在生产力尚不发达的古代，土地意味着食物，部落之间不停地打打杀杀。四千多年前，炎帝部落和黄帝部落爆发了武力冲突，最终握手言和，合并成华夏族，炎黄就此成为中华民族的人文始祖。

4200 年前的气候干冷事件对华夏大地也造成一定的冲击，浙江良渚、湖北石家河和山东龙山等新石器晚期文化快速衰落。中国北方自青海经甘肃、山西到内蒙古东部，降水量减少了 20%以上，农业北界南移了 100 多千米。生活在这些地方的远古先民开始南迁到气候温和、土地肥沃的中原大地，人口不断聚集到黄河中游地区，夏商文明在这里冉冉升起。冰期结束后冰雪融化，江河水位上升。考古学家发现了很多 4000 年前曾暴发大洪水的证据，暗合了大禹治水并建立夏朝的古代传说。

阿诺德·汤因比（Arnold Toynbee）在《历史研究》一书中指出，人类历史上曾经出现 21 种文明。其中，小文明不到 1000 年、大文明不超过 3000 年，就在历史长河中衰亡了。今天居住在两河流域、尼罗河和印度河的人群，并不是古文明时期那些先民的后裔。只有中国这片土地上的人们仍写着三千多年前的方块字，唱着两千多年前的《诗经》，弦歌不断，生生不息。

为何华夏文明能够延续至今？主流观点认为，中国地处欧亚大陆东部，相对封闭的地理环境是重要原因。东边是一望无际的太平洋，南面是瘴气笼罩的热带丛林，西边是难以逾越的青藏高原，北边是荒无人烟的沙漠戈壁。波斯帝国、马其顿帝国、阿拉伯帝国都曾经横跨欧亚大陆，疆域东端甚至到了今天和中国接壤的阿富汗和巴基斯坦，但是高耸的帕米尔高原和青藏高原拦住了他们的脚步。华夏民族占据了东亚核心区，四周是天然的地理屏障，别人进不来，我们也出不去。炎黄子孙可以按照自己的一套文明逻辑自我生长，认为中华大地就是世界的中心，建立起“中央之国”。

人类学研究发现：自从农业出现以来，欧洲族群有40%的基因成分来自新月沃地，以及欧亚草原等外来群体，而中国的主体人群则只是南方人与北方人的内部基因交流。这也从生物学的角度印证了华夏文明的独立性。

然而“地理环境”并不能解释所有的疑问。比如：4200年前的冰期导致了很多古文明的衰落，华夏文明为何能熬过极端的气候变化？又比如：北方游牧民族经常侵袭中原地区，为何没能导致中华文明的彻底终结？

第一，辽阔的黄土地和抗旱的小米，支撑着华夏祖先熬过最初的艰难岁月。

在飞机上俯瞰壮美的黄土高原，这是一片充满着肌肉感的土地。西起祁连山，东至太行山脉，南抵秦岭，北到长城，横跨青海、甘肃、宁夏、内蒙古、陕西、山西、河南等七省区，黄土地面积达到60万平方千米，分布着农田、森林、草原、沙漠等多样化的生态环境。华夏文明能够熬过4200年前的冰期，开阔的地理环境和气候带应该是一个重要的原因。先民们可以通过变更生活方式来维持文明的延续，比如由农耕转为放牧，或者跟随气候带迁徙来熬过冰期。其他文明由于地域狭小，缺少缓冲带，一旦遭遇气候变化或者异族入侵时，很快就走向衰亡。

灌溉技术在中国始于春秋战国，比其他古文明要晚一些。黄河流域自古雨量就偏少，华夏先民能够在缺少灌溉的条件下繁衍生息，说明这里的农业比其他文明更为“耐旱”。远古时期，黄土高坡上就顽强生长着抗旱、早熟、耐贫瘠的小米，也称“谷子”。它是早期华夏先民的主粮，被誉为“百谷之长”。小米亦称粟米，米粒直径小，“沧海一粟”即喻义渺小。秦代到汉初，“治粟内史”位居九卿，负责掌管国家钱谷，相当于财政部长兼农业部长。黄色的土地，黄色的河，黄色的小米养活了黄皮肤的中国人。1935 年，红军长征来到这里，一句“小米加步枪”让金黄滚圆的延安小米享誉中国。从这个意义上说，小米也孕育了新中国。

在谷物家族中，小米是水分利用率最高的一种，甚至能够在年降水量 300 毫米的地方顽强生长。时至今日，在北方干旱贫瘠的农田里，当小麦和玉米都难以正常生长时，农民还可以种植适应性强的小米，不过亩产只有小麦的一半。小麦的需水量是小米的 2.5 倍，一旦遭遇冰河期，以小麦为主粮的部落或者饿死，或者远走他乡，文明就此中断。超级耐旱的小米则有能力继续养育华夏先民。另外，小麦还需要灌溉以补充水分，然而长期灌溉还会引起土壤盐碱化，两河文明就因此而消亡。所以说，以耐旱的小米为主食应该是中华文明能够熬过小冰期的又一个原因。

因为富含蛋白质、脂肪和维生素，小米在民间颇具声望，一直都是孕妇的重要食物。2002 年，考古专家在青海喇家遗址中出土了一碗老面条，距今约 4000 多年，被誉为“世界最古老面条”。需要说明的是，这碗面条的原料并不是小麦，而是小米。小米大约 4000 年前也传入欧洲，在中世纪也曾是穷人的食物，但今天已很少有人种植。粟的英语称为 millet，mill 即用磨盘脱壳之意，磨出的粉粒非常细小，无法计数，所以用 million（百万）这一词汇来形容数量极多。

图 2-4　青海喇家出土的 4000 年前小米面条

除了小米，华夏先民还种植着另一种抗旱谷物——糜子，也称黍米或黄米，也曾是北方人的重要粮食。河北磁山遗址出土了距今约 10000 年的黍米遗存，驯化时间要早于谷子。黍米还经常出现于古诗中，如“硕鼠硕鼠，无食我黍”和“故人具鸡黍，邀我至田家”。糜子米粒略大于小米，今天在田野里已经很少见。在古代人的生活中，祭祀和典礼繁多，黍米酒的消费量很大。元朝以后，高酒精度的高粱酒开始取代黍米酒，高粱也顺势抢占黍米在田野中的份额。北方人用黍米做腊八粥，蒙古族喜欢用黍米做炒米。过年前，很多人家还会用黍米磨面蒸馍，里面包上豆沙馅，俗称“黄米团”，口感糯软，蘸上白糖特别好吃。在贫穷的日子里，它是我少年记忆中的高档食物。很多农家还用糜子秸秆做成扫地用的笤帚，父母们经常用它来教训闯祸的孩子。

第二，长江流域的水稻，养育了战乱中的南渡民众，支撑起北方的繁荣。

松散的黄土虽然易于耕作，却很容易出现水土流失。特别是在东亚季风气候下，雨季集中在夏季，土壤很容易被雨水冲刷流失。远古时期，黄河流域曾有着良好的生态环境。2000 多年前，大量的森林草原地带已经被开垦成农田。到了秦汉时期，随着人口增加，农业开发程度不断提高，黄土高原的环境遭到严重破坏。

隋唐时期，关中平原上的灌溉农田面积已经减少了一大半，粮食产量无力支撑长安城里越来越多的人口，需要大量从南方江淮地区调粮。黄河是主要的运输通道，然而从洛阳到长安的水路必须穿过三门峡天险。船夫们要站在依山开凿的黄河栈道上，牵挽粮船逆流而上，非常艰险。据说当时在这处天险每过三条船，就会沉一条。形势所迫，隋炀帝和武则天成为“逐粮天子”，为了给长安城减少些粮食压力，经常带着数万臣民跑到洛阳“避暑”，于是就有了“西都长安”和“东都洛阳”。特别是唐朝中后期，生态环境恶化叠加天下刀兵，帝国一直笼罩在缺粮的阴影中。

经济学中有一个风险控制原则——不要把所有的鸡蛋放进一个篮子里。如果中国只有黄河这“一个篮子”，一旦面临气候变化或异族入侵，华夏文明很可能会像其他文明那样最终消亡。所幸中国还有第二个“篮子”，黄河向南 500 千米，就是绵延 5700 千米的长江——“一条大河波浪宽，风吹稻花香两岸”。

唐宋时期，北方战乱频发，大量北方难民涌入长江流域。大面积的沼泽湿地被开拓成水稻田，养育了落难苍生。南方多雨，不断冲洗土壤中的盐分，不会出现北方旱田的盐碱化问题。蓄水层让稻田维持稳定的温度和湿度，还能避免大风扬尘和土壤流失。水稻的单产要高于小麦，南方稻作后来还发展出一年两熟。正因为有了长江流域的水稻作承接，才缓解了黄河流域小米和小麦的负担。从黄河到长江，这种深层次的地理布局构成了世界上其他古文明所缺少的战略纵深。在北方游牧民族的地缘压力下，黄河文明和长江文明形成了紧密的地缘互助。当黄河流域成为对抗北方入侵者的前线时，长江流域成为提供后勤保障的战略大后方。

要把长江流域的粮食运到黄河流域，还需要开凿一条黄金水道。隋炀帝开始修建从洛阳到杭州的大运河。大运河贯穿了长江和黄河两大水系，成为沟通南北的经济大动脉。东南富庶的身子，伸着1500千米的细长脖子，供养着西北长安这颗头颅。运河水滋养着两岸农田，承载着商贾船舶。从此，北方大漠孤烟的豪爽与南方小桥流水的柔和相互交融，带火了沿岸的商贸经济，绵延千年。正如历史学家全汉昇在《唐宋帝国与运河》中所说："运河通，则国运兴；运河塞，则国运衰"。

元朝建立以后，定都北京，开启了京杭大运河的时代。运粮的船只不再取道河南，而是从河北、山东直入安徽和江苏等地，长安、洛阳和汴京等城市就此失去往日的光辉。近代中国开启铁路修建，大运河彻底退出历史舞台。

第三，精耕细作、勤俭节约的农耕文化，让有限的耕地能够养活更多的人口。

黄河中下游地区气候干旱，种地不多些心思，就打不出很多粮食。过去2000年，古代先民摸索出一套精细复杂的栽培技术，不断激发谷物的产量潜能。早在汉朝时期，铁犁牛耕就得到广泛应用，垄作、间作和轮作等耕作方式不仅能够提高生产效率，还能减轻自然灾害的影响。大规模的灌溉工程拓展了耕地面积，人畜粪便已经被用作肥料，帮助谷物提高产量。

铁犁入土，穿沟成垄，广阔的原野上出现了一条条垄地。看上去只是一个很简单的发明，却能显著地提高粮食产量。打垄通常是南北走向，这样阳光可以照射到作物根部，增强光合作用。沿着垄地条播种植，让谷物有了合适的行距和株距，通风顺畅，有序生长。农人走在垄间，耕作便捷，不会踩到谷物。另外，垄地表面呈锯齿状，表面积增加了25%，会接受到更多的阳光，昼夜温差增加2—3℃，有利于干物质积累。垄地起伏还能降低风速，减少水土流失。还有，地势高的地方将谷物种在垄沟里，可以抗旱保墒。地势低的地方可以将谷物种在垄台上，可以排水防涝。隔年开沟时，让垄台和垄沟互换，耕地得以倒班休息。

领先世界的耕作技术使得古代中国的粮食单产比西欧要高出几倍，能够养活更多的人口。宋朝时期，中国的人口已经达到1亿，为中华文明打下坚实的人口基础。尽管在元朝和清朝，北方的草原民族也曾依靠武力入主中原，然而征服者的人口还不到汉民族的1%，文化势能也处于劣势，清朝干脆推行“满汉一体”政策，最终被以柔克刚的农耕文明所同化。深重的苦难磨砺出中华民族顽强的生命力，也造就出一个多民族的统一体。秦朝时期，西安还地处中国疆域的西北。看看今天的地图，西安已经位于中国大陆的地理中心。

一年之计在于春，种地要有细致的规划，综合考虑节气、土壤和人力。早在战国时期，华夏农民就懂得种“谷必杂五谷，以备灾害”。一旦遭遇灾害，单一作物容易大幅减产，甚至绝收。千百年来，各家各户的田地里种植着五花八门的农作物，谷物、蔬菜、果树和棉麻等应有尽有，院子里还有水井、磨盘和织布机。即使在外部商品交易中断的情况下，小农经济依旧可以自给自足。

谷贱伤农是悬在农民头上的千年之剑，旱涝、病害、蝗虫和老鼠也会带来损失。春夏之交，青黄不接，农民更要勒紧腰带过日子。古人在《勉谕儿辈》中写下：“由俭入奢易，由奢入俭难。饮食衣服，若思得之艰难，不敢轻易费用。”人多地少塑造了中国人勤俭节约的性格特征。“养儿防老，积谷防饥”，中国人有着浓厚的存钱意识，不喜欢做“月光族”，必须存有积蓄，以备不时之需。

春秋战国时期，中国就走上了一家一户的小农经济之路。“三亩地，一头牛，老婆孩子热炕头”，自给自足，与世无争。遇到灾难和战乱，人们就躲在各自的村子里，老老实实做庄稼人。宗亲邻里之间构建起紧密的关系社会，互相照应，共渡难关。小农经济和勤俭持家让中华民族显示出强大的生存韧性。当然，农民被牢牢束缚在土地上，成为最稳定的臣民，难以形成挑战皇权的力量，帝王也乐见天下一盘散沙。华夏文明一脚踏上了以乡村为基础的农业之路，未能像欧洲那样发展出主要以城市为中心的商业经济。

古代皇帝经常把“江山社稷”挂在嘴边，“社”指土地神，“稷”指谷神。春节俗称“过年”，《说文解字》中，“年”被写成“秊”，像人背负禾谷之形，释义就是“谷熟也”。丰收以后，人们用新谷做成美食，聚在一起酬谢神明，祈求风调雨顺的好年成。公元104年，汉武帝推行《太初历》，以一月为岁首，正月初一成为新年的第一天，年也就此有了固定的时间，世代相传。除夕之夜，辞旧迎新，阖家团圆吃年夜饭成为中国人最重要的习俗。春节后是元宵节，要吃汤圆，端午节要吃粽子，中秋节会吃月饼，中华文明的很多节日都与谷物息息相关。

中华民族5000年的历史中，99%的时间处于农耕社会。认识五谷、认识耕种，可谓认识东方文化的一种方式。面对同样一块空地，游牧基因的西方人会做成绿草坪，而农耕基因的中国人则会种上农作物。春耕、夏耘、秋收、冬藏已经嵌入民族的基因。闲适澹泊的田园生活吸引了陶渊明、孟浩然、王维等文人，他们辞去官职，回到原始质朴的乡村。

古代税收以粮食为主，帝王也常用谷物给官员发放俸禄，以石计算。汉宣帝曾说："与朕共治天下者，其唯良二千石乎"。这里的"二千石"代指郡守，当时郡守的年俸就是2000石。汉代1石约合今天的60斤，2000石就是12万斤粮食。按照粮价1.5元/斤折算，汉代"市长"的年薪约为18万元。陶渊明不愿意"为五斗米折腰"，五斗米指的就是微薄的俸禄。白居易在《观刈麦》当中也写到"吏禄三百石，岁晏有余粮"，就是说他的俸禄是300石粮食。宋朝以后，随着经济的发展，货币逐渐在俸禄中取代了粮食。

谷物在中国具有特殊的符号意义。汉字中有133个字以米为偏旁。"精"字的本意就是指精选后的米，而后被升华为一种精神文化，有了以下词汇：精彩、精英、精神、精髓。词典里更有很多描写谷物的成语：救命稻草、脱颖而出、巧妇难为无米之炊……时至今日，很多人仍把工作和谋生称作"饭碗"和"糊口”，程序员的绰号是“码农”，创业之初叫“种子期”，秀恩爱说成“撒狗粮”，升职要感谢领导“栽培”，企业家倡导“行业深耕”，公益活动被誉为“播撒爱的种子”，股市里“满仓”意味着大家有信心，套牢赔钱会“关灯吃面”。

中华人民共和国国徽的中间是五星照耀下的天安门，周围围绕着一圈谷穗。谷穗能够跻身国徽元素，也有着一段故事。1942年冬天，宋庆龄在重庆寓所宴请周恩来等人。炉火摇曳，映照着壁炉架上垂下的两株刚刚采收的稻穗。这时有客人赞叹稻穗“像金子铸成的一样”，宋庆龄说：“它比金子还宝贵。中国人口80%都是农民，如果年年五谷丰登，人民便可丰衣足食了。”周恩来意味深长地说：“等到全国解放，我们要把禾穗画到国徽上。”1949年后，这一想法成为了现实。

知识卡：亩和尺的由来

古代耕地面积单位的“亩”通常是以“尺”来计算的。传说大禹把自己的身高定为一丈，再划分为10等份，每份定为一尺，“丈夫”一词就源于此。秦汉时期，一尺的长度约为23厘米，指张开的拇指和中指（或小指）的长度，即俗称的一拃（zhǎ）长。也有用100百粒黍排列起来，取其长度为一尺，叫作“黍尺”。后来的朝代中又出现了用木板、竹片及金属板等制成的固定尺，长度约为30厘米，各个朝代存在一定的差异。今天，3市尺等于1米，667平方米为1亩，15亩等于1公顷，即10000平方米。

第3章

农业物种大交换

科学家们将哥伦布看成是无意间开启了全球范围内爆炸性生物交换的人。在他建立了东西两半球的联系之后，数以千计的动植物物种在大陆之间往来不绝。这是恐龙灭绝以来生命史上最重要的事件。历史学家称其为“哥伦布大交换”。

——查尔斯·曼恩（Charles C. Mann），美国著名记者

从作物起源的角度，大体上东亚缺少优质蔬菜，美洲缺少高蛋白质植物，欧洲缺少调味香料。经过数千年来的交流与融合，今天我们的食材已经大为丰富，一餐简单的饭食，可能聚集了世界各地的驯化物种：从西亚出产的麦类、葡萄，到美洲的玉米、土豆、西红柿和辣椒，再到非洲的西瓜和咖啡，以及中国的稻米、大豆和粟、黍等。这不仅仅是食物的汇聚，更是世界文明的嘉年华。

考古结果显示：4000 年前随着麦类的引进，河西走廊地区的

种植结构由完全以小米和糜子为主，转型为以小麦和青稞（裸大麦）为主。我们可以想象出这样的场景：远古时期的某一天，西域小麦部落的一群先民为了寻找肥沃的土地开始向东迁徙。路途遥远，他们在牛背上放了很多麦子以备充饥。他来到了河西走廊上的一个小米村落，受到主人的热情款待，主食是小米饭。而客人则拿出一袋籽粒饱满的麦子，向主人展示磨粉和焙烤技艺。主人第一次吃到了面饼。客人向主人传授如何种植和加工麦子。很快一传十、十传百，主人村落四周的原野中开始出现成片的麦田……

从阿拉伯帝国到哥伦布大交换

打开世界地图，亚洲、欧洲和非洲（西方俗称旧大陆）的陆地天然连接在一起，中间镶嵌着高山、大河和海湾。距今7000—3500年前，这里发生过一次“史前农业全球化”的过程，为农业的发展奠定了重要基础。很多事件没有文字和图片记载，流传至今的只有诸多语焉不详的神话。所幸，今天的科学家能够从那些无言的遗存、化石和基因中，为我们勾勒出其间的脉络。

起源于西亚的麦类传播到欧洲、印度和中国，非洲的高粱出现在印度河流域，而小米（粟）从中国的黄土高原向西抵达西亚和地中海，水稻则在东亚、南亚和东南亚各地流通。外来物种逐渐适应了当地环境，融入当地的饮食习惯。大约在3500年前，生活在欧亚大陆的人们将本地物种和外来物种进行重新组合，开启了多季节的轮作系统。

几千年前的旷野，人烟稀少，走出去几十里，都见不到个人影。独立起源的驯化作物要跨越巨大的地理鸿沟，从一个地域传播到另一个地域，需要依靠部落间的迁徙、战争和通婚才能实现，这是一个相当缓慢的过程。

和农作物一道向四方传播的还有耕作的农具和犁地的牛马。6000 年前，两河流域的古巴比伦人掌握了青铜器制作技术。3000 年前，居住在今土耳其北部的赫梯人发明了冶铁技术。石器缺少可塑性，青铜缺少韧性，只有坚韧的铁器适合制作耐用的农具。战国时期，铁器开始在中国得到使用。后来，汉武帝施行盐铁官营，大面积推广铁制农具。王莽曾在诏书中强调“铁，田农之本”。我们熟悉的农具如锹、锄、镐、镰等都有金字旁。铁犁和牛马组合在一起，人类耕作的能力大大提高。

知识卡：战国七雄，为何实现统一的是秦国?

春秋早期，秦国位于今天的甘肃和陕西，在当时属于西部边陲一个不起眼的小国。甲骨文中，“秦”是个象形字——，上面有人“双手持杵”，捶打下面的“两株禾谷”，展现出一幅丰收场景。相传伯益辅助大禹治水有功，被舜赐姓嬴，嬴秦自此发端。《说文解字》中记载：“秦，伯益之后所封国。地宜禾”。2000 多年前，这里有着很好的农耕环境。

小麦、牛耕和铁器都是从西亚经过西域和河西走廊传入中国，秦国正好位于这条传播路线进入中原的门户要道，相当于今天的沿海外向经济区。汉中平原上率先响起了秦川牛的叫声，铁犁牛耕开垦出千里良田，更多的耕地生产出更多的粮食，秦国由此迅速崛起。

战国时期，诸侯国都在变法图强，谁的农业搞得好，谁的国力就强大。《战国策·赵策》中记载：公元前 261 年，秦国和赵国两强相峙。平阳君赵豹劝诫赵王："秦以牛田水通粮，其死士皆列之于上地，令严政行，不可与战。"这段话的意思就是：秦国用牛耕田，用河流运粮食，视死如归的战士都在那里，政令整肃，赵国不能和他们交战。这次对话之后的第二年，赵国在长平之战中惨败于秦国。

小麦源自冬季湿润的地中海，要在干旱的黄土高原上种植小麦，需要配套灌溉体系。秦国人理解小麦的需求，修建了郑国渠等水利工程，大幅提升了农业生产力。知己知彼，百战不殆，秦国还密切关注着六国的耕地、人口和作物生产。充足的粮食助力秦始皇统一中国，也奠定了后来的汉唐盛世。西北大地上矗立起千年帝都长安城，它是当时世界上最繁华的城市。

随着耕地面积增加和耕作技术的提高，人类生产出越来越多的粮食，活动空间也越来越大。在过去的 2500 年中，历史上出现过波斯帝国、亚历山大帝国、罗马帝国、阿拉伯帝国、蒙古帝国等横跨欧亚大陆的帝国。最近 500 年，人类开启全球化进程，西班牙、葡萄牙、荷兰、英国等在世界范围内扩张殖民地。

如果完全依靠风和水流等自然力量，谷物种子每年只会移动几十米到几百米。相对于史前时期的自然传播，战争和商贸加快了农作物在全球范围的扩散，其中有两个时期尤为显著。

第一个是阿拉伯帝国时期。

阿拉伯半岛位于亚洲西南部，面积相当于中国的 1/3，是世界上最大的半岛。公元前 539 年，波斯帝国攻陷巴比伦，曾经的两河文明被掩埋在沙尘中。到了公元 6 世纪，半岛上仍没有建立起统一的国家，文化和民族处于分散状态，部落之间经常爆发血亲战争。茫茫沙漠中，很少有植被和草场，人们在贫瘠的土地上艰难地生活着。公元 7 世纪初，伊斯兰教的兴起让阿拉伯人终于实现了精神上的统一，为新帝国的崛起奠定了基础。

公元 632—1258 年，阿拉伯人一手拿着《古兰经》，一手拿着刀剑，建立了横跨欧亚非大陆的伊斯兰帝国。疆域从今天的西班牙和葡萄牙向东一直延伸到印度，面积达 1340 万平方千米，可以与东方的大唐比肩。阿拉伯人在这片辽阔的地域上统一了宗教、语言、法律和经济。他们还大量翻译古希腊、古罗马、古犹太的学术著作，学习借鉴各种先进技术，充当了文明传递的火炬手。与中国重农抑商的文化不同，伊斯兰世界以商业为荣，《古兰经》中经商是“寻求真主的恩惠”，先知穆罕默德早年就是一个出色而诚实的商人。浪漫奇幻的《天方夜谭》中记载着很多阿拉伯人航海和发财的故事，“天方”原指伊斯兰教圣地麦加，后来泛指阿拉伯地区。

阿拉伯半岛地处旧大陆地理枢纽，自古就是东西方贸易的交通要道。统一后的帝国有了和平的环境，商人、学者、朝圣者四方游走，小麦、水稻、高粱、西瓜、香蕉、甘蔗、茄子、菠菜、棉花等物种在欧亚大陆上开始扩散融合。随着波斯（今伊朗）和印度的农民大量西迁，两河流域和尼罗河流域的荒野被辟为良田。很多起源于热带的作物需要充足的水分保障，难以适应干旱少雨的夏季地中海气候。阿拉伯人就吸收了叙利亚的水利机械和伊朗的运河、坎儿井技术，大力改进灌溉系统。阿拉伯人又借鉴地中海农业庄园的分区种植和印度的热带多熟制等耕作技术，孕育出更加高效的阿拉伯农业。他们还将作物品种组合和农耕方式传入欧洲，为欧洲的人口增长、城市扩展和商业勃兴奠定了基础。

阿拉伯帝国能够屹立600年不倒，从长安到罗马的丝绸之路功不可没。阿拉伯帝国与古代中国最明显的差别在于：华夏的统一主要源于中央集权统治，而阿拉伯的统一则源自各地域对于商业利益的共同追求。阿拉伯商人通过贸易和物流，为东方和西方两边的人提供“代购服务”。丝绸之路上驼铃声声、商旅不绝，帝国的统一能够保证这条黄金商路的畅通，进而维护各个地缘板块的利益。

公元755年，唐朝发生安史之乱，北方经济凋零，丝绸之路急剧衰落，沿途内陆板块失去商业利益的捆绑，开始四分五裂。东方不亮西方亮，海上丝绸之路崛起，阿拉伯商人又从亚丁湾出发，穿越印度洋，绕道马六甲，来到中国的东南沿海。原产于越南的占城早稻就是搭载着阿拉伯商船来到了中国。公元10—14世纪，福建泉州已经发展成为各国商旅云集的“东方第一大港”。中国的指南针、造纸术和火药也是先被阿拉伯人接受，再传向西方。

物种交流和农业技术交流让阿拉伯帝国有了充足的食物，人口增长，商业鼎盛，建立于公元762年的巴格达成为世界最繁荣的城市之一。公元8—11世纪，希腊、波斯和印度等诸多语种的作品被译成阿拉伯文，阿拉伯文跻身国际性语言，成为西方高等教育必修课。著名学者吉姆·阿尔-卡利里（Jim Al-Khalili）甚至认为：如果没有中世纪穆斯林对古典时代希腊罗马各类知识的保存和研究，就没有后来欧洲的“文艺复兴”。然而到了10世纪晚期，由于土地过度使用、灌溉设施年久失修和土壤盐碱化严重，很多地方的粮食产量迅速下滑，难以养活当地众多人口。外族入侵和税赋加重接踵而来，农民不断流散，阿拉伯农业走向衰落。

13世纪，蒙古铁骑横扫欧亚大陆，给阿拉伯帝国画上了句号，但为了获得丰厚的税收，他们还是积极支持商业复兴，实现了丝绸之路的“大一统”，阿拉伯人的生意仍然有得做。尤其是在帖木儿帝国时期，对伊斯兰教徒非常宽容，商业经济得以持续。橡胶、甘蔗和棉花大量出口到欧洲，让阿拉伯人赚了不少钱。16世纪，进入奥斯曼帝国时期，主政者继承了伊斯兰教的体制，阿拉伯人甚至一度垄断了全球的咖啡种植。然而17世纪以后，欧洲殖民者站上历史舞台，依托坚船利炮，他们从穆斯林商人手中夺取了从红海到印度沿海的贸易网络。很多经济作物在东亚、南亚和美洲也被大面积种植，发给西亚的订单越来越少，阿拉伯农业彻底失去了世界舞台。

阿拉伯帝国已经灭亡了700多年，但阿拉伯文明的影响力却并未因此下降多少。阿拉伯国家拥有超过世界一半的石油储量。在当今世界，阿拉伯依然是一股不可忽视的力量。

知识卡：阿拉伯数字

阿拉伯人是知识的搬运工，他们不断地融会贯通，在数学、物理、化学、天文和医学等领域取得了许多重要的成就，对后来欧洲自然科学的启蒙发挥了重要作用，其中就包括世界通用的阿拉伯数字。公元 8 世纪，阿拉伯人征服了印度，在当地发现了这种简单又先进的十进位计数法，商人们很乐于采用这种方法做生意。阿拉伯人又将这十个数字符号传入欧洲，取代了罗马数字，对于后来数学的发展起到了重要的推动作用。欧洲人误以为这是阿拉伯人发明的，将其称为“阿拉伯数字”。由于笔画简单、演算便利，阿拉伯数字逐渐在各国流行起来。直到 19 世纪末，随着对西方数学成就的吸收和引进，阿拉伯数字才在中国推广使用。

第二个时期是 16 世纪的哥伦布大交换。

欧洲大陆地处北半球温带地区，地质史上的几次冰期造成这里的原生植物种类极其贫乏。15 世纪，以印度为主产区的东方香料成为欧洲人的追求，檀香、豆蔻、生姜、丁香等甚至成为权力和身份的象征。然而随着奥斯曼帝国的崛起，君士坦丁堡陷落，整个中东及近东地区成了土耳其人的天下。面对不断上涨的“过路费”，欧洲人开始寻求在海上开辟新航路，以便获得廉价的香料。商船绕道非洲，任重道远，一路艰辛，商人和探险家一直想再找一条通向东方的海路。1492 年 8 月 3 日，哥伦布拿着西班牙女王伊莎贝拉（Isabel）的“A 轮投资”，带着 87 名以役折罪的囚徒，驾着三艘帆船，从西班牙巴罗斯港扬帆大西洋。经过 70 天艰苦航行，他误打误撞登上了美洲大陆，也就此开启了欧洲人对美洲的殖民历程。

大航海时代开启，欧洲探险者漂洋过海来到亚洲和美洲，发掘珍稀植物资源。“植物猎人”走进深山峡谷，风餐露宿，将搜集到的植物标本带回欧洲，再种到植物园里。咖啡、甘蔗、胡椒、辣椒、棉花、橡胶、郁金香、玉米、土豆，每个物种都能讲出一段长长的故事。哥伦布、麦哲伦、洪堡，这些伟大的探险家都对植物品种情有独钟。不可否认，那些青史留名的物种传播者无疑对人类做出了很大的贡献。但是一个物种的引进和推广，不是一时一地之事，更不可能是某个人的功绩，而是很多不知名的军士、商旅和农人翻山越岭，历尽艰辛，多线引进甚至重复引进才得以完成的。

在《全球通史》（*A Global History*）中，斯塔夫里阿诺斯（L. S. Stavrianos）教授写道：“公元 1500 年以前，人类基本上生活在彼此隔绝的地区中。直到 1500 年前后，各个种族集团之间才第一次有了直接的交往。从那时起，它们才终于联系在一起。”谷物与其他物种一样，从不同的发源地向世界各地传播，对各国的农业生产、食物结构和历史进程都产生了深远的影响。

对于长期居住于旧大陆的人们来说，从美洲新大陆获得的真正财富并不是黄金和白银，而是马铃薯、玉米和红薯三种作物。这些物种为整个欧亚大陆带来了丰富的食物资源，改善了各国民众的热量和营养。与此同时，小麦、燕麦、甘蔗和牛、马、猪等随着欧洲殖民者一起来到美洲，此后北美大平原上收获的小麦和

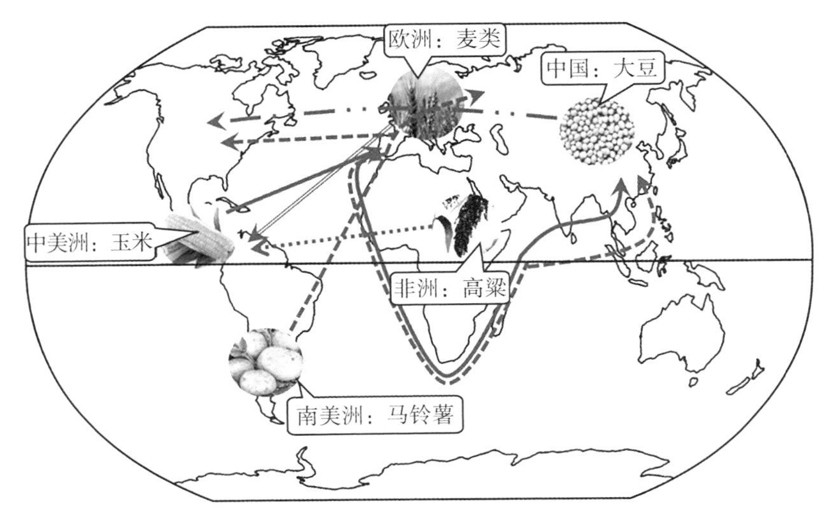

图 3-1　哥伦布大交换时期的粮食作物传播示意图

玉米远销欧洲，南部种植园则大面积种植着烟草和棉花等作物。作物物种的全球大交换催生出人类史上最大规模的人口增长，世界人口从 1600 年的 5 亿激增到 1900 年的 16 亿，深刻影响了近现代人类的食物结构乃至国际格局。

殖民者还把奴隶种植庄园体系复制到美洲大地。当他们发现当地美洲土著人口满足不了劳动力需求时，又将目光投向了非洲大地。在 16—19 世纪，有超过 1000 万的非洲黑奴被贩卖到美洲，高粱也随着非洲人来到了美洲。时至今日，幅员辽阔的美洲大地已经是世界粮仓，美国、巴西和阿根廷三个国家的粮食出口量占到全球总量的一半。

欧洲人还把一种特别重要的物种带到了美洲——蚯蚓。北美大陆的原生蚯蚓在 1 万多年前的冰川期就几乎消失了。运输烟草的英国轮船装着压舱的石土，藏在土中的蚯蚓也搭顺风船来到了美洲。这些微小的生态工程师，重塑了美洲大地，使土壤变得更加肥沃。不过欧洲的天花、非洲的疟疾也使成千上万的美洲印第安人死于非命。

随着新大陆的发现，世界贸易中心从地中海转到大西洋沿岸，英国人占尽地利。18 世纪工业革命前期，英国汉普郡农场的一个普通雇工一日三餐的食谱如下：早餐是牛奶、面包和咸猪肉；午饭是面包、奶酪、少量的啤酒、腌猪肉、土豆、白菜或萝卜；晚饭是面包和奶酪，星期天才可以吃上鲜猪肉。进入 19 世纪，英国已经成为世界工厂。殖民地的食物资源支撑着“日不落”帝国，孕育出工业革命，纺织、煤炭、钢铁、机械、轮船，各行各业都干得热火朝天。物质财富滚滚而来，英国人的生活水平蒸蒸日上。

1865 年，英国经济学家杰文斯（William Stanley Jevons）自豪地写道：“北美和俄国的平原是我们的玉米地；加拿大和波罗的海是我们的林区；澳大利亚有我们的牧羊场；秘鲁送来白银，南非和澳大利亚的黄金流向伦敦；印度人和中国人为我们种植茶叶，我们的咖啡、甘蔗和香料种植园遍布东印度群岛。我们的棉花长期以来栽培在美国南部，现已扩展到地球每个温暖地区。”

大交换时期，很多物种也漂洋过海来到了中国。美国历史学家阿尔弗雷德·克罗斯比（Alfred W. Crosby）在《哥伦布大交换》（*The Columbian Exchange*）中写道：“在旧世界（主要指欧洲国家），没有哪个大规模的人类群体比中国人更快地接纳了美洲的粮食作物。”16 世纪以后，红薯、玉米、花生、烟草、辣椒、菠萝、腰果、木薯等先后传入福建和广东，并很快成为中国人日常生活的一部分。鸦片战争后，原产于中国的大豆开始走向世界，算是最后一个登上全球舞台的谷物。今天南美巴西的大豆产量已居世界第一，而且大量出口到中国。

在太平洋中的夏威夷群岛上，我们也能看到物种传播的影响。公元3—5世纪，来自大洋洲东部的波利尼西亚人坐着独木舟登上了夏威夷岛，带来了包括主食芋头在内的十几种植物。18世纪晚期到19世纪，盎格鲁人（英国人和美国人）成为抵达夏威夷的第二批移民，他们带来了小麦和肉牛。到了19世纪晚期，第三波移民从东亚（中国、日本和朝鲜）来到夏威夷的种植园谋生，其中就包括孙中山先生，他们又带来了稻米、碾米坊和锅灶。世界上很多地方的饮食结构都经历过夏威夷这样的历程。

落户中国的外来物种

由于青藏高原和帕米尔高原的阻隔，早期中国和欧亚大陆其他地方之间的物种传播相对缓慢。今天我们餐桌上的多数食材，都是在汉朝丝绸之路开启以后才传入中国的。甚至有学者认为，真正影响和改变中国历史的不是来自草原的游牧民族，而是来自中亚、西亚的商队，游牧民族常常只是他们的工具而已。随着东西方商贸的不断发展，越来越多的物种或翻山越岭，或漂洋过海，来到了华夏大地。

今天，农作物名称中带有“胡”“番”“洋”“西”这几个字的，很多都是外来物种，而且名字中有些规律：胡桃（核桃）、胡豆（蚕豆）、胡瓜（黄瓜）、胡麻和胡萝卜等带“胡”字的大多是两汉、南北朝时期，由西域的“胡人”从西北陆路引入，番茄（西红柿）、番薯（红薯）、番石榴等带“番”字的多在南宋至元明时期，由“番舶”（外国船只）从南方带入。洋葱、洋柿子（西红柿）、西葫芦、西芹等带“洋”或“西”字的主要是明清两代由西方“洋人”引入中国。鸦片战争以后，来自欧美的西方人多是漂洋过海乘船来到中国，被称为“洋人”。机器磨制的小麦面粉取名“洋面粉”，包装面粉的白色布袋就叫“洋面袋”。

根据《诗经》等古代文献的记载，先秦时期人们常食用的蔬菜只有十多种，清代时达到一百多种，大约一半是外来物种。回望历史，你能想象在 2200 年前的秦朝，很多外来物种尚未传入中国时人们都吃些什么吗？

秦朝时的炊具多为陶器，将米饭和麦粒放入陶罐中煮熟就是一餐。老百姓的主食是小米，富人家才有大米——当时在秦岭以南，才有水稻种植。餐桌上有鸡鸭鱼肉，但调料很稀缺。蒜和香菜在汉朝才传入中国，灶台上只有花椒和盐。没有凉拌黄瓜和葡萄酒，它们是在丝绸之路开通后才传入中国。主食没有包子和面条，直到汉朝后期，人们才会使用磨盘磨面，制作出面食。阿拉伯蒸馏技术在元朝传入东方后，中国才开始有了高度白酒。在此之前，李白、武松喝的酒水就是自然发酵的米酒，酒精度只有 10 度，和啤酒差不多。街边也没有火锅店和爆米花店，因为辣椒和玉米直到明末清初才传入中国。

有了来自五湖四海的食材，厨师们可以大显身手。一场宫廷盛宴会容纳数以百计的宾客，御膳房算得上最早的食品厂。在为皇权打造光环方面，精美食物的重要性并不亚于巍巍宫殿。改朝换代时，宫廷厨师流落到民间，会把御膳房里的美食做成民间小吃。于是在烟火缭绕的街头小店里，人们可以吃到口味正宗的汤面和米粉。机缘巧合，有些看似粗鄙的百姓食物也会走进宫廷。

相传八国联军攻入北京，慈禧太后带着光绪帝向西逃命。一路上兵荒马乱，有一次慈禧在路边农家要了一块玉米窝头，后来庚子回銮，慈禧太后就命御膳房照着做，就有了后来圆锥形的“宫廷小窝头”。这种窝头蒸熟后呈金黄色，底部都有一个圆洞，拿在手里小巧玲珑。

知识卡：欧洲的“餐桌革命”

1497 年，航海家达伽马率领船队开拓出一条从欧洲绕行非洲好望角并抵达东方的新航路，自那以后，中国的瓷器开始大量销往欧洲。当时欧洲人的餐具仍是粗糙厚重的陶器、木器和金属器。相比之下，中国瓷器轻巧、实用，擦洗后亮洁如新。欧洲掀起了长达数百年的“中国热”，英文中的“China”既有中国的意思，又有瓷器的意思。中国瓷器被称为“白金”，贵族家庭以摆设瓷器来炫耀地位。

有外国学者做过粗略的估算，明末到清中期，中国出口到欧美的瓷器可能有三亿件之多。进入 18 世纪，欧洲人自己掌握了瓷器制作工艺，产量大幅提升。中国的瓷器出口在乾隆年间一落千丈。瓷器在欧洲走进了千家万户，分餐制、大型宴会和餐桌礼仪发展起来，这就是欧洲历史上极为重要的“餐桌革命”。

第4章

谷物、气候与国家兴衰

南美洲亚马孙河流域热带雨林中的一只蝴蝶，偶尔扇动几下翅膀，可能在两周后引起美国得克萨斯的一场龙卷风。

——爱德华·洛伦茨（Edward Lorenz），美国气象学家

从古至今，人类靠天吃饭。气候如同上帝手中的骰子，每隔几百年就会掷出一段冷暖交替。气候波动对农业有着决定性的影响，通过竺可桢等学者的研究，人们基本认可下面的结论：寒冷气候会直接导致作物减产，食物短缺又会引发社会动荡，直至王朝更替。反之，温润的气候则会促进农业产量提升，国泰民安，文化艺术也随之兴盛。

万里长城与400毫米降水线

回望中国古代史，居无定所的北方草原部落一直都是中原王朝的心腹大患。从胡服骑射到汉匈战争，从五胡乱华到蒙古铁骑，很大程度上就是一部农耕民族与游牧民族的冲突融合史。当然，战乱在造成灾难的同时，客观上也促进了地区之间的技术和商品交流。

欧亚大陆的温带腹地上分布着大片的荒漠和草原，孕育了马背上的游牧民族。放牧牛羊需要草场空间，一块草场被啃光了，就换个地方，扩张与控制地盘非常关键。生活在亚热带的农耕民族安土重迁，没有去草原抢夺地盘的动力，因为那里根本不适合谷物生长。在地中海、中东和中国，农耕民族定居在大大小小的村镇中，吃着煮熟的谷物和肉食，将自己描述成为文明开化的人，将“茹毛饮血”的游牧民族视为洪水猛兽。

“天苍苍，野茫茫，风吹草低见牛羊。”牛羊可以给牧民提供肉食和乳酪，然而草原上的生活经常面临缺盐少米的情况。游牧民族会用自己的畜产品与中原的农耕民族进行交换，长城隘口甚至会出现临时的“自贸区”。

“北风卷地白草折，胡天八月即飞雪。”一旦寒冷期来临，牧民的财产在暴风雪中化为乌有。北纬30度线以南的粮仓和财富吸引着游牧民族的目光，他们在饥寒交迫时开启弱肉强食的丛林法则，几十人甚至几百人集合在一起，发动对农耕地带的劫掠，侵扰中原王朝的北疆。气候冷暖交替让游牧和农耕民族的生存空间此消彼长，进而改变着王朝的命运。

早期游牧民族觊觎的是中原的食物和财宝而非疆土，一番抢掠后，就风卷残云，回归草原。西晋永嘉之乱、唐朝安史之乱和宋朝的靖康之难都源自北方游牧民族的入侵。战乱造成中原百姓流离失所，农业生产遭受重创。大量人口南迁，男女老少客居他乡，逐渐形成了“客家人”族群。江南水乡河道纵横，难以连片开发，农耕技术比黄河流域“慢了半拍”。“衣冠南渡”也使得北方的先进农耕技术流入南方，促进了南方农业的发展，经济和文化中心也逐渐转移到江南。唐宋八大家中，唐朝的韩愈、柳宗元是北方人，宋代的欧阳修、苏洵、苏轼、苏辙、王安石、曾巩全是南方人。民国科学家丁文江从《二十四史》列传中选出籍贯可考者 5783 人，统计发现，全国性精英在南宋之前，集中在黄河流域；南宋之后，逐渐集中到长江流域。

游牧民族除了具备速度和力量上的优势，还可以依靠马匹和牛羊来补充给养，再以射猎作为补充，依仗广袤的草原和荒漠拖死对手。而农耕民族则不具备这个条件，需要大规模运送辎重粮草。千万不要小瞧这个弱点，很多时候决定战役胜负的并不是战场上的刀光剑影，而是后方的粮草保障。

秦始皇统一中国后，为防御北方匈奴开始修筑长城。千百年来，它已然成为中华民族的一种安慰和象征。长城为什么修在了今天的位置，而不是沿着黄河这样的天然屏障？作为农耕与游牧两大民族的分界线，长城修在了 400 毫米降水线上。长城以南种粮，村落群居，男耕女织，生活稳定有序。长城以北长草，游牧者逐水草而居，随季节迁徙，在马背上驰骋四方。从某种意义上说，中国古代史就是农耕民族和游牧民族的战争史。

1935 年，国立中央大学地理系主任胡焕庸教授在中国版图上画出了一条直线，北起黑龙江黑河，一路向西南延伸，直至云南腾冲。这是一条人文与自然地理的风景线，一边是“大漠长河孤烟”，另一边是“小桥流水人家”，与400毫米降水线不谋而合。说到底，这条线两侧的巨大差异就是水资源导致的，东南部多为降水量800毫米以上的湿润区，而西北部则是降水量不足200毫米的干旱区。

秦始皇统一中国后，开始进行疆域重组，剥离了长城以北的“不良资产”。当然，护卫长城的代价也很沉重。秦始皇在长城沿线大量驻扎戍边将士，靠人力从中原调运粮食。60担粮食从山东起运，最终只有1担粮食能够运到河套阴山的兵营。也就是说后勤保障人员的数量远多于戍边将士，大多数粮食都消耗于运输途中的人吃马喂。

守长城依旧是被动防御，主动出击才能根本解决问题。一代战神霍去病驰骋河西走廊，让匈奴人发出“失我祁连山，使我六畜不蕃息”的哀歌。依托坚实的农业国力，汉帝国终于击败了游牧匈奴。最终南匈奴归服汉朝，逐渐被同化；北匈奴则在溃败后一路西迁，远遁他乡。有学者认为，这支匈奴先后驻足哈萨克草原以及南俄草原，在400年后再次崛起。在匈奴王阿提拉（Attila）的带领下，匈奴铁骑向欧洲西部发起潮水般的进攻，导致了罗马帝国在公元5世纪的崩溃。整个欧洲为之战栗，阿提拉就此被称为上帝派来惩戒欧洲人的“上帝之鞭”。甚至有人打了个形象的比方：罗马是心脏，日耳曼人是插进心脏的钉子，匈奴就是砸钉子的铁锤，而遥远东方的汉帝国，正是那个挥舞锤子的人。

在过去的2000年历史中，中国有近3/4的时间处于统一状态，而同一时期的欧洲只有1/5的时间是统一的。如果说游牧民族的入侵是“外因”，那么华夏大地维系“大一统”的内因是什么？

黄仁宇在《赫逊河畔谈中国历史》一书中提出，季风影响农业是促成中国统一的重要原因。夏季太平洋季风为中国带来充沛的雨水，80%的降雨集中在6—8月。天气变化加上地貌复杂，雨水经常分布不均，多发的旱涝及蝗灾导致谷物减产和民众饥荒。春秋时期曾有170多个大大小小的诸侯国，很多国家的面积仅相当于今天一个地级市。大国控制的资源多，有很强的抗灾和赈灾能力，可以不断地接济和吸纳周围的邻国。公元前651年，齐桓公在葵丘（今河南商丘）召集诸侯国大会，订立了《葵丘之约》。在五条盟誓中，前两条是“毋雍泉”（不能截流、筑坝或造储水池）和“毋讫籴”（不能囤积粮食不发），希望以此维系民生。

战国时期七雄并起，齐、赵、魏三国以黄河为界，当河水泛滥时，就想方设法修堤筑坝，让河水淹到邻国。孟子无奈地感叹“今吾子与邻国为壑”，意思是今天的国君把邻国当作大水坑，让洪水排泄到那里去。在激烈的兼并战争中，还常常发生决开黄河水堤，用水来进攻敌国的事情。天下刀兵，生灵涂炭，民众渴望安定的生活。公元前221年，秦始皇终于一统天下。他清除不合理的堤坝，以利于行洪泄水。他还碣石颂德，自诩“决通川防”，改名“黄河”为“德水”，称秦为“水德之始”。

德裔汉学家魏特夫（K. A. Wittfogel）在《东方专制主义》（*Oriental Despotism*）一书中提出：中国古代社会是一种“治水社会”。巨大的水利工程绝非个体小农所能担当，必须把劳动力、生产资料、技术和管理体系高度集中在一起才能完成，中央集权制应运而生。这种观点描述了一种跨地区配置资源的机制，从古代的都江堰、郑国渠和京杭大运河，到今天的三峡大坝和南水北调工程，的确显示出“全国一盘棋”的优势。

地理环境也是促使中国“大一统”的重要因素。黄河和长江的主干道相距仅500千米，两大农耕区域之间没有大山阻隔，几乎连为一体。开阔平坦的地势难以让多个势力共存，只要一方诸侯积聚起足够强大的力量，就能获得独一无二的皇权。三国时期曹操说过：“设使国家无有孤，不知当几人称帝，几人称王。”这句话道出了问题的关键。

气候冷暖与王朝更替

最近4000年，大约每隔几百年全球气候就会出现一次冷暖交替，中华文明的兴衰大势基本与之吻合。据史学资料统计数据，自秦汉以来的2000多年内，共有31个盛世、大治和中兴，其中有21个发生在温暖时段，3个发生在由冷转暖时段，2个发生在由暖转冷时段。而15次王朝更替，11次出现在冷期时段。由此可见，气候冷暖变迁与国家兴衰存在对应关系。除了少数王朝因昏君无道和权臣篡位发生更替，大多数政权的垮塌都是发生在气候变冷的低温区间。

表4-1　竺可桢关于中国气候的变迁表

气候阶段	时间范围（年）	中国历史上的朝代
第一温暖期	2000 B. C. —1000 B. C.	商代、西周初
第一寒冷期	1000 B. C. —850 B. C.	西周
第二温暖期	770 B. C. —公元初	春秋战国、秦汉时期
第二寒冷期	公元初—600	三国两晋南北朝

续表

气候阶段	时间范围（年）	中国历史上的朝代
第三温暖期	600—1000	唐朝
第三寒冷期	1000—1200	宋代
第四温暖期	1200—1400	元朝
第四寒冷期	1400—1900	明清时期

公元前 2000—公元前 1000 年，也就是商朝时期，黄河流域气候温暖，河南属于亚热带气候，是亚洲象的乐园，所以河南的简称是“豫”。公元前 1100 年，骄奢淫逸的商纣王撞上了突然转冷的气候，迎来了武王伐纣。随后的西周时期，中国笼罩在第一次寒冷期中。公元前 903 年，长江甚至结冰了。依靠游牧为生的戎狄部族开始向南进发，侵入中原大地。连年征战导致西周国力衰落，难以控制诸侯国，周幽王在公元前 771 年又玩了一把“烽火戏诸侯”，西周就此灭亡。

公元前 700 年—公元初年，天气再次转暖。原本生在江南的梅树和竹子竟然在山东枝繁叶茂。塔克拉玛干沙漠腹地植被茂盛、鸟兽成群。华夏文明迎来“百花齐放，百家争鸣”的春秋战国时期。铁犁牛耕开垦出更多的农田，汉武帝出兵北征，击溃匈奴，开启西域屯田。公元元年—公元 600 年，中国迎来了第二次寒冷期。气候干旱，位于罗布泊的楼兰古国沦为荒漠。到了公元 3 世纪末期，“江、汉、河、洛皆竭”，人们甚至可以徒步过河。中原大地天灾不断，豪强崛起，民不聊生。王莽篡政，两汉更迭，三国纷争，五胡乱华，南北朝混乱割据。

公元 600—1000 年，中国又迎来一段温暖的时光，孕育出大唐盛世。气候温润的成都平原开始种植荔枝，快马加鞭只需两天时间就能送到杨贵妃面前。气候宜人，帝国繁荣，在与周边少数民族的战争中，大唐基本上都取得了胜利。

公元1000—1200年，大宋王朝迎头撞上第三次寒冷期。到了公元1111年，横跨江浙的太湖居然结冰了，而且冰面冻得可以任马车随意通行。关中地区物产下降，经济中心不断南移，长江中下游平原成为中国的粮食主产区。宋朝、西夏和辽金互相对峙，丝绸之路因阻断而衰落。北方游牧民族再次入侵，北宋灭亡，南宋迁都临安。

公元1200—1400年，气候迎来了100多年的短暂温暖。北方草原上人口膨胀，一代天骄成吉思汗迅猛崛起。他在25年间占领的土地超过了罗马400年的成就，改变了欧亚大陆的历史。然而来去匆匆，草原帝国只维系了短短100年。气候转冷引发饥荒，朱元璋登上历史舞台，于1368年建立了明朝。

公元1400—1900年，中国又迎来了第四次寒冷期，而且持续了500年。此间即使出现过温暖期，却没有达到汉唐时期的温度。无论永乐皇帝如何雄才大略，明朝的辉煌终究无法与汉唐相提并论。大明王朝历时276年，共计5614次大小自然灾害，年均20次。粮食歉收加上官吏贪腐，导致国力衰弱和民生凋敝。1555—1566年，明将戚继光领兵抗击倭寇。士兵吃不饱饭，他的部队只能训练一天休息一天。1650年前后，中国迎来历史上最冷的一段时间，洞庭湖、太湖、汉江和淮河多次结冰。饥荒爆发，老百姓们“开了城门迎闯王，闯王来了不纳粮”。李自成攻破北京城，大明王朝彻底覆灭。

清朝时期的气候依旧偏冷。幸运的是，玉米和红薯等高产抗旱的作物从美洲传入中国并得以大面积种植，康乾盛世期间人口又爆发性地增长起来。1877—1878年，就在这轮小冰期即将结束前，中国突然遭遇一次极端干旱气候。重灾区在中国北方的山西、河南和陕西，连续200天没有下过透雨。华夏大地拉开了饥荒序幕，一半的人口受灾，1000余万人饿死。

和气候影响中国王朝兴衰一样，欧洲历史也存在着相似的规律。公元前800年，欧洲气候转暖，地中海的希腊城邦变得欣欣向荣，罗马城于公元前753年被修建起来，日耳曼农民也在北欧建立起自己的家园。公元初年后，气候开始变冷，欧洲发生饥荒。在最冷的4—6世纪，日耳曼部落离开他们在德国北部的家园，向南涌入罗马帝国境内，于公元410年攻陷罗马城。公元900—1300年，欧洲沐浴在温暖的阳光中，农田和牧场甚至扩展到北极圈以北。北欧海盗进入全盛期，一路劫掠到法国、英国、格陵兰和冰岛。1400—1900年的北欧国家再次笼罩在冰期中。尤其是“三十年战争”期间（1618—1648年），寒冷气候引发饥荒，国家之间为争夺资源爆发战争，作为主战场的德国甚至人口减半。

全球变暖，中国重回汉唐盛世？

进入20世纪，地球又迎来一段温暖的时期。特别是最近50年，气温上升了1℃，这是数千年未见的气候变暖速度。根据世界气象组织发布的《2021年全球气候状况报告》，2015—2021年的七年是1850年以来最温暖的七年。记得年少时的东北，冬天总会有零下 35℃的寒冷天气，即使穿上厚厚的冬装，手脚仍会冻得麻木。今天，这种极寒天气已经越来越少。

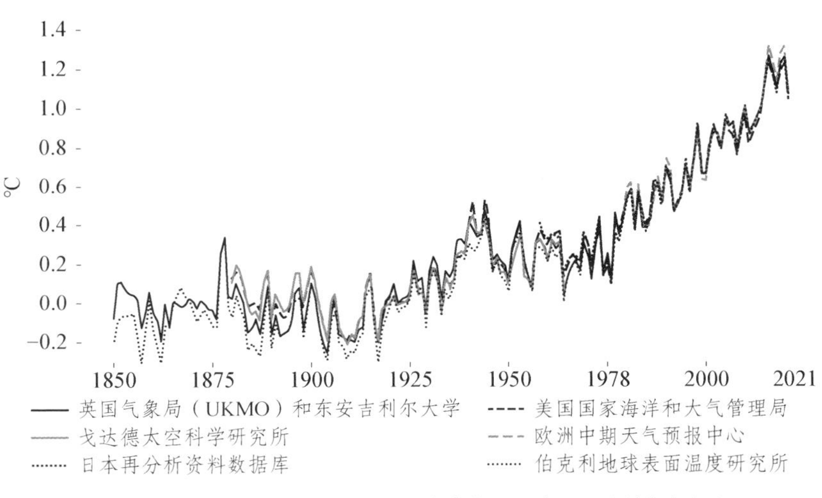

图 4-1　1850—2021 年世界平均温度变化图（来源：世界气象组织）

更多的变化发生在我们看不到的地方。比如，寒冷地带的冻土融化，会释放出更多的二氧化碳和甲烷等温室气体，加快气候变暖的速度。《巴黎协定》明确提出到本世纪末，将全球平均温度升幅控制在工业化前水平 2℃以内，或者说，2℃是人类可以接受的升温上限。如果气候变暖增至 4℃，全球一半地区将遭遇更严重的农业和生态干旱。

气象记录显示，1960 年以来，中国的年平均气温上升了 1.2℃，青藏高原甚至上升了 2.3℃，西北地区的平均降水量也从 100 毫米增加到了 120 毫米。有媒体认为：寒冷干旱的西北正在变暖变湿，中国将可以生产出更多的粮食。也有人提出，中国历史上的汉唐时代都在温暖期，全球变暖将助力中国重回盛世。然而，事情并不是那么简单。

其一，温度升高可能致使部分地区降水量有所增加，然而很多地方的降水日并未增多，只是单场雨量增大，难以满足作物整个生长季的需求。有些地方种植了喜旱的蜜瓜，雨水增多反而会影响糖分积累和正常采收。升温也会增加土壤水分蒸发量，有时甚至会高于降水量增幅。也就是说，有些地方干旱会加剧，影响农业生产。温度升高会提高病虫害发病率，平均温度每升高 1℃，小麦产量将降低 5.7％。北方是玉米主产区，玉米螟是重要的虫害，一年本来只会发生一代。然而因为气候变暖，会发生二代虫害，农民不得不增加农药用量，客观上加剧了环境污染。气候研究还发现，在平均气温上升 3 度的情况下，春季花粉季将提前 10 到 40 天，年度总花粉排放量也会增加 16％—40％，过敏人口和症状也将随之增加。

其二，温度升高还会影响东亚地区的大气环流，冬季的西北风减弱，污染物更容易聚集在华北地区，增加河北京津一带的雾霾天气。这一轮全球变暖不是自然变化，更多的是工业活动造成的，表现为极端的降雨和干旱，导致很多地方出现气候异常。2021 年 7 月暴雨突袭中国河南等地，造成重大损失；10 月南方气候异常炎热，有些植物出现花期紊乱；11 月超级寒潮席卷全国，引起菜价异常波动。地球另一端的美国和巴西受到高温干旱影响，推高大豆和玉米的价格，也提升了中国的养殖成本，猪肉、鸡蛋甚至酱油的价格都开始上涨。

其三，汉唐经济的重心在西北，长安是一线城市，威胁来自北方游牧民族。然而今天东南沿海已经成为中国的经济重心，如果温度持续升高，极地冰雪消融，海平面上升，沿海地区将会受到威胁。上海主城区在春秋时期还是一片汪洋，宋朝以后浦东才开始形成陆地。上海的平均海拔只有 4 米，届时需要巨大的投入来修缮基础设施。如果海水进一步侵入大陆内部，淹没地势低洼地域，会造成更大的经济损失和社会矛盾。高温干旱还会给基础设施带来挑战，高温会导致夏季用电负荷快速上涨，而干旱会导致降水量减少，进而使水力发电量“腰斩”，影响民众生活和工业生产。

今天，人类大量燃烧自然界千万年储存的化石燃料，相当于在地球上燃起一个巨大的火炉，每年释放出 400 亿吨二氧化碳。对农民来说，二氧化碳是植物的粮食；在食品学家眼里，它是啤酒里的泡沫和延长保质期的包装气体；而在环境学家眼里，它却是全球变暖的罪魁祸首。中国是二氧化碳排放量最多的国家，约为 100 亿吨，占全世界的 1/4。面对世界关注，中国定下二氧化碳的减排目标：2030 年前达到峰值，2060 年前实现碳中和，以此倒逼国内的能源转型和发展方式转变。

很多人认为，相对于冒烟的工业，植物通过光合作用吸收二氧化碳，农业是很绿色、很环保的产业。其实问题比我们想象的要复杂：其一，化肥农药生产、农业机械作业和秸秆燃烧会释放出大量的二氧化碳；其二，土壤中过量施用氮肥会排放出大量的氮氧化合物，其对地球臭氧层的破坏力是二氧化碳的 300 倍；其三，水稻种植和畜牧养殖也会排放出大量甲烷。

工业革命后的人类活动导致了气候变暖、土壤退化等诸多环境变化，甚至有学者将最近的 200 年命名为“人类世”（Anthropocene）。回望历史，当人们对自然的索取达到顶峰时，自然就会用灾难将人类击溃，毫不留情。

第二部分

谷物的世界之旅

在谷物家族中，很多物种都是“少小离家，远走他乡”，最终在广袤的田野中闯出一番天地，在人类的餐桌上占据了一席之地：中国的水稻在季风的吹拂下成为亚洲的主粮，背后有宋真宗和康熙两位皇帝鼎力支持；西亚的小麦凭着筋道的面筋征服了全世界的胃，在西方变成了烤面包，在东方成为蒸馒头；美洲的玉米和马铃薯支撑起地球上最大的一次人口激增，却也在中国敲响了野生虎族的丧钟；中国的大豆依托蛋白质优势在美洲开疆扩土，然而中国自己却成为第一大豆进口国。

第 5 章

稻米：亚洲人的最爱

我做过一个梦，梦见杂交水稻的茎秆像高粱一样高，穗子像扫帚一样大，稻谷像葡萄一样结得一串串，我和大家一起在稻田里散步，在水稻下面乘凉。

——袁隆平，杂交水稻之父

1973 年 6 月，雨季即将到来。在杭州湾南岸的余姚县河姆渡村，村民们忙着在一处低洼地建造排涝站。地基挖到 1 米多深的时候，一位农民的锄头突然被硬物磕了一下。他捡起来一看，是一个陶片。很快，越来越多的陶器、石器、木桩和动物骨骼被挖了出来。考古工作者闻讯赶到，他们在距地面三米深的地方，发掘出大量的稻谷、稻壳、稻叶和稻秆，堆积厚度大约有 40—50 厘米。“河姆渡遗址”的发现震惊了世界，很快就被写入到中学历史教科书当中。

考古研究显示，河姆渡时期的稻作农业发展并非一帆风顺。

距今8200年前，气候转冷导致海平面降低，浙江东部的一片沿海陆地裸露出来。一群早期先民来到这里生活，他们捕捉鱼类，也狩猎、采集，尝试驯化稻谷。几百年后海平面上升，地势低的地方被海水淹没。约7000年前，海水开始退去，大片陆地重见天日。又一批先民在此繁衍生息，一边渔猎采集，一边种植水稻。6300年前，又一轮海侵淹没了稻田，先民们不得不靠渔猎采集维持生计。约5700年前，海水再次退去，稻作农业在这里重现繁荣。4200年前，这里再次受到海侵影响。直到3700年前，这里的人口和聚落重新增多，考古遗址中的水稻遗存变多，其他野生动植物遗存变少。千年沧海桑田，我们的祖先对稻米痴心不改。

起源地之争：中国还是印度？

图5-1 《稻谷》，齐白石

谷物起源一直是人类学的热门话题。依托谷物起源研究，可以构建出源远流长的族群历史。小麦起源于西亚，玉米起源于墨西哥，大豆起源于中国，土豆起源于秘鲁，这些观点不存在大的争论。唯独水稻的起源地究竟在哪里，这些年中国和印度一直各执一词。

中国和印度是两大稻米主产国，分别占全球总产量的30%和

20%。中国既有籼稻又有粳稻，印度则主要是籼稻。中国登记在案的水稻品种数量约有 5 万种，和印度不相上下。从生物学上讲，野生稻大约 1500 万年前起源于东南亚的热带森林中，随后向四周迁徙，进化成为水边的喜阳植物，分布于亚洲的很多地方。学者们争论的其实并不是野生稻的起源，而是栽培稻的起源——人类究竟在哪里播下了第一粒水稻种子？

在西亚和欧洲的很多语言中，“稻米”一词的发音和印度的梵语（vrīhi）非常接近。通过对比，语言学家大致推测出水稻西传的路线：大约在 2300 年前，亚历山大大帝远征亚洲，班师还朝时，将古印度栽培的水稻一路向西传播，带到了伊朗、希腊和北非。阿拉伯帝国时期，水稻又随着军人和商旅的脚步走进了西班牙，再传向西欧的法国、英国、德国和意大利。

无论是亚历山大东征，还是阿拉伯帝国，东部疆域都只是到达了南亚的印度，却没能翻越青藏高原。也就是说在很长的一段时间里，欧洲人看到的东方就是印度。他们吃过印度的稻米，却

图 5-2　河姆渡遗址稻谷堆积层

没有看到中国的稻田。在 14 世纪《马可波罗游记》出版之前，很多欧洲人对中国的了解还停留在道听途说的基础上。进入 19 世纪，西方学者开始探讨植物起源问题。综合语言发音，加上印度的确存在很多野生稻种，有人据此推定印度是水稻的起源地。然而今天看来，南亚的印度恐怕只是水稻传播的“中转站”，东亚的中国才是“始发站”。

1973 年，考古学家在河姆渡遗址发掘出了 7000 年前的稻谷堆积层。然而在 1980 年，印度柯尔迪华遗址也发掘出约 8500 年前的水稻遗存。1993 年，中美联合考古队又在江西万年仙人洞发掘出距今 1 万年前后的稻谷遗存。既然中国有了 1 万年前的稻谷遗存，这是否可以作为栽培水稻的硬核证据?

不一定！你家的灶房里有粮食，但要证明你是种地的农民而不是一位石匠，你的仓房里至少还应该有一堆农具，最好房前屋后还有一片农田。在仙人洞遗址出土的很多动物骨骼属于野生动物遗骸，不是被驯化的家畜。发掘出来的石器和骨器属于渔猎工具，而不是原始农具。据此推断，当时的部落还处于采集狩猎阶段。至于考古发现的稻谷遗存，不排除刚刚尝试原始稻作，也可能只是野生稻谷，或者是掺入陶土中制作陶器的辅料，甚至是稻草焚烧后的残留物。

相对于传统考古研究，基因工程技术给人类学研究提供了新的手段。种瓜得瓜，种豆得豆，物种的性状是由它的 DNA 决定的。植物学家通过对全球数以万计的水稻品种进行基因测序，发现籼稻的很多人工等位基因都和粳稻相同，也就是说两者之间存在亲缘关系，这些研究成果陆续发表在《自然》和《科学》等权威刊物上。

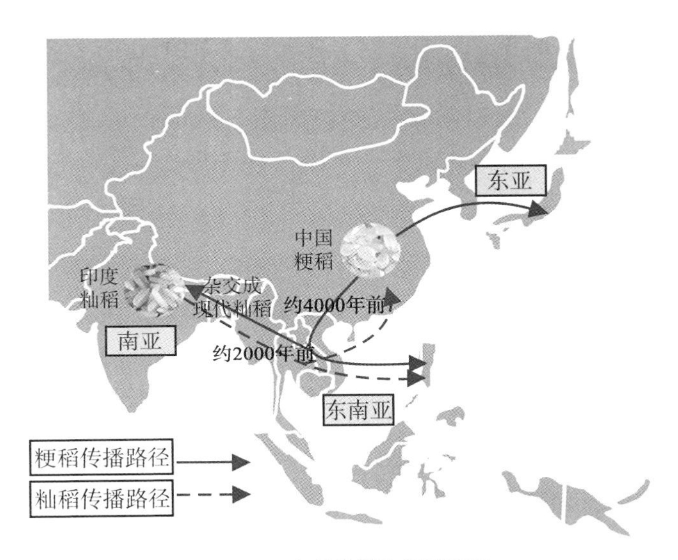

图 5-3 水稻传播路径示意图

综合历史学、考古学和生物学的研究结果，大致可以描绘出如下水稻传播路径：约 10000—8000 年前，长江流域的古代先民种植了人类史上第一块稻田（粳稻）。约 5000 年前的“仰韶温暖期”，水稻出现在黄河中下游的低洼地区，同时向西传入到成都平原。4200 年前，地球迎来一轮小冰期，水稻分化出相对耐寒的粳稻，随后传入东北亚的朝鲜半岛和日本。与此同时，一些喜欢温热气候的水稻品种则从长江流域向南方迁徙，一直来到东南亚的马来西亚、印度尼西亚和菲律宾。历经千年积淀，这些地方结成了亚洲的“稻米文化圈”。

有学者提出：4200 年前的气候恶化，迫使黄河流域的一些族群迁移南下。大规模的纷争后，长江流域以稻作渔猎为生的原住民不得不逃进了云贵山地，后世子孙变成了苗族、侗族和彝族的一部分。河南洛阳盆地的二里头遗址（距今 3800—3500 年）被誉为“最早的中国”，有学者认为这里曾是夏朝晚期的都城。尽管在植物遗存中，小米数量占比 60%，是稻米（30%）的两倍，但一粒稻米的重量相当于十粒小米，折算下来，这里的主粮仍是水稻。《史记》中有记载：大禹曾“令益予众庶稻，可种卑湿”。甚至有学者据此推测：大禹治水很可能是在当地改造湿地，然后大规模种植水稻，最终开创了夏朝。

南下的中国粳稻还随着早期的交通路线（沿着横断山脉的西南丝绸之路的前身），由商人和农民传到印度的恒河流域。在那里，中国粳稻与印度籼稻的祖先杂交，分化出现代籼稻品种。大约在 2000 年前，籼稻品种又传播到中国南方和东南亚地区。因为更适应热带和亚热带气候，籼稻在这些地区成为主要的水稻品种。

在饮食习惯上，印度人喜欢在生米中拌入各种香料，煮熟的米饭颜色也会变得红红黄黄，成为著名的“印度香饭”。印度人吃饭既不用筷子，也不用刀叉，而是直接用手抓。在印度教中，食物是神明的馈赠，使用餐具吃饭是对神灵的不敬，于是有了“手抓饭”的习俗。与印度不同，中国米饭基本就是将纯稻米煮熟，不添加香料，吃“白米饭”。

中国每年生产 2 亿吨的水稻，其中籼稻占 2/3，粳稻占 1/3。籼稻喜暖，生长在长江以南，一年两熟。粳稻耐凉，生长在长江以北，一年一熟。籼稻俗称“长粒米”，直链淀粉含量高，支链淀粉含量低，煮熟后不黏，口感硬。粳稻俗称“圆粒米”，支链淀粉含量高，煮熟后圆润饱满，软糯浓香。籼稻虽然在口感上略逊一筹，但也有所长：早籼稻能形成强韧的凝胶结构，于是就有了一碗碗滑爽的南方米粉。

有些粳稻和籼稻的变异种走向极端，有了更高的支链淀粉含量，成为我们熟知的糯米。将糯米和普通大米按照一定比例混合在一起，煮熟后反复捶打，加速支链淀粉重组，就有了亚洲的传统食品——年糕（又名粘糕）。年糕寓意“年年高”，打年糕是江浙这一带过年的习俗。在宋明时期的江浙地方志中，糯稻品种曾占水稻品种的半壁江山。清代以后，糯稻才逐渐被高产的籼稻取代。

在古代，糯米还是一种重要的建筑材料。糯米中富含支链淀粉，掺入砂浆后会形成高强度的糯米砂浆。这项技术出现于南北朝，发展于隋唐，兴盛于明清。在很长一段时间内，这种砂浆都是宝塔、帝王陵寝等重要建筑的主要原料之一。明清时期的北京故宫、长城、钱塘江海塘等工程都使用了糯米砂浆黏合砖石，历经千年风霜，至今保持完好。现代科学研究发现：石灰中加入3%的糯米浆以后，抗压强度提高了30倍，表面硬度提高了2.5倍。

粳稻和籼稻的命名还有一段故事。1928年，日本学者按照当时的理解将栽培稻种划分为“indica rice”（籼稻）和“japonica rice”（粳稻）。简言之，一个以印度命名，一个以日本命名，完全没有中国的份，这个命名在学术领域被沿用至今。说来无奈，当时的中国军阀混战、民生凋敝，自然也没有能力到国际学术界去争辩水稻命名的事。

除了粳稻和籼稻的命名，粳稻的发音也有一段故事。中国的农民和农业专家长期以来一直将“粳”字读作“gěng”。可是在《新华字典》中，“粳”只有“jīng”一个读音。在水稻研究者看来，“粳”字读什么，关乎中国稻作文化的留存和中国能否在世界学术界重新赢得粳稻命名权。2011年，包括袁隆平先生在内的186名水稻专家联名写了一份建议书，要求将《新华字典》中的

“粳”（jīng）字读音修订为（gěng）。经过反复论证，在2020年的第12版《新华字典》中，“粳”的字音被标注为：“jīng”（又）“gēng”。新增的“gēng”音相当于将“gěng”的声韵和“jīng”的一声调“杂交”在一起。

相对于人类学家的人文情怀，育种学者更希望通过确定作物起源地，找到更多的野生近缘种和原始栽培类型。利用其中的遗传资源，育种家可以不断改良作物性状，提高产量和品质。中国的杂交水稻能够处于国际领先地位，很重要的一个原因是我们有着丰富的野生水稻种质资源。1970年，在海南三亚的一个农场，袁隆平领军的育种团队发现了一株野生的雄花败育株，为杂交水稻培育打开了突破口。

知识卡：非洲水稻

非洲西部的尼日尔河流域，西临大西洋，属于热带季风性气候，高温多雨。大约在3000多年前，非洲先民在这里驯化出非洲水稻，在时间上比亚洲要晚很多。有学者认为当时撒哈拉地区的气候发生变化，食物短缺促进了水稻在当地的推广种植。种植水稻很费事，当地人也有些懒散，种植规模很小。进入16世纪，葡萄牙人将亚洲水稻品种引入非洲西部。非洲水稻耐旱，亚洲水稻高产。非洲稻种的基因特征与亚洲的完全不同，属于独立的起源。近年来，中国育种专家通过杂交技术，在尼日利亚培养出“非洲新稻”，使得当地的水稻产量增长了3倍。

水稻、菱角与茭白

回望远古时期的水塘沼泽，曾有另外两种水生植物和水稻争夺过主粮之位，就是菱角和茭白。

菱角是一年生水生植物，每年7—11月均可采收。分子生物学研究揭示，栽培菱角可以追溯至6300年前的河姆渡文化时期。这一时期的很多考古遗址都出土过菱角，主要分布在江浙一带。也就是说，富含淀粉的菱角曾和稻谷“比肩”，是远古先民的重要食物。在周朝，菱角是个稀罕物，被作为最高等级的祭祀食物。唐宋时期，江南地区开始规模化种植菱角。王安石有诗：“草头蛱蝶黄花晚，菱角蜻蜓翠蔓深”。南宋时期（约800年前），菱角品种得到进一步改良，成为江南重要的水生农作物。然而，菱角因为含水量高，不耐储存，果实带刺，吃起来也不方便，最终没能成为水稻那样的主粮，却和糯稻米成了搭档——南方端午节有包粽子、吃菱角的习俗。

茭白在今天是一种常见蔬菜，古时称作“菰”。很多人想不到，它和水稻同属禾本科稻亚科植物，算得上“近亲”。菰喜欢生长在南方温暖潮湿的水岸，苗期长得也很像水稻。长大以后，菰结出的籽粒很长且呈黑褐色，长得更像蒲苇，和水稻渐行渐远。菰在《周礼》中曾跻身“六谷”，是一种重要的粮食作物。春申君是战国“四公子”之一，他的封地在“下菰城”，也就是现在的浙江湖州境内，当时那里生长着大片的菰草。菰米煮熟后，营养丰富、馨香满口。从西周到唐代，菰米是皇室贵族才能享用的高档主食。它还有个别名叫“雕胡”，唐代诗人李白曾写诗赞扬：“跪进雕胡饭，月光照素盘”。

然而菰米也有缺点：花期长，产量低，成熟期也不一致。籽粒成熟后会落到水里，采收很费力。这些形状导致菰在与水稻的竞争中逐渐败下阵来，成为没落于沼泽地中的野草。北宋宰相苏颂在《本草图经》里就写道：“至秋结实，乃雕胡米也。古人以为美馔，今饥岁，人犹采以当粮。”然而“上帝给你关闭一扇窗却打开另一扇门”，另一个机遇正在悄悄靠近。

菰草很容易被一类名叫“黑穗菌”的真菌感染，上面的株穗不能正常开花结实，下面的根茎却增生成肥大的纺锤形。换做玉米、小麦、高粱等谷物感染这类病害，就会出现减产甚至绝收。然而菰草经过这次“病变”却因祸得福，长出了滑爽清香的茭白。南宋诗人陆游对茭白就情有独钟，有诗为证——“今年菰菜尝新晚，正与鲈鱼一并来”。古人开始利用黑穗病菌寄生技术，种植不抽穗只长茭白的品种，又在明朝时期选育出了夏秋两熟的茭白品种。古代茭白的传统产区在太湖流域，今天的种植区域已经扩展到大半个中国。茭白和五花肉炒在一起，成为千家万户餐桌上的美味佳肴。就这样，茭白实现了从米袋子到菜篮子的跨界。

为水稻操心的两位皇帝

从东汉到南北朝，中原地区战乱频发，有三个世纪处于南北分治的状态。江淮腹地在当时成为边疆地区，南北政权都派重兵在这里屯垦戍边。青壮年士兵被组织起来，大规模从事稻田耕作，提升了鱼米之乡在王朝赋税中的比例，也促进了中国经济中心的南移。

战乱中大量人口南迁，使得江南成为人口压力最大的地方。进入宋朝以后，南方粮食压力剧增，亟需提高稻米产量。长江流域大片区域都是丘陵山地，灌溉不便，一旦遇到旱灾，水稻就会减产甚至绝收。从 10 世纪末开始，宋朝撞上一个气候干旱的小冰河期。面对粮食歉收，当时坐在皇位上的宋真宗赵恒一筹莫展。在治理国家上，宋真宗也算有所作为。公元 1005 年，他采纳了宰相寇准的建言，御驾亲征，最终和辽国的萧太后签订了《澶渊之盟》，为宋朝赢得了 120 年的和平。

民以食为天，让老百姓吃饱饭是帝王维系统治的基础。在《宋史》中，宋真宗在田间地头的出镜率很高，政风也很务实。公元 1011 年，他听说福建有一种名为"占城稻"的水稻品种，抗旱能力强，生长周期短，于是"遣使就福建取占城稻三万斛"，在今天的长江和淮河地区种植，以御灾年。就这样，占城稻在宋朝登上了历史舞台。

古代占城国位于今天的越南中部，11—18 世纪，曾是独立的东南亚古国，面积约为 10 万平方千米，相当于半个广东省。其中有很多贫瘠的丘陵山区，缺少灌溉设施，耕作方式粗放，培育出的占城稻就是"穷人家的孩子"，具有耐旱早熟、顽强生长的特性。当时海上贸易活跃，阿拉伯商船经常停靠在占城国，再走海路抵达中国。大约在唐末五代时，占城稻传入福建。

占城籼稻生长期只需要 100 天，比其他品种短一个多月。虽然口感不佳，但遇到青黄不接的年景，它能够拯救一方饥民，解决宋朝的缺粮难题。为了加大推广力度，宋真宗把占城稻试种在汴京的皇宫后苑，组织皇室和官员参观。有了皇帝站台，占城稻很快出现在江西、广东、四川、浙江等地，成了明星品种。苏东坡在《歇白塔铺》写道："吴国晚蚕初断叶，占城早稻欲移秧。"1093年，苏东坡因"讥讪先朝"获罪，被流放至偏远的广东惠州。他依旧豁达洒脱，在那里留下了"日啖荔枝三百颗，不辞长作岭南人"的诗句。宋朝时期的岭南地区还是蛮荒之地，民风懒散，稻作农业粗放。当时长江流域已经有了精细的水稻种植技术，不断南迁的移民帮助岭南的稻作技术完成了"战略升级"，养育了一方苍生，广东、广西等地发展成为水稻的主产区，也让水稻在宋朝跃居粮食产量首位。

两宋时，太湖流域成为最重要的粮仓，为宋代的商业繁荣奠定了基础，助力人口由3000万飙升至1个亿。进入明朝，南方出现了"早稻—晚稻"双季稻种植，水稻种植边界也向北推广到黄河流域，稻米走上千家万户的餐桌。晚清重臣林则徐对占城稻给予了很高的评价："占城之稻自宋时流布中国，至今两粤、荆湘、江右、浙东皆艺之，所获与晚稻等，岁得两熟。"

可能有人会认为种植双季稻，产量会翻倍，其实不然。双季稻的劳动量翻倍，但产量只增加约50%。原因有二：其一，早稻生长期比晚稻要短一个月；其二，早稻在七月盛夏成熟，气温高，呼吸作用强，消耗的有机物质多；晚稻在秋天成熟，温度低，比早稻要高产、优质。"大暑到，双抢忙"，七月下旬是南方农民的梦魇，必须要抢在半个月内完成早稻收割（抢收）和晚稻插秧（抢种）。错过时节，就满足不了晚稻生长的积温要求。

相对于在南方的如鱼得水，稻米在北方的推广则有些迟缓。

诗人苏辙（苏东坡的弟弟）从小在南方长大，习惯吃稻米。长大后到北方为官，因不习惯吃面食，感慨“少年食稻不食粟，老居颍川稻不足”。北宋时汴梁（开封）开了一些南食店，客户主要就是从南方来的士大夫。到了元明清三朝，很多南方人通过科举到北京为官，想吃到顺口的米饭，就倡导在北方种植水稻，运河上也漂着把南方稻米运到北方的船只。

清朝时期，八旗贵族高朋满座，会用上好的米饭装点门面、款待宾客。八旗兵丁却不喜欢吃稻米，甚至把作为俸禄的稻米换成钱，再去买其他杂粮。直到百年前的民国时期，北方百姓对米饭仍不待见。老北京人拿米饭当主食的不多，很多稻米被做成年糕和江米条。北京东城区的东交民巷和西交民巷，原名东江米巷和西江米巷。元朝时，这两条巷子原本连在一起叫“江米巷”，是南粮北运的稻米集散地，所谓江米就是指能做成粽子的南方糯米。

清朝还出现了一位喜欢种水稻的皇帝——康熙皇帝。他在位61年，除鳌拜、平三藩、收复台湾、驱逐沙俄、亲征准噶尔。农桑不仅是百姓的衣食之源，也是国家的经济命脉。康熙五十年（1711年）前后，“地丁税”（按照土地和人丁征税）甚至占到全年总收入的82.3%。康熙在位期间，近一半的奏折与雨雪粮价有关。《庭训格言》曾记载说：“朕自幼喜欢观稼穑。秘得各方五谷、菜蔬之种，必种之，以观其收获。”

康熙还兼任了大清帝国的“首席育种学家”，而且对水稻情有独钟。他在西苑（今中南海）新建了丰泽园，开辟了一块实验基地，种植全国各地的稻种。有一年的农历六月下旬，水稻刚刚出穗，康熙忙里偷闲，站在田埂上小憩。他忽然看见一株稻穗茎秆高大，提前结实，明显属于早熟——这是一株变异株。

康熙喜出望外，用它的种子第二年继续试种，果然第二年还是早熟。“从此生生不已，岁取千百。”康熙用“一穗传”方法，经过十几年的选育，终于在1692年培育出了短生长期的早熟品种，取名“御稻米”，这个品种也是北京“京西稻”的鼻祖。1703年，康熙在长城以北的承德兴建避暑山庄，庄内开辟大片稻田，引种“御稻米”成功。英国生物学家达尔文在《动物和植物在家养下的变异》（*The Variation of Animals and Plants under Domestication*）一书中还为康熙皇帝点赞：“唯一的育种家皇帝，发现并亲自培育了唯一能够在长城以北生长的水稻。”

1714年，玉泉山等地的御稻米种植面积扩大到近万亩，成为宫廷贡米的主要来源。康熙认为，南方气候温暖，稻谷成熟会早于北方，可以一年种植两季。于是他决定在江南试种御稻米。北京和苏州、南京相距逾1000千米，全年平均气温相差3—4℃。因为担心北京的品种不服南方水土，康熙先把稻种发放给苏州织造李煦和江宁织造曹頫，让他们试种双季稻。曹頫就是《红楼梦》作者曹雪芹的父亲（一说是叔叔），胡适认为贾政的原型就是曹頫。

李煦和曹頫拿到稻种后，诚惶诚恐，甚至把一些种植细节都写进呈给康熙的奏章。试种两年后，大致摸索出双季御稻米的种植方法。此后，他们在江南的官绅朋友圈里极力推广。大家一听说是皇帝主推的稻种，都积极踊跃。根据气象学资料，这段时间寒冷年份多于温暖年份，温度不能保障一年两熟，御稻米的产量并不稳定。到了推广的第七年，康熙去世，曹、李两家在雍正时期也被抄家籍没，成了政治罪人。人走茶凉，御稻米很快就褪去了光环，最终只是昙花一现。

根据红学家周汝昌先生考证，《红楼梦》里多次提到“御田胭脂米”，指的就是康熙亲自选育的御稻米。1954年，毛泽东读《红楼梦》时，看到专供贾母享用的“御田胭脂米”，就给相关部门写信说“可否由粮食部门收购一部分，以供中央招待国际友人”。其实，毛泽东想寻找的“御田胭脂米”已经消失在历史尘埃中。乾隆下江南时发现了“紫金箍”稻米品种，在皇家贡米中取代了康熙御稻米的位置。

水稻与小麦的瑜亮之争

中国和西方，或者说东方和西方，从地理上被青藏高原分隔成两块，各自发展，彼此间通过丝绸之路管窥对方。中国所在的“东边”是粒食区，黄河流域的小米和长江流域的稻米都适于整粒蒸煮。虽然稻米可以做成米粉、年糕、寿司、米酒等美食，但比例很小。欧洲所在的“西边”是以麦类作物为主的面食区，先把麦粒磨成面粉，然后再加工成五花八门的食物。

知识卡：中国筷子 VS 西方刀叉

大约3000年前，筷子开始在中国出现。中国的主食是粒状谷物，肉类和蔬菜在烹饪前也会被切碎，再扔进炒锅里。这些食物用筷子夹起后，即可直接放在嘴里享用。汉朝以后，浸在汤水中的面条问世，更为筷子提供了绝佳的舞台。当筷子在中国推广使用时，古希腊和罗马帝国的欧洲人还在用手抓饭。当时的教会认为食物是上帝的恩赐，用餐具接触食物是对上帝的傲慢无礼和侮辱。14 世纪，意大利人开始用叉子来吃面条，此后叉子逐渐在欧洲普及。时至今日，面对炙烤后大块的披萨、面包和牛排，还是要用刀叉切割后，才能吃到嘴里。

今天，小麦是世界上种植区域最广的第一大粮食作物。汉朝以后，华夏文明也接受了以小麦为原料的面食，形成“南稻北麦”的食物格局。在中国，水稻的消费量占 60%，要多于小麦的 40%，是饭桌上的“顶梁柱”，但在全世界则是小麦的消费量高于水稻。小麦是全世界的谷物，水稻则是亚洲的谷物。

为什么水稻在欧洲没能取得小麦那样的地位？在进化历程中，人类的食物会选择“就地取材”。东亚、南亚坐落于太平洋西岸，这里是地球上“得天独厚”的季风气候区，而且雨热同季。这里就是水稻的天堂，全球 90%的稻谷种植都集中在这里，在亚洲当然是妥妥的主粮。从东亚的日本和朝鲜半岛到东南亚的印尼、越南，再到南亚的孟加拉和印度，水稻主要分布在中国的“街坊四邻”。今天，从事稻米研究的科学家主要集中在中国和日本。

水稻为什么要长在水里？地球上的植物多达几十万种，只有 3%—5%能够适应淹水环境。水稻的祖先生长在热带沼泽里，相当于在进化选择中避开了陆地这片“红海”，跑到水域这片“蓝海”，既可以减少和陆地杂草的竞争，又有水分和养分保障。随之而来还有另一个问题：为什么水稻淹不死？大部分植物的根系需要呼吸土壤气孔里的氧气，浸水后根系就窒息而死。然而水稻茎秆是中空的，根系也有通气组织——这也是很多水生植物的特点。不过水稻并不是一直长在水里，比如在分蘖末期，就需要进行排水晒田，以利于增强根系活力，提高产量，增强抗倒伏能力。

欧洲大部分地区属于海洋性气候和地中海气候，夏季气候相对干旱，不适合水稻生长，而小麦是旱作谷物，适应那里的水土。欧洲人种植小麦的方式简单粗放，稻米却需要育苗、插秧、控水，管理上比小麦要精细很多。欧洲人也不懂得东亚米饭的蒸煮方法。最终，水稻未能在欧洲跻身主粮。今天，欧美国家水稻产量仅占全世界的2%，水稻在欧美就相当于小米和高粱在中国，只是一种杂粮。

17世纪的殖民主义和奴隶贸易时期，来自西非的“黑奴”将非洲水稻带入北美。种植面积很小，主要提供给士兵、孤儿、海员、罪犯和黑奴等底层民众。1861年畅销书《家政管理》（*The Book of Household Management*）在英国出版，作者比顿夫人（Isabella Beeton）甚至将谷物论资排辈——小麦跻身榜首，随后是黑麦、大麦和燕麦，垫底的是水稻和玉米。

在当时的西方人眼中，小麦面包是“文明人不可或缺的食物”，做面包时产生的面筋令人联想到人体的肌肉纤维，不吃面包和牛肉的人被视为二等公民。时至今日，有些西方人仍把稻米视为“穷人的食物”，而小麦则是“上帝的礼物”。这种说法隐藏着某种优越感：以小麦为主食的欧美发达国家孕育了现代文明，而吃水稻的中国、印度、非洲等国家都相对落后。

当然，吃稻米的族群并不认可这种说法。19 世纪的日本思想家平田笃胤就宣称，日本稻米让日本成为亚洲强国，是民族的脊梁。1901 年，在日本皇宫前的空地上，一众相扑选手将一个个装满稻米的袋子高高举过头顶，并告诉媒体：是富含 80%养分的日本稻米给了他们强壮的体格。

如果没有特殊的机缘，一个地方千百年来形成的主食系统不会轻易改变。不过在最近几十年的亚洲地区，特别在日本、韩国和中国等经济崛起的国家，生活方式和食物结构却悄然发生着变化——肉蛋奶消费量明显增加，超市里还有琳琅满目的休闲零食，稻米的消费量有所下降。相对而言，方便面、面包和披萨饼让小麦的消费量相对稳定。

以日本为例，从 1962 年到 2020 年，人均大米年消费量从 118 公斤下降到 57 公斤，减少了整整一半。而小麦消费量则稳定在 32 公斤。为什么会发生这样的变化？

1945 年，美国用两颗原子弹逼迫日本投降，“二战”终于结束，日本完全听命于美军司令官麦克阿瑟。叼着一根玉米芯做的烟斗是麦克阿瑟的招牌形象。就材质而言，玉米芯很容易烧焦，抽烟最多用 3 次，被称为“一次性牙刷”，然而它轻巧便宜又

图 5-4 道格拉斯·麦克阿瑟

古朴纯正，受到不少美国老兵的喜欢。

战败后的日本笼罩在饥荒中，很多人只能以红薯和糠菜充饥，饿死者不断增加。高涨的黑市粮价引发严重的通货膨胀，直接影响着日本的经济复苏。出于巩固统治和人道主义考虑，麦克阿瑟向华盛顿要求对日本进行粮食援助。起初，美国政府对日本粮荒持冷漠与惩罚的态度，认为日本的困境是咎由自取。麦克阿瑟在晚年的回忆录中提到："面对国会众议院拨款委员会的质疑，我向美国国会做出解释：现代战争的胜利并非完全靠战场上的胜利。必须有一种彻底的精神改革，使它不仅能支配失败的一代，而且还要对下一代施加优势影响……在这种情况下切断日本的救济供应会引起无数日本人的饥饿，而饥饿产生着大规模的不安、骚动和暴力行为。给我面包或是给我子弹。"

从 1946 年开始，来自美国的小麦和肉类源源不断地运到日本，缓解了日本人的饥荒。随之而来，日本家庭的餐桌也由米饭、鱼类、咸菜等日式食物逐渐转变为面包、肉排等美式食物。到了 20 世纪 50 年代初期，日本的农业生产已经恢复到战前正常水平，粮食供应状况有了明显好转。然而这个时候，美国却出现了农业生产过剩状况，急于兜售过剩的粮食。

1955 年，美日两国达成《480 号公法协议》。按照这项协议，美国将麦类等农产品出口到日本，出售农产品所得的 70%以贷款方式发放给日本政府，用于水力发电、水利建设和农业发展项目。面对美国的软硬兼施，日本政府不得不改变农业政策，从积极提高谷物自给率改为依靠美国进口。为了促进日本人消费更多的小麦，美国在日本推进"营养改善运动"，奖励国民吃面食，扩大对小麦的需求，宣扬小麦的蛋白质含量高于水稻，多食面粉有助于改善民族体质。美国对日本的麦类出口量不断增加，导致日本的小麦生产体系彻底崩溃。与此同时，大米消费量也不断减少。

美国对日本的粮食援助，改变了日本民众的饮食消费习惯，稻米萎缩，小麦胜出，影响深远。今天日本粮食自给率不到40%，主要依靠从美国进口粮食。在美日关系中，粮食不仅是经济问题，也是政治问题。双方既有互利共赢，也有利益纷争。

水稻和小麦之争不仅存在于世界的东西方，也存在于中国的南北方。秦岭—淮河一线是中国的南北分界，在很长一段时间里，南方种水稻，北方种小麦，谷物成为划分南北地界的标尺。国内曾有人认为南方人因为吃稻米长得矮小，北方人因为吃小麦长得健硕。从营养角度看，稻米与小麦大致接近。小麦的蛋白质含量略高于稻米，但是稻米蛋白质的氨基酸配比更为合理，生物效价优于小麦。也就是说，双方基本上是扯平的。客观地说，南方人和北方人的身高的确存在差异，但影响因素不只是食物种类，还有族群遗传和气候环境等因素。

农学家关注粮食的产量和品质，社会学家则有着更多元的视角。

1968年，人类学家克利福德·吉尔茨（Clifford Geertz）出版了著作《农业内卷化——印度尼西亚的生态变化过程》。他曾在印尼爪哇岛进行考察，发现岛上的火山灰土壤很肥沃，吸引了大量人口迁居到这里，当地开始变得人多地少。为了提高产量，稻农们不断增加劳动投入，然而没有关键技术的突破，超强的劳动投入并没有带来产量的成比例增长，克利福德把这种现象称为“involution”。1986年，社会学家黄宗智教授将involution翻译为“内卷”，引入到中国。今天，“内卷”这一源自水稻的词汇已经被现代社会高频使用。

2014年，《科学》刊登了美国学者托马斯·托尔汉姆(Thomas Talhelm)的一篇文章，文章认为，水稻和小麦可能是中国南方和北方文化差异的重要原因之一。这种“大米理论”引起了学界与公众的广泛关注。

托马斯·托尔汉姆认为：水田需要一个精细的灌溉系统，而灌溉系统是个庞大的水利工程，需要全村老少的相互配合，共同努力，这促进了南方的集体主义价值观。水稻种植后，水从上游的田地流向下游的田地，农民之间需要就水资源管理达成一致，以免张三排水涝了李四的地，或者赵庄截水旱了王村的田。沟通协商中，人们打磨出温婉的性格。小麦是旱田作物，各种各的地，互相独立。这种耕作方式允许个人主义的价值观，并且逐渐发展成为北方的文化准则。种水稻的南方人更讲求集体主义，种小麦的北方人更讲求个人主义。

近年来，随着全球变暖成为焦点话题，水稻也越来越多地受到关注。地球向大气释放的甲烷中约有10%来自稻田。当我们经过一片稻田时，很难想到它们竟然还为气候变暖做出了“贡献”。稻田土壤被水淹没后变得缺氧，植物根系如同生活在“沼气池”中，有机物被细菌分解，会释放出大量甲烷。甲烷是仅次于二氧化碳的第二大温室气体。虽然总量不多，但其对气候变暖的“贡献”却是二氧化碳的28倍。

每年中国的稻田甲烷排放量大约为800万吨，折算下来相当于2.2亿吨的二氧化碳，约占中国100亿吨碳排放量的2%。每年中国生产2.1亿吨水稻，相当于每生产出1吨稻米，就向空气中排放了1吨的二氧化碳。国外研究机构曾做过推算，中国稻田甲烷排放量约占世界稻田年排放总量的27%。虽然这一测算的科学根据并不充分，却在重大国际气候谈判中制造出一些责难中国的声音，给中国环境外交带来一定的负面影响。

从哈尼梯田到东北平原

对中国人来说，稻米远不止是果腹的粮食，它已然承载了乡情和美学的意念，成为我们文化的具象和歌咏。远古时期的水稻也是直接播种，大约在汉朝时期，农民掌握了育苗技术，既能让稻种在暖棚中茁壮成长，又为水稻抢出一个月的生长期。农民们把秧苗一行一行地插入泥土中，仿佛在大地上织绣一幅嫩绿色的画卷。近年来，有些地方发展乡村旅游，在田野中种植稻田画。农民根据电脑设计和卫星定位，种上杂交育种出来的各色秧苗。等到水稻成熟，大地就会呈现出美丽的画卷。

图5-5　梯田

水稻因水而灵，当人们喜欢上稻米的口感后，就会想方设法开垦出更多的稻田。然而居住在山间谷地的山民却没有平原民众的幸运，他们只好向大山挑战。山地间有着随处流淌的溪水，梯田就这样诞生了。梯田与水稻组成绝佳搭档，逐渐成为南方重要的农业景观。2013 年，云南红河的哈尼梯田被列入联合国教科文组织《世界遗产名录》。在这里，稻田犹如镶嵌在大地上的调色板，变化多端的雾气将山谷和梯田装扮得含蓄生动，吸引了众多摄影家，被誉为“最神奇的大地雕塑”。

哈尼族本是羌族的后裔。大约 1500 年前，哈尼族无法抗衡西北强大的游牧民族，不得不离乡背井。有些部族一路迁徙至云南哀牢山南端，用锄头和犁耙在莽莽大山中开垦出万亩梯田。阳光下，山间河谷中的水汽升腾，云雾盘绕山顶，在茂密的森林植被上结成露水，水滴汇集成涓涓细流，沿着山坡向下流淌。溪水流过村庄，带着村寨中的营养物质进入下方的梯田，回归河谷。如此周而复始，森林、村寨、梯田和水系组成特有的生态系统。梯田不仅生产宝贵的稻米，还给鱼虾提供了栖息地。哈尼人还用稻谷秸秆搭建出独具特色的“蘑菇房”，村落中飘出袅袅炊烟。

当古代先民在西南大山里修筑梯田时，东北大地还沉浸在亘古荒原中。最初，“闯关东”的农民种植的是大豆、高粱、小米等旱田作物。直到最近的 100 多年，黑土地上才开始出现稻田。今天，东北生产出全国 1/5 的水稻，而且是高品质的粳稻。早期的东北稻种并不是来自中国南方，而是朝鲜移民从日本引种的北海道品种。东北土地、朝鲜移民、日本稻种，听着有点乱，说来话长！

19 世纪 60 年代，朝鲜半岛连年发生自然灾害。当时的朝鲜还是清朝的藩属国，大批灾民利用东北解禁的窗口期，越过鸭绿江和图们江界河，来到东北谋生。朝鲜半岛深受中国稻作文化影响，有耕种水田的传统，“稻草屋顶”是朝鲜文化不可分割的一部分。一些移民进入东北后，开始在汉人放弃的草甸地和涝洼地上种植水稻。最初他们使用的稻种都是从朝鲜半岛带来的，然而朝鲜稻种根本不适应高纬度的东北气候。朝鲜稻农又尝试引种纬度相近的日本北海道稻种，最终获得成功。20 世纪 80 年代以前，日本引进稻种在东北一直占据主导地位。进入 90 年代，自主选育的稻种才取代了日本品种。

日本水稻最早也源自中国。2300 年前，生活在长江中下游的吴越人为避战乱，借助洋流渡海（可能经过朝鲜半岛）来到日本九州一带，水稻栽培技术也被带了过去。他们将日本从原始的渔猎社会带入到农耕社会，开启了“弥生时代”。水稻在 1 世纪进入京都，12 世纪到达本州北部，19 世纪进入北海道。许多学者认为，日本古史中的天皇就是为米魂举行仪式的大祭司。天皇世系的源头往往被追溯到名字带有稻米含义的人物身上，暗示了将荒原变作稻田，即象征着日本立国。在日本的饭桌上，大米饭叫“御饭”，“御”曾是专用于天皇的敬语，可见稻米的神圣地位。尽管地狭人稠，但今天的日本却保持着稻米的自给自足。因为与其他作物相比，稻米不仅具有经济上的重要性，还承载着日本文化的原型。17 世纪中期，德川幕府曾经掌控了日本大约 1/4 的水稻种植区。到了 18 世纪，稻米已经成为幕府时期最重要的贸易商品。为了反映和标注米价的波动，稻米商人发明了一种蜡烛图，用来记录一天、一周或一月的米价涨跌行情。后来这种标画方式被引入到股市，就成为我们熟知的 K 线图。

东北平原受季风影响，年降水量在400—800毫米之间，又有兴安岭和长白山的融雪，形成了丰富的水系。20世纪60年代，东北平原上大力修建灌溉体系，水稻种植面积迅速增加，今天已经占到东北耕地总面积的30%。时至今日，小麦在东北的种植面积仅占耕地总面积的0.3%，相当于水稻面积的1%。

相对于南方的一年两季，东北水稻一年只种植一季，生长期比南方长了一个多月。肥沃的黑土地为稻米提供了充足的营养条件。秋季光照充分、昼夜温差大，利于东北大米的营养积累。长达半年的寒冷冬季，减少了病虫害发生。黑土地上种出来的大米软糯细腻，口感清香。如果评选哪里的稻米最好吃，很多人都会选择东北大米。

稻米收获以后，先要把石块等杂质清理干净，再进行挤压脱壳。糙米表面覆盖着一层薄如蝉翼的黄色糠层，40%—50%的营养物质富含在糠层中。今天生活条件改善了，稻米加工愈发精细。为了迎合消费者对晶亮度的偏好，商家会用摩擦工艺去除糠层，再借筛除碎米和异色米粒，1斤稻谷最终只能磨出7两白米。白色的大米再用真空包装，成为坚硬的大米砖。米糠等副产物可以精加工出卵磷脂、米糠油、谷维素等高附加值产品。稻壳能做成生物质燃料，在电厂里替代煤炭。稻壳灰精加工后还能制取出白炭黑，生产出绿色节能的轮胎。也许你乘坐的汽车，用的就是这种轮胎。

第6章

小麦：统治世界的主粮

田家少闲月，五月人倍忙。夜来南风起，小麦覆陇黄。
妇姑荷箪食，童稚携壶浆。相随饷田去，丁壮在南冈。
——唐代诗人 白居易，《观刈麦》

在丹麦的哥本哈根大学，保存着一批来自古埃及的莎草纸手稿。2018年，考古学家破译了其中一份3500年前的医学手稿，上面记载着一种用大麦和小麦来“验孕”的方法。埃及女性为了确认自己是否怀孕，会将自己的尿液分别倒进两个袋子。其中一个袋子里装着大麦，另一个袋子里装着小麦。如果袋子里的麦子发芽，就可以确定已经怀孕了。如果大麦先发芽，就是男孩；如果小麦先发芽，就是女孩。这种做法在今天看来有些滑稽，但是古埃及人却非常相信。

三个祖先的“混血儿”

大约50万年前，一种“乌拉尔图野麦”（二倍体）与一种“拟斯卑尔托山羊草”偶然间发生了杂交，形成四倍体小麦。这个品种在1万年前被两河流域的先民驯化种植。大约在8000年前，四倍体小麦向东挺进，走到西亚和中亚交界处的河谷地区，又与当地的一种“节节麦”发生杂交，形成了今天最常见的六倍体的普通小麦。从基因组结构上，小麦是有三个祖先的“混血儿”，算得上谷物世界里最多情的种子。在染色体组数量上，水稻、玉米都是二倍体，而小麦是六倍体，基因结构更为复杂。

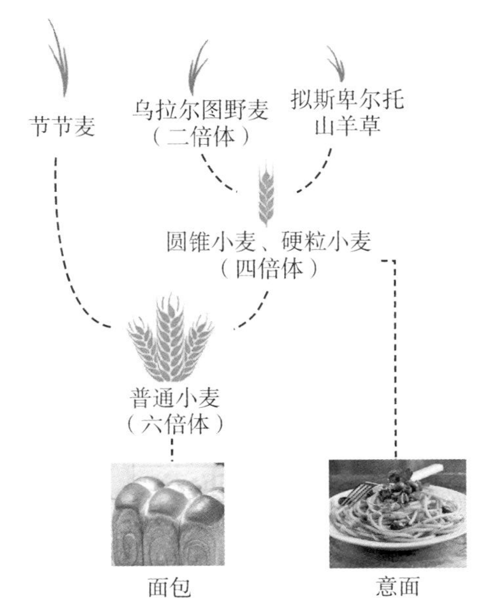

图6-1　小麦进化图

经历了二次远缘杂交后，小麦的基因博采众长，有了更强的地理适应性。此后几千年，小麦翻山越岭，迅速地在欧亚非大陆传播。南到尼罗河流域的古埃及，东抵暖湿的印度河流域，北至干旱的欧洲和中亚山地。多样化的生长环境和人类的后续驯化，孕育出今天数以万计的小麦品种。作为人类最重要的主粮，小麦支撑起两河文明、埃及文明、印度文明、波斯文明、希腊文明和罗马文明。“南稻北麦”，小麦也为华夏文明做出了重要贡献。今天小麦在全球占据了 2.2 亿公顷的面积，相当于中国耕地面积的近 2 倍。生存和繁衍是最基本的演化标准，就此而言，小麦是地球史上最成功的植物。

图 6－2　古埃及壁画上肩扛麦穗战利品的士兵

和小麦一样，大麦也起源于西亚的新月沃地，而且经常和小麦生长在一起，绝对算得上“同宗兄弟”。大麦芒很长，甚至和麦穗的长度差不多，小麦芒则要短一些。大麦耐旱，遇到贫瘠的土地，长势比小麦要好。在早期驯化中，适应性强的大麦更受人类喜欢。然而小麦依托产量和口感上的优势，渐渐占了上风。不过大麦也有自己的长处：淀粉糖酶活性高，便于发酵，适合啤酒酿造。

大麦家族中有一位特别的成员：生长在青藏高原上的青稞。基因组研究成果揭示：4000 多年前，青稞通过巴基斯坦北部、印度和尼泊尔进入西藏南部。山高一丈，水冷三分。正常作物发芽温度需要 10℃以上，然而经过雪域高原的千年洗礼，青稞的基因发生变异，在 0—1℃的低温下即可发芽，是世界上少有的能在海拔 4000 米种植的农作物。早熟的青稞品种积温要求仅为 1300℃，生长期甚至不到 100 天。自古以来，青稞糌粑是藏族最主要的传统食物，藏民们把青稞视为天神赐予的珍贵礼物。然而青稞口感粗糙，亩产只有 200 斤，远低于小麦。

20 世纪 70 年代，藏区曾尝试推广种植小麦，然而高原温度低、生长季短，种出来的小麦缺少高质量的蛋白质，口感远不如内地产的小麦。另外，青藏高原缺少高大乔木，只能用牛粪做燃料。牛粪火力很软，做出来的小麦面食半生不熟，口感甚至还不如青稞糌粑。于是当地有了一些流言："青稞是藏族吃的，小麦是汉族吃的""小麦吃了没力气""小麦牛都不吃，牛都要吃青稞秆"等等。进入 90 年代，西藏的蛋、糖、油等物资供应变得充裕，在面粉中加入这些配料，就解决了小麦低蛋白问题。藏区也用上了煤气罐和沼气，当然可以把小麦面食蒸熟。渐渐地，很多藏民们开始喜欢上口感细软的小麦面粉。青稞从三餐主食退居为早餐食物，而小麦则占据了正餐的位置。

农学领域有"四大麦类"的说法，即小麦、大麦、燕麦和黑麦，都是禾本科植物。然而有些作物虽然名字叫"麦"，却并不属于麦类，长相也是相去甚远。比如，荞麦是起源于中国的蓼科植物，富含营养，颜色很深，可以做成荞麦面、荞麦茶等。我特别喜欢荞麦做的韩式冷面，筋道滑爽。再比如，藜麦是起源于南美的藜科植物。从亲缘关系上说，藜麦和路边的“灰灰菜”是亲兄弟。近几年，藜麦成为网红杂粮，人气飙升，被誉为“全营养食物”。

知识卡： 麦田里的两个故事

古希腊哲学家苏格拉底让他的弟子们去地里摘一株最大的麦穗，并说：“只许进不许退，我在麦地的尽头等你们。”弟子们埋头向前走。看看这一株，摇了摇头；看看那一株，又摇了摇头。他们总以为最大的麦穗还在前面，机会很多。走到尽头时才发现，自己并没摘到最大的麦穗。苏格拉底对弟子们说：“这块麦地里肯定有一穗是最大的，但你们未必能碰见它；即使碰见了，也未必能做出准确的判断。因此最大的一穗就是你们刚刚摘下的。”

图6-3 《收获景象》，凡·高

喜欢麦田的还有艺术巨匠凡·高。他一生中画了几十幅麦田作品。在法国阿尔勒，凡·高在画了一系列的收获景象后，在与家人的书信中写道："收获时节的景象相比它在春天的时候，变得非常不同，不过，我不喜欢自然风景太少，到处都变干枯了。现在的一切，有金色，青铜，甚至是铜，泛着蓝绿色的天空弥漫着奇妙的芳香，特别和谐，就像德拉克洛瓦作品中的断音一样。"

在生命的最后时光中，他每天都背着画架，孤独地往返于客栈和乡村麦田。在麦田中饮弹而亡时，他只有36岁。

磨盘"拯救"小麦

7000年前，小麦就来到了与中国交界的哈萨克斯坦。然而直到4000年前，它才翻越帕米尔高原，通过三条路线进入中国：第一条是南喜马拉雅路线——从印度、缅甸进入中国，第二条是欧亚草原、蒙古草原路线，第三条则是新疆、河西走廊路线。在4000年前的新疆塔里木盆地小河文化遗址，出土了让世界倾倒的小河公主"木乃伊"，还有陪葬的小麦、大麦和牛羊。

究竟是什么原因，使小麦在中亚停留了3000年？主要原因是气候差异。西亚地区属于地中海气候，冬季温和多雨，充沛的雨水保障了小麦的灌浆和孕穗；而夏季炎热干燥，是农作物的"死季"。这种气候条件下，小麦进化成"秋种春收"的越冬作物。种子在秋季播种，以幼苗的形式越冬，在春季灌浆结实。等到夏季干旱到来时，小麦种子已经成熟。

然而中国的气候和地中海正好相反，夏季炎热多雨，冬季寒冷干燥。小米、水稻、大豆等起源于中国的谷物都是春华秋实，生长期避开了冬季。小麦传入中国后，首先要面对两地的“时差”问题。春天是小麦拔节灌浆的季节，需要充足的水分保障。然而这时正好是黄河流域的春旱期——春雨贵如油。没有人工灌溉，也不适合小麦生长。夏天是小麦成熟和收获的季节，太平洋季风却带来了连绵阴雨。一言蔽之，初来乍到的小麦不服中国的水土，耐旱的小米仍是北方耕地里的主角。这就是小麦东传在中亚徘徊了3000年的主要原因。

小麦从中亚传入黄河流域，今天的甘肃和陕西一带是必经之地。生活在这里的羌族喝到了“头啖汤”。史载“羌人有麦无谷”，也就是说羌族率先种植的小麦。甲骨文的“来”字，指的就是小麦，寓意“远道而来的人”。麦与面两个字结合，就成了“麵”，指用麦子磨成的面粉。后来中国实行简化字，“麵”就被简化为“面”。

由于前面说的气候原因，对水分要求较高的小麦最初只能生长在河岸地带。要想在中国开疆扩土，必须解决灌溉问题。转折点发生在汉代，这一时期汉中平原修建了大量的水利工程，有了水分保障，农民又摸索出适宜的种植技术，小麦开始翻身。长城以南气候温暖，冬小麦能够正常生长。长城以北冬季寒冷，只能种植春种秋收的春小麦。冬小麦的生长期要长一些，口感也略胜一筹。我们吃的面粉主要来自冬小麦，约占小麦总产量的95%。

不过内蒙古河套平原也出产高品质的春小麦。古人云“黄河百害，唯富一套”，黄河在这里拐了一个“几”字形的大弯，而且这一段流速缓慢，泥沙含量也不大，形成了肥沃的冲积平原，被誉为“塞外米粮川”。相传公元前33年，王昭君出塞，将汉朝的耕种技艺和五谷种子携往塞外，开启了河套地区种植小麦的历史，当地的石碾面粉也被老百姓尊称为“昭君面”。这里昼夜温差大，光照时间长，非常适合春小麦生长。当地有这样一句谚语：种在冰上，收在火里。每年3月中下旬小麦播种时，冻土还未完全消融。到了7月中下旬收割时，正是河套地区天气最炎热的时候，高温助力小麦灌浆，籽粒饱满，面粉有着浓厚的麦香。

那么，冬小麦为什么能够熬过冬季的低温，不怕冻？简单解释：进入越冬期，小麦细胞液中的含糖量增加，使结冰点降低，能够忍受零下12℃的低温。“今冬麦盖三层被，来年枕着馒头睡。”大雪覆盖在小麦上，隔绝了寒冷的空气，相当于给小麦盖了一床御寒的棉被，起到保温的作用。春回大地，雪水融化，又为麦子的生长提供了水分保障。

或许有人会追问：如果把冬小麦像水稻那样放在春天种植，会怎么样呢？其实，冬小麦在万年进化中形成了一种很怪的脾气：秋天播种，发芽、出苗后必须经过一段冬季的低温，春天才能开花结实，植物学中称之为“春化现象”，相当于小麦的一种程序记忆。如果春天播种冬小麦，麦苗会正常生长，但因为缺失了“春化”过程，小麦不会正常开花结实。20世纪20年代，苏联就曾出现过异常暖冬，很多地方的冬小麦因为没有完成低温春化，导致了减产和饥荒。

春化现象使小麦成为越冬作物，这对华夏文明尤为重要。初夏六月，黄河流域的麦田一片金黄。农民们在抢收麦子以后，还可以种植一茬玉米。冬种夏收的小麦和夏种秋收的玉米在生长季上恰好形成互补。长江流域也有种植小麦和晚稻的一年两熟，相当于让我们多收了一季小麦。时至今日，小麦为中国人提供了40%的口粮。如果没有越冬的小麦，单纯依靠稻米，中国根本就承载不了 14 亿人口。

有了灌溉工程保驾护航，小麦的面积和产量有所增加，但要博得老百姓的喜欢，小麦还有一个更大的障碍：口感粗糙。麦子在西亚、北非和欧洲的广大地区都是“粉食”为主——磨粉后才能食用，而东方的中国则是“粒食”为主，我们吃的小麦和稻米就是一粒一粒的谷物。小麦进入中国时，西亚的面食制作技术没有一同传入。最初老百姓吃小麦时，仍像对小米、稻米一样直接蒸煮麦粒。小麦的外壳裹着一层麦麸，纤维素含量高，质地坚硬，不易嚼烂，被视为“野人之食”。另外，麦麸不易消化，肠胃不好的人吃了会闹肚子，甚至有人认为麦子是有毒的。在刚进入中国的 2000 年间，麦子主要是穷人的饭食，特别是在青黄不接的初夏时节，可接济一方百姓。也有官员用吃麦饭作秀，以此彰显自己清廉亲民。

民间有这样一个传说：在商朝末年，穷困潦倒的姜子牙生活在陕西渭河边上。妻子马氏辛辛苦苦磨了一担面，让他去沿街叫卖。他挑着面粉从早上喊到中午，肩膀都磨出了血，才遇到一个贫妇人来买一文钱的面。正在称面时，一队军马跑过，踢翻了装面的箩筐。一阵西北风又突然刮来，撒在地上的面粉都被吹散了。就此留下一句歇后语：姜子牙卖面——连本散。这个传说的真实性值得商榷。因为姜子牙是 3000 年前的商朝历史人物，然而直到汉朝后期，圆形磨盘才开始普及。

在石器时期，磨盘在世界大部分地区均有分布。在河北磁山遗址，出土了距今 7000 多年的早期磨盘，就是一块搓衣板大小的石板，搭配一根擀面杖大小的石棒。磨粉时双膝跪地，两手握住石棒，用上半身的力量碾压坚硬的谷物。年少时我体验过这活儿，比擀饺子皮累多了，碾上十分钟就会大汗淋漓。日子久了，还会伤及关节。原始社会生活条件简陋，工具都是一物多用，不仅可以研磨谷物，还可以粉碎坚果、螺壳和矿石颜料。

进入战国后期，铁器逐渐普及。到了汉朝，拿着铁凿子的石匠走街串巷，厚重的圆形转磨开始出现。磨盘分为上下两扇，石材都是坚硬的花岗岩。上面有一个圆孔，称为磨眼。上扇可以转动，下扇则固定不动。用人力或畜力拉动上扇，谷粒顺着磨眼流入磨膛，在两扇磨盘的间隙中被磨成粉末。国外有学者认为，这种磨盘始于公元前 5 世纪的地中海麦食区。

图 6-4　石磨与石碾

汉朝初期，圆形转磨还是有钱人家厨房里的奢侈品。直到东汉末年，它才开始在中国北方普及开来。如果把小麦比喻成一匹千里马，那么磨盘就是它等待千年的伯乐。磨盘开启了面食时代，引发了中国食物史上的一次变革，小麦就此成为千家万户的主粮。中国人学会了磨面和烙饼，小麦柔韧的口感得到民众的认可。自此西起罗马帝国，向东横穿波斯帝国和印度北部，直到东方的汉帝国，小麦成为横跨欧亚大陆的主粮。受益于磨盘的还有大豆和水稻，有了我们今天常吃的豆腐、豆浆和米粉，驴拉磨也成为乡村里的一道风景。

最早的面食是大饼。东汉时期，班超出使西域，将胡人的主食胡饼带回了汉朝，算是为华夏大地引进了第一款西餐。胡饼起源于阿拉伯地区，其实就是今天的新疆烤馕。东汉末年，天下纷乱，黄巾起义爆发。坐在皇位上的汉灵帝虽说治国无方，却是个吃货，而且特别喜欢吃胡饼。上有所好，下必甚焉，胡饼在中国流行起来，最明显的标记是汉代文献中开始出现“饼”字。不过和今天不同，“饼”在当时是对所有面食的一种统称：拿火烤的叫烧饼；拿笼屉蒸的叫炊饼，相当于后来的馒头；拿水煮的叫汤饼，就是后来的面条。

对于远行的军士和商人来说，大饼味美价廉，便于携带和储存，开始在北方中原成为广受欢迎的美食。三国时期，高产的小麦发展到了仅次于小米的地位，也奠定了北方强大的人口基础。《三国演义》里的桃园结义，刘关张那天吃的可能就是一筐大饼。有史学家做过测算，魏国坐拥黄河流域，吴国占据长江中下游，蜀国则盘踞在西部山地，魏蜀吴的人口比例大致是 4∶1∶2，两弱抗一强。曹魏推行屯田政策，兴修水利，发展农业，增加人口，最终能够统一天下也是必然。

接受了面粉的口味后，人们开始进行面食工艺创新。在中国，面点之首当属馒头。最初，它的称谓并不是馒头，而是“蛮头”。据说三国时期，诸葛亮“七擒孟获”后班师回朝，渡过金沙江时，遭遇瘴气弥漫。按照当地风俗，需要用人头来祭神，方能平安渡江。诸葛亮于心不忍，就将牛、羊、猪肉做成馅料，卷入面饼中，做成人头状，扔入水中，以此祭奠河神。不同食材的相遇是一种妙不可言的缘分。在面团中混合一点肉类，使肉的浓郁与面的寡淡相融合，这种有馅的“蛮头”其实就是后来的包子。隋唐时期，包子从中国传入日本，日语的包子发音就近似于汉语的馒头（まんじゅう）。魏晋时期，开始有了不放馅的大馒头。唐朝之后，馒头的个头开始缩水，不再是巨无霸形象。到了元代，有了今天的开花馒头。

中华面食中，能够与馒头比肩的还有面条。最早的面条是“汤饼”，其制作方法是一只手托面，另一只手撕面，在锅边按扁，再放进水中。魏晋时，人们食用面条已很普遍。到了南北朝时期，面条的种类增多。进入唐朝，已经盛行用面条来祝寿。战乱爆发，习惯吃面条的北方族群逃难到江南，以稻米做成米粉，以慰乡情。今天，几乎每个南方省份都有独具地方风味的米粉美食。

除了馒头和面条，值得一提的还有饺子。包饺子不仅是一门手艺，也是全家人沟通的方式。过年了，男女老少围在一起，这种仪式感彰显的是团圆和幸福。有学者指出，1.0 版本的饺子可能起源于西亚，沿着丝绸之路传入中国后，又发展出水饺、煎饺、蒸饺等吃法，形成深厚的东方文化积淀。蒙古大军征战欧洲时，又将中国 2.0 版本的饺子带向西方，成为东方美食的名片之一。

俗话说“上车饺子下车面”，其中有着丰富的寓意。饺子的皮相当于汉字“回”的外框，而饺子馅相当于“回”字的内框。一个人远行前，家人或朋友请他吃饺子，是希望他能够平安回来。当远行者归来后，亲友再请他吃面。一根根面条寓意着一种挂念，表示牵挂的心终于放下了。

唐代中期以后，北方逐渐确立了面食为主的饮食文化，小麦终于“逆袭”小米。唐朝人做烧饼时已经懂得用面粉、酥油、糖和盐混合在一起，用温水和面后再进行发酵，这与现代的烧饼工艺已经很接近。唐朝人吃烧饼的时候，都会搭配米粥或稀饭。白居易对胡饼也是情有独钟，曾写过一首《寄胡饼与杨万州》：“胡麻饼样学京都，面脆油香新出炉。寄与饥馋杨大使，尝看得似辅兴无。”诗中的“辅兴”指辅兴坊，是长安城一家知名的胡饼铺。

在唐朝的饮食文化里，无歌不成宴，无舞不成席。歌女和乐师被称为音声人，这些人物形象也被搬上了宫廷御宴，这就是唐代烧尾宴上著名的“看菜”——“素蒸音声部”。这是一道笼蒸的面食，里面包的是素馅，外面则做成了各种音声人的造型。它们有的鼓瑟吹笙，有的放声高歌，有的翩翩起舞，将餐桌变成了一座舞台。

进入宋朝，面食发展迎来鼎盛时期。在《清明上河图》中，“四水绕城”的汴京繁花似锦，商业街上的酒楼和小吃摊鳞次栉比，比欧洲大型餐馆的出现早了五百多年。手擀面、刀切面、拉面，主流的面条做法就有三十多种，还有《水浒传》中武大郎的炊饼和象征奸臣秦桧夫妇的“油炸桧”（油条）。

《鸡肋编》中记载了这样一则趣事：在北宋都城汴梁，卖熟食者都喜欢用诡异言语叫卖，这样东西才会卖得快。有一位卖“环饼”（油炸馓子）的小商贩，挖空心思想出一句叫卖词：“吃亏的便是我呀！”这位小贩走到瑶华宫前也喊出了这句吆喝，麻烦就来了。当时正巧昭慈皇后被宋哲宗废黜，幽居在瑶华宫。开封府衙役怀疑他借此讽刺皇帝废后不当，将其抓捕入狱。打了 100 棍后才得知他只是为了推销自己的环饼，就将他放了。此后这个小贩再经过瑶华宫，便改口喊“待我放下歇一歇吧”。这件事让小贩成了汴梁人眼中的笑柄，但买他“环饼”的人却越来越多，也算因祸得福。

公元1138年，南宋定都杭州临安，来自北方的君臣百姓当然习惯于面食，小麦也随着北方人口来到江南。与此同时，军队需要大麦作为马料，酿酒坊还消耗大量麦曲。很快，东南地区掀起一轮种麦浪潮，推广种麦甚至被列入地方官员的考核事项。初夏的田野中，山坡丘陵上的麦子已经金黄，山下洼地里的水稻仍绿油油一片。聪明的农民用苗床育秧技术延迟了水稻的农田插秧期，正好满足了麦子的后期生长。冬种麦，夏种稻，稻麦两熟制就这样在长江流域不断拓展。稻麦共生于一方天地，不仅帮助北方移民融入东南社会，也促进了江南文化与中原文化的良性互动。

临安街巷里的面食种类完全可以媲美北宋时的都城汴京，是市井百姓的好去处。原本单一品类的饼已经被区分成为两类：“饼”专门指代烘焙面食，而越来越普遍的面条则被称为“面”。《梦粱录》中记载“亦有专卖菜面、熟齑笋肉淘面，此不堪尊重，非君子待客之处也”。说白了，面馆里油腻嘈杂，不适合款待贵客。到了元代，馒头、包子的做法跟今天已经基本差不多。宋元时期，中国面条漂洋过海，传入韩国、日本、越南、泰国和印度尼西亚，面条文化席卷了东亚及东南亚各地。

在世界食物发展史中，小麦的地位极其显赫。因为富含面筋蛋白，小麦面团独具韧性，能够做出千变万化的面食，堪称谷物家族中的“首席魔术师”。在引进中国的诸多物种中，小麦是最成功的一个。它依托反季节、产量和口感优势，从“野人之食”跻身“香饽饽”，不仅逆袭了“百谷之长”小米，更与水稻分庭抗礼，构建起“南稻北麦”的主粮格局。

西方面包与中国馒头

图 6－5　古埃及的烤面包壁画

小麦被西亚先民驯化后，很快向西传入了古埃及。尼罗河两岸的肥沃土地给小麦提供了良好的生长条件。4000 多年前，古埃及人利用石板将粗糙的小麦碾压成粉，与水调和后搅拌成糊状，再放到烧热的石板上烘烤——这就是最早的面包。不过当时人们还不懂得发酵，“死面”做出来的面包口感有些坚硬。时至今日，中东很多国家仍然流行这种不经发酵的面包。

湿面团在阳光下放久了，里面的淀粉会水解出少量糖类。空气中飘浮的野生酵母菌“润物细无声”地附着侵入，它们能分解糖类，繁殖发酵。麦谷蛋白、麦胶蛋白吸水后互相交联形成面筋，并且随着发酵产生的二氧化碳气体逐渐膨胀，面团变得富有弹性，俗称“活面”。这种面团被放进烤炉后，里面的水汽随着温度升高继续膨胀，就有了质感松软的面包。

据说，“活面”发酵现象最初是一位埃及奴隶偶然间发现的。头一天晚上，他把水和面粉做成生面饼之后，竟不小心睡着了。第二天醒来时，生面饼已经发酵膨胀到原来的一倍，烤出来的面包又松又软，深得主人喜欢。倘真如此，他就是世界上的第一位面包师。古埃及人继续改进发酵方法，又发明了受热均匀的蜂窝式烤炉。相传摩西带领希伯来人走出埃及时，面包制作技术也被带了出来，后来传到了希腊。希腊人对面包工艺和烤箱进行了很多革新，对面包匠进行严格的培训，使得面包制作技艺比古埃及有了更大的发展。再后来，面包技艺又从希腊传到了罗马，庞贝古城遗址中就出土了2000年前的面包。

在罗马军队中，笨重的石磨是炊事班的标配。搭建营地时，会有一名士兵专门负责组装石磨。他用1.5小时磨出一个班（8人）食用的面粉。将面粉和水、盐混在一起，放进篝火的灰烬中，就会烤制出粗糙的面包。在历史学家乔纳森·罗斯（Jonathan Roth）眼中，“罗马帝国的军事胜利更多的是靠面包，而不是铁器”。

公元25年，100万人口的罗马城已经开设了300间磨坊和面包房，平均每3000名居民一间，每天要磨制和焙烤500吨面粉。公元40年，坐在罗马帝国皇位上的是卡利古拉（Caligula）。此人荒淫暴虐，很像中国的周幽王。为了将自己宫殿里的家具运到高卢，他大量征用拉磨的牲畜，导致磨坊无法运营，甚至引发了饥荒。第二年，这位暴君被近卫军刺杀身亡。公元2世纪，罗马的面包师行会统一了面包制作技术，选用酿酒的酵母液作为标准酵母。罗马政府还在广场中央设置了公用烤箱，人们可以自带面包胚到这里烘烤面包。面包和竞技构成了古罗马文明的两大支柱，餐桌上互递面包寓意友谊，重大仪式上也都出现了面包的身影。从罗马帝国时代结束直至中世纪，尽管欧洲一直处于混乱状态，但面包依然逐渐流行起来。

公元5—15世纪，欧洲人的日子并不富足。在产量和口感面前，在温饱线上挣扎的人们当然会首选前者。欧洲大陆气候冷凉，加上种植技术粗糙，耐贫瘠的大麦和黑麦占据了更多的农田。小麦虽然营养高、口感好，但是产量低、价格贵，只有上流社会才吃得起小麦面包，下层阶级则吃大麦和黑麦制成的面包。遇到饥荒年份，穷人甚至在发霉的面粉中混入蚕豆、豌豆、燕麦、卷心菜和山蕨根等，烘烤出又黑又硬的“黑面包”，以免被饿死。今天超市里的全麦面包已经比普通面包卖得都贵，然而回望历史，面包的颜色曾是衡量贫富的重要指标。制作松软的白面包需要筛除很多麸皮，这对穷人来说是很奢侈的事情，只有富人才吃得起。全麦面包含有麸质和纤维素，颜色暗沉，口感粗糙，难以消化，是穷人的食物。

图6-6 《麦田里的拾穗者》，米勒

公元1600年，意大利的豪门小姐玛丽·美第奇嫁给了法国的亨利四世。据说“陪嫁”的面包匠将面包技术传到了法国。17世纪英国殖民北美洲，在面包中加入很多黄油、白糖，以迎合当地人的口味。1788年，英国人又将小麦带入澳大利亚，小麦至此风靡世界。

18 世纪时，英国东南部的三明治小镇（Sandwich）出了一位约翰·蒙塔古伯爵。他是一位骨灰级纸牌爱好者，整天沉溺其中，已经到了争分夺秒的程度。他的佣人只好将一些简单的菜肴夹在两片面包中间递给他，这样他就可以边吃边玩。约翰对此非常满意，其他赌徒也争相效仿。很快，这一便捷吃法就从英国传向全世界，被称作“三明治”。

鸦片战争后，上海滩有了租界，也就有了洋人的早餐方式。1855 年，英国人爱德华·霍尔与安德烈·霍尔茨在南京路合伙开设了第一家面包房。西方人做面包，黄油、芝士等油脂是必备辅料。但是在中国人眼中，这种“外国馒头”味道有些腥膻，而习惯面包的西方咽喉也觉得馒头少了点味道。那么，同样的小麦面粉，为什么在西方被做成面包，而在中国却被做成了馒头？原因有二：

其一，陶器的使用。

陶器是人类第一次按照自己的意愿创造出来的新物品，此前的各种用具都是直接从自然获得的。考古学家在江西万年出土了距今 2 万年的陶器，这是目前世界已发现最早的陶器。那时的地球还处于冰河时期，人类尚未开启定居和农业。可别小瞧了这些粘土烧成的陶器，它绝对是古人的救星。有了陶器，谷物不必再堆放在地上，可以减少发霉、虫蛀和老鼠偷食；有了陶器，人类可以煮粥、煲汤，大快朵颐；有了陶器，可以方便地取水和存水。陶器的发明改变了人类的生活方式，算得上是古代最伟大的材料革命。即使在今天，外墙砖、地板砖和绝缘材料依旧找不到陶瓷以外的替代品。

在中国，陶器的出现早于谷物的种植，先民们很自然地将收获的谷粒放在陶器里蒸煮。到了汉代又出现了蒸笼，相传汉高祖时期，大将韩信行军时以竹木制作炊具，利用蒸汽蒸煮食物，避免炊烟暴露军营位置。蒸笼可以将面团变成松软绵密的馒头。蒸笼的淡淡木香、馒头的丝丝甜味、灶炉的袅袅炊烟，是中国人心中熟悉的味道。而在西亚则是先有小麦，后有陶器（约 9000 年前）。在陶器出现以前，当地先民主要使用石器。试想在远古年代，地中海一带的先民们守着火堆里滚烫的石块，手里拿着湿面团，怎么把它弄熟？当然是把面团直接放在石头上炙烤，这就是烤面包。

其二，生活习惯。

西方人的生活多处于流动的状态，且以肉食为主，习惯于烘烤食物。面包、大饼和饼干从烤炉里拿出来，经历了高温消毒，含水量也很低，易于在迁徙或航海的时候携带和储藏，也就是我们俗称的“干粮”。饿了的时候，就掰下一块；觉得干硬，再蘸些汤汁——这就是古代欧洲平民的典型吃法。蒸出来的馒头、花卷和饺子含水量高，容易长毛，不耐储存，不会是欧洲人的首选。

与欧洲人不同，中华民族是安土重迁的农耕文明，习惯于在自家固定的灶台上用炊具烹饪，热气腾腾的蒸煮是中国最重要的厨艺。磨粉技术成熟后，中国人很自然地建立起一套有别于西方烘焙工艺的蒸食体系：蒸馒头、蒸花卷、蒸包子、蒸饺子、蒸发糕……

蒸馒头时，水温达到 60℃后淀粉内部的化学键断裂，吸水膨胀后变得松软。表层淀粉在蒸气中糊化，发生胶体反应，面筋也被大幅度拉伸，形成薄薄的一层皮，吃起来特别有咬劲。如果把馒头放在冰箱里，淀粉的分子结构会恢复，质感重新变硬，称为"回生"或"老化"。米饭的蒸煮过程和馒头大致相似。不过米饭的含水量高达70%，而馒头的含水量只有30%。如果刚吃下馒头就喝水，馒头在胃里吸水膨胀，会觉得胀肚。

不同的烹饪方式反过来又影响着人们对小麦的选择。传统磨面工艺中，麦子被整粒磨碎，麸皮、胚芽和胚乳的营养成分被混在一起，这种面粉颜色发黄。在西方，面粉主要用于烘焙，最终烤出来的面包是金黄色的。在中国，人们喜欢白面大馒头，面粉也以白为美。1860年，欧洲出现了钢辊碾粉工艺，磨去外层麸皮，仅留下白色的胚乳来磨粉。其实，被磨掉的皮层和麦芽富含蛋白质、维生素和膳食纤维，更有营养价值。

二十世纪初，现代面粉厂如雨后春笋般在欧美建立起来，大量的机磨面粉进入到中国市场。在数量和质量上，国内的手工作坊面粉都难以和进口面粉抗衡。1902年，无锡的荣宗敬、荣德生两兄弟看准时机，从法国购进磨粉机器，创办了无锡保兴面粉厂。"一战"爆发后，战乱中的欧洲国家粮食短缺，需要从国外购买面粉。荣氏家族抓住了难得的机会，招兵买马，在无锡、上海和武汉等地投资建设面粉厂，使中国由进口面粉转为出口面粉。1919年，"五四运动"爆发，全国上下掀起了"抵制洋货"的热潮，国产面粉"扬眉吐气"。荣家很快跻身"面粉大王"，巅峰期占到全国面粉总产量的1/3。

根据蛋白质含量的高低，面粉被分为高筋、中筋和低筋三大品类。烘焙面包用的是高筋面粉，很有咬劲。中筋面粉能够做出兼顾筋道和柔顺的馒头和面条。低筋面粉质地疏松，适合做饼干和蛋糕。直到1988年，中国才有了高筋面粉标准。此前的中国粮店里，几乎只有一款面粉，蒸馒头、做面条、包饺子都是它。有些人家喜欢面条更有咬劲，和面时就往面团里加点盐。盐分能够促进面粉中的蛋白质形成网络，提高面条的筋性。

说到面筋，还有一款孩子们喜欢的游戏。盛夏季节，树林里的蝉会发出刺耳的叫声。淘气的孩子把面团放到水中反复揉洗，直到剩下一小团粘韧的面筋。将面筋装在竹竿头上，悄悄向树荫中的知了伸过去，等面筋快碰到知了的时候，快速往前一顶，就能粘住它的翅膀。

工业化时代要求面粉厂生产出标准化的面粉。然而这项工作在中国有些复杂。农民分散种植，品种选择杂乱无章。今年风调雨顺，大家种植优质品种。明年爆发病害，抗病品种又受到青睐。不同年份存在气候差异，即使将同一品种的小麦种在同一块耕地中，成分、品质和口感上也会有所不同。为了实现产品的标准化，现代面粉厂会选择不同产地、不同品种的麦子，根据客户要求的品质进行“鸡尾酒”式的混合，调配出各种专用面粉，于是就有了超市中的饺子粉、面包粉和面条粉等。餐桌上的一盘饺子，麦粒很可能是来自山东、河南、河北，甚至美国、澳大利亚等地，按照一定比例混合后再磨制成粉。小麦从西亚走向世界，最终在面粉厂的车间里完成了一次全球性家族聚会。

近些年，很多面粉企业推出高端产品，“使用进口麦源、高蛋白质含量”几乎成了标配。中国的小麦产量世界第一，为什么优质面粉还要用进口小麦呢？简单地说：发达国家的小麦育种侧重品质改良，规模化种植也为品质稳定提供了保证。中国人多地少，要先解决吃饱问题，长期以来的育种目标是丰产、抗病和抗旱等。小麦品种参差不齐，加上种植散乱和加工粗糙，影响了国产面粉的整体质量。直到 20 世纪 90 年代，品质育种才被提上日程，但和发达国家仍存在差距。

饼干、意面和方便面的趣事

有了高温焙烤工艺，小麦被加工成很多面食，包括我们熟知的饼干、意面和方便面，留下很多有趣的故事。

先说说饼干。古人在焙烤面包时，会先拿出一点面团来测试烤箱的温度，于是就有了一种含水量很低的小面包——饼干。公元 7 世纪，波斯人掌握了甘蔗制糖技术，掺到面粉中，开始有了甜味的饼干。公元 10 世纪，随着阿拉伯帝国对西班牙的征服，饼干传入欧洲，深受人们喜爱，千家万户的烤炉里飘出饼干的香气。在饼干家族中，有一款曲奇（Cookies）饼干——丹麦蓝罐曲奇，在中国有着很高的美誉度，接下来我们就说说它的来历。

1933 年的丹麦日德兰半岛，小伙子凯尔森（Kjeldsen）娶了面包师的女儿安娜（Anna）为妻。婚后这对小夫妻开了一家焙烤店，烘制出一款色泽金黄、口感香醇的曲奇饼干。60 年代，这款饼干被一位经销商带到了香港，外观包装设计成象征欧洲“蓝血贵族”的蓝色。适逢香港经济腾飞，跻身“亚洲四小龙”，拜年串门时送点体面的进口货几乎是全民共识。另外，香港人很喜欢喝下午茶，曲奇也是精美的佐茶点心。就这样，这款蓝罐曲奇在遥远的东方找到了知音。搭乘改革开放的春风，蓝罐曲奇又在 80 年代进入中国内地市场，包装设计上加入了大面积的金黄色，寓意吉祥。2019 年，蓝罐曲奇被意大利巧克力巨头费列罗收购。曲奇搭配巧克力，很不错的产品组合。

再说说意大利面条。在中国有一则民间传说：13 世纪，面条技艺由马可波罗从中国引入意大利。但有学者发现，在马可波罗以前，意大利的古代文献里就已经有了面条的记载，而且意大利面条更可能是西亚的阿拉伯人传过去的。2000 年前，长安与罗马分处丝绸之路的东西两端。穿梭在丝绸之路上的阿拉伯商人随身携带面团作为干粮，食用前将面团分成小块，搓成条状晒干，置于火上烤炙，做成焙烤面条。鉴于这些原因，有食物历史学家甚至认为“丝绸之路”也可称为“面条之路”。

中国人用水和面，意大利人则喜欢用鸡蛋和面。这种配方的面可塑性更强，口感更筋道。蒸馒头是 100℃蒸汽锅，蒸 15 分钟；烘面包 180℃炉温，烤 15 分钟；做披萨饼 450℃炉温，90 秒出炉。不同的工艺，不同的口感，不同的历史。今天的意大利面食有 500 多个品种，很多风靡世界。意大利通心粉能够独树一帜，要归功于当地主产的硬粒小麦。这种小麦也称杜兰小麦（Durum Wheat），Durum 在拉丁语中就是“坚硬”的意思。硬粒小麦是四倍体，面筋含量比六倍体的普通小麦要高。我们平时吃的挂面是滚压出来的，其原理如同擀饺子皮。而意大利面则是挤压工艺，强力挤压能够让面团更有筋性。普通小麦的米芯（胚乳）是白色的，而杜兰小麦的米芯却是黄色的，做出来的意面也就是黄色的。今天，杜兰小麦主要种植在意大利、加拿大和美国。因为气候条件不适合，中国并不种植杜兰小麦。

面食家族还有一位成员值得一提，就是日本人发明的方便面。1945 年“二战”结束，日本经济彻底崩溃。一个深夜，百货商店老板安藤百福路过大阪梅田车站，看到冻得瑟瑟发抖的人群在一个拉面摊前排起长队，只为求一碗热汤面果腹暖胃。他萌生了一个念头：为什么没有一种加入热水就能马上食用的方便面呢？1957 年，安藤百福生意失败，资产都被用来抵债，只剩下位于大阪的自家住宅。他在后院盖了一个不足 10 平方米的简陋小屋，起早贪黑地揉面团、做面条，研究方便面的工艺。经历了很多次失败，仍然看不到希望。有一天在饭桌上，他的夫人做了一道可口的油炸菜，他猛然间悟出了方便面生产的一个诀窍——油炸。面条是用水调和的，油炸时水分会散发，表层变得蓬松多孔。脱水的面块在烘干后能够长期保存，食用时只需加入热水，多孔的面块就会像海绵一样吸水变软，即可速食。

1958 年 8 月 25 日，世界上第一款方便面在东京试销，搭配上安藤精心调配的鸡汁调味包，当天就被抢购一空。当时日本经济高速发展，人们忙于生产和工作。方便面顺应了时代的发展，很快成为爆款产品。安藤申请了油炸方便面的专利，创办了日清食品公司，生意越来越好。伴随着全球的工业化进程，到处都是繁忙的工地，数以亿计的工人在修路、造桥、开矿。方便面支撑起这些拔地而起的高楼大厦，绝对算得上影响人类的伟大发明之一。今天，全世界每年消费 1000 亿包方便面，中国就占了 2/5。

1970 年，上海益民食品四厂建成了中国第一条方便面生产线。1998 年我到这家企业工作。当时，这条“古老”的方便面生产线已经被报废，静静地躺在位于虹桥远郊的厂区角落里，锈迹斑斑。又过了十年，这个厂区整体搬迁，工厂原址上建起了今天的上海虹桥高铁站。

第7章

玉米：餐桌上的“隐形王者”

> 玉米无疑是源于美洲的，从新英格兰到智利，整个大陆的土著人都种植玉米。人工培育玉米肯定是在很古老的年代开始的。
>
> ——达尔文，英国生物学家

1492年11月，哥伦布踏上了美洲的西印度群岛。立即被当地印第安人种植的一种名叫麦兹（maize）的奇异谷物所吸引，籽粒吃起来“甘美可口，焙干可以做粉”。哥伦布的这篇日记，被认为是世界上关于玉米的最早文字记载。1493年航海归来，他在宫廷中向西班牙女王描述高大的玉米：“长着手臂般粗大的穗，上面的谷粒天生就排列得非常整齐，大小如同菜园中的豆子，未成熟时是白色的”。玉米搭乘着哥伦布的船只来到欧洲，从一种默默无闻的大野草，变成后来遍布全球的农作物。

从美洲走向世界

玉米起源于墨西哥南部河谷，是印第安人的传统食物。玉米的祖先是一种高大、多分支、穗小的植物。今天，这种被称为大刍草的植物在中美洲地区仍然能够见到。大约 9000 年前，印第安人开始驯化种植玉米。渐渐地，玉米的分支减少、果穗增大、籽粒变多，有了我们今天熟悉的玉米模样。有考古学家认为，大刍草的籽粒不仅数量稀少，还包裹着一层坚硬的外壳，并不适合作为谷物。人们最初采集、种植大刍草，可能是为了像吃甘蔗一样吸食玉米茎秆中的甜汁，甚至用来酿酒。我愿意相信这种说法，因为嫩绿的玉米秸秆的确有一种甜味，曾是我少年时很喜爱的“零食”。

如果把水稻、小麦、大豆和它们的野生祖先摆放在一起，还能找出形态相似之处。现代玉米和祖先的长相相去甚远：大刍草茎秆瘦弱，穗棒只有指头粗细，上面可怜巴巴地结着几粒种子。然而造化弄人，大刍草在驯化进程中有几个基因位点发生突变，有了巨大的形态变化：原来包裹在果仁的坚硬外壳蜕变成果穗的内轴（脱粒后的玉米芯），而包裹在其中的果仁（籽粒）得以裸露出来，供人类食用。在 6300 年前的墨西哥瓦哈卡山谷洞穴中，考古学家就发现了最早的玉米穗遗存。现代玉米穗已经有胳膊粗细，上面密密麻麻地排布着几百粒饱满的种子，一列又一列，像珍珠一样。在整个谷物世界里，玉米也是一种外貌奇异的物种。它身高近三米，远高于水稻、小麦和大豆。小麦和水稻的谷穗都结在植株顶端，玉米果实却长在茎节（叶腋）上，非常奇特，那粗壮的茎秆常常在近地面处长出一圈章鱼腿一样的支柱根。

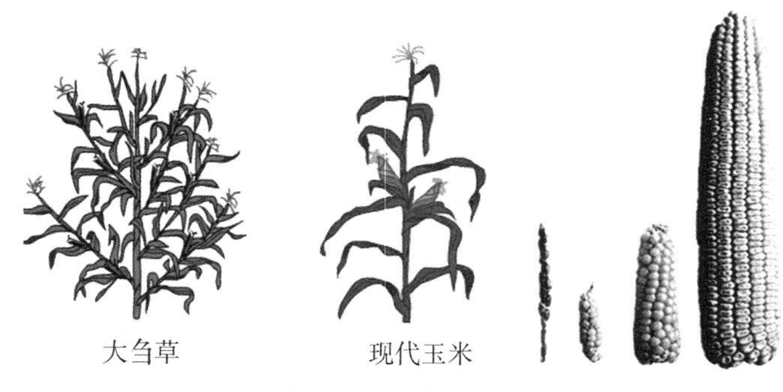

图 7-1 玉米的驯化

玉米和其祖先的差异为何如此之大？基因组研究帮助我们找到了答案：玉米具有与生俱来的遗传多样性，它能够快速变异以适应新的环境。在科幻电影《星际穿越》中，病害、沙暴和干旱席卷未来的地球，小麦、秋葵等作物相继因枯萎病灭绝，顽强的玉米成为硕果仅存的“末日作物”。伴随着植物的减少，氧气含量越来越低，人类即将走向灭绝，只能寻求星际移民。所幸，地球上尚不存在可以灭绝整个植物界的枯萎病。否则对地球生命而言，那将是一场灭顶之灾。

大约 7500 年前，玉米向南扩散进入南美洲，6000—5000 年前，玉米成为秘鲁沿海地区的一种重要谷物，在古印第安语中，秘鲁意为“玉米之仓”。大约 4000 年前，玉米开始出现在今天的美国西南部地区——1848 年美墨战争前，这里是属于墨西哥的领土。当地农民用了 1000 多年的时间，培育出抗旱的玉米品种，以适应当地干旱的环境。在墨西哥 3000 年前的一处奥尔梅克文化（Olmec Culture）遗址，祭台上矗立着高达 3 米的国王头像，长着玉米形状的耳朵。玛雅、阿兹特克和印加三大文明都有着深深的玉米烙印。部落军队远征时，装在挎带革囊中的焙干玉米粉或炒熟玉米籽就是士兵的口粮，玉米的收成也是决定战争胜负的重要因素。

在美式英语中，玉米是 corn，但在英式英语中 corn 泛指粮食，玉米是 maize。追根溯源，maize 来自加勒比地区印第安土著的泰诺语 mahiz，意为生命赐予者。在玉米在美洲的传播过程中，玛雅人正是因为掌握了玉米种植的技术，才由一个人数很少的美洲部落发展出城邦文明，并在 1500 年前的墨西哥迎来玛雅文明的全盛期。在《玛雅存世经卷》中，一位全身金黄以玉米穗为头饰的玉米神“尤姆·卡克斯”（Yum Kax）一共出现了 98 次，是玛雅神系中最重要的神祇之一。玉米是当地的主食，玛雅后裔至今仍以“玉米族”自诩。

玉米是墨西哥文化的根基，是墨西哥的象征。墨西哥人非常喜欢吃一种用玉米粉做成的小薄饼（叫 Taco），卷上各种肉类、蔬菜，撒上奶酪、辣椒酱，再挤上柠檬汁等调料。在古印第安人的宗教文化中，玉米的内涵远远超越了普通食物。当玉米开始成熟的时候，玛雅人会举行长达一个月的宗教欢庆仪式，祭祀玉米神。玉米神灵在印第安人神话中就相当于中国神话中“神农氏”和“女娲氏”的结合体，地位无比尊崇。

500 年前的美洲大陆，当吃玉米的墨西哥土著和吃小麦的西班牙侵略者相遇时，对彼此的饮食都有些反感。当地人觉得欧洲的面包吃起来“就像干瘪的玉米秆”，而侵略者则觉得玉米的味道“让人痛苦不堪”。在西方，面包不仅代表着食物，还被视为“所有优良养分的根源”。16 世纪，欧洲殖民者踏上美洲大陆时，就以“小麦人”自居，以区别于美洲原住民“玉米人”。尽管小麦种植成本高、产量低，但有些土著人还是种植了小麦，成熟后拿到城里的西班牙市场上高价出售。于是，小麦面包和玉米饼就成为种族身份的标志。有的土著贵族开始接受小麦食物，以此彰显自己的上层社会地位，不过普通百姓还是喜欢吃传统的玉米和土豆食物。

1898 年，美国和西班牙因殖民地爆发海战，获胜的美国就此拉开了海外扩张的序幕。时任墨西哥外交部长弗朗西斯科・布尔内斯（Francisco Bulnes）有着浓厚的种族主义思想，提出世界上有三个种群，分别是：小麦食用者、稻米食用者和玉米食用者。小麦食用者建立了埃及文明、印度文明、希腊文明和罗马文明，推翻了美洲的阿兹特克帝国和印加帝国，又统治了爱尔兰的马铃薯食用者和亚洲的稻米食用者。他甚至认为“欧洲的小麦才是唯一真正先进的物种”，“玉米从来就是美洲土著永远的奶嘴，是他们拒绝开化的根基”，“墨西哥根本无法和吃小麦的美国人相抗衡”。从那时起一直到 20 世纪中叶，墨西哥统治者一直担心印第安人的玉米饮食会拖累国家发展的步伐。

1493 年 9 月，哥伦布率领着有 17 条船、约两千人的庞大船队再次航渡美洲，意图扩大探险成果并殖民美洲。然而这次探险并没有找到想象中那么多的金银财宝，还遭遇了食品短缺和疾病流行。1494 年 2 月，面对众人的失望和躁动，哥伦布先将 12 条船约 1500 人打发回西班牙。其中一个叫佩德罗・安格勒利亚（Pedro Anglería）的神父把一包老玉米粒和自己的手稿《在新世界的头十周》献给了他此次远行的资助人。

就这样，跟随殖民者的脚步，玉米首先传向了欧洲，出现在西班牙、英国、德国和意大利的田野中。麦类和豆类是欧洲人的主食，玉米刚刚进入欧洲时很不受待见，被视为仅适合牲畜或穷人吃的东西。玉米中缺少一种叫作“烟酸”的维生素——其实也不是真的没有，而是和半纤维素复合在一起。墨西哥土著懂得用石灰水浸泡玉米，半纤维素水解后，就会把烟酸释放出来。然而欧洲人并不了解这一特殊工艺，很多把玉米作为主粮的欧洲人患了糙皮病。另外，玉米缺少小麦的面筋蛋白，口感粗糙，不能被做成松软的面包。再有，欧洲气候冷凉，源自南美山地的土豆更适应这种环境，源自热带的玉米却有些不服水土。

16 世纪初，玉米已传遍意大利，玉米面粥、玉米通心粉和玉米饼逐渐成为穷人的主食。1550 年，玉米很可能被意大利商人传入中东地区的土耳其——威尼斯和土耳其当时有着大量的贸易。很多人觉得玉米粥的味道不错，高产的玉米推动了奥斯曼帝国的人口增长。鼎盛时期的奥斯曼帝国，疆域横跨欧、亚、非三洲，玉米随着士兵、牧师和商人的脚步传向四方。在近代欧亚语言中，很多地方都用“土耳其谷”（Turkey Corn）来命名玉米。据说是因为玉米果穗上长着一簇须子（花粉管），很像土耳其男人浓密的胡须。17 世纪早期，玉米从土耳其人统治下的巴尔干地区引种到俄国和周围地区。到了 18 世纪末，玉米渐渐取代了粟（小米），成了俄国穷苦民众的主食。

渐渐地，玉米在欧洲发展成为仅次于麦类的第二大粮食作物。大体上说，16—18 世纪玉米主要被欧洲人用作粮食，19—20 世纪则成为畜禽饲料。玉米到来之前，欧洲大部分地区的农地冬季只能休耕，而耐寒的玉米开启了冬季轮耕模式，大大改变了欧洲的农田景观。

史学研究还发现：1700—1914 年（“一战”爆发）期间，得益于玉米这种新作物，希腊人和塞尔维亚人在高山河谷中顽强抵抗土耳其人的统治和压迫。可以说，耐贫瘠的玉米对希腊和塞尔维亚的人口增长起到了重要的支撑作用。同一时期，另一种耐寒美洲作物马铃薯也促进了德国和俄国的人口增长。进入 19 世纪，这四个欧洲民族（希、塞、德、俄）拥有了发展政治和军事力量的人口基础，希腊、塞尔维亚从奥斯曼帝国中独立出来，德、俄跻身世界列强。

16 世纪初，葡萄牙人为解决向美洲贩运奴隶时所需的粮食，又将玉米引入非洲。依靠产量优势，玉米的风头很快盖过了高粱和小米，支撑起非洲庞大的人口量。时至今日，在全球居民饮食结构中，玉米占比最大的 3 个国家是赞比亚、马拉维和莱索托，都是非洲国家。16 世纪初，葡萄牙人还将玉米传入南亚的印度和孟加拉国，而后在 16 世纪中期来到中国的云南，再逐渐向内地传播。当然也有学者提出玉米是由陆路从土耳其经过伊朗和阿富汗传入东亚。

美洲是玉米的故乡，在欧洲人到来之前，印第安人已经培育出数量繁多的玉米栽培种。直到 1800 年，美国各地农场种植的玉米品种依旧参差不齐。面对大小和口味各异的玉米籽粒，收购商很是为难，他们呼吁农场主种植标准化的玉米。转机发生在 1893 年的世界贸易博览会，一位名叫詹姆斯・里德（James Reid）的农民选育出一种马齿形玉米。这个品种成熟后籽粒顶部中间下凹，形似马齿。因为产量倍增且易于种植，马齿玉米在接下来的 50 年席卷全美，并传向世界。今天美国是全世界第一玉米生产国，产量占全世界的 1/3。

玉米、人口和老虎

明清两朝，小冰河期从天而降，灾害频发。明末清初四十余年，频繁发生的战争和瘟疫使得民生凋敝。天无绝人之路，玉米和红薯等美洲高产作物几经辗转，于400年前传入中国。古装电视剧中有些“穿帮”镜头，比如：战国时期的商鞅在玉米地里查访农情，北宋年间的宋江和公孙胜在玉米地里打斗等。这些场景不符合历史事实，因为当时玉米尚未传入中国。

“玉米”这个名字最早出现在明末徐光启编著的《农政全书》中。玉米籽粒光滑饱满，温润有质感，将中国人最崇尚的“玉”和日常食用的“米”相结合，也算名副其实。郭沫若主编的《中国史稿地图集》收录了玉米在中国推广种植的时间，从最早的广西1531年，到最晚的新疆1846年，前后历时300多年。不过麦类和稻类早已瓜分了肥沃的耕地，初来乍到的玉米只能挤种在贫瘠的山地里。所幸玉米耐旱、高产，对土壤要求不高，能够在丘陵坡地上顽强生长。对于饥荒百姓来说，玉米绝对是救命稻草。于是随着农人开荒种地的脚步，玉米开始在山间坡地野蛮成长。

1602年（万历三十年），明朝人口曾达到1.6亿。经过明末清初的天灾和战乱，人口大幅度减少。1684年（康熙二十三年），人口约为4000万——实际人口可能高于这个数字，因为当时按照人头收税，存在人口瞒报的情况。康熙下令严禁抛弃婴儿，雍正则取消了人头税，大大促进了人口增长。公元1741年（乾隆六年），人口达到1.4亿，到了公元1795年（乾隆六十年），就突破了3个亿，再到1850年（道光三十年），达到了4.3亿，占世界总人口的40％。

在1741—1850年的100年间，耕地面积只增加了26％，耕作技术也没有新的突破，中国人口却爆炸式地增加了2倍。如果没有以玉米为代表的美洲高产农作物，中国根本难以支撑如此之快的人口扩张。以乾隆时期为例，为了增加粮食产量，乾隆提出“野无旷土、民食益裕”的目标，对于新开垦的贫瘠山地“永不升科”（永远免税）。于是，玉米和红薯迅速在全国推广。福建、湖广、浙江和安徽的山区，“居民倍增，稻谷不给，则于山上种苞谷、洋芋或蕨薯之类，深林幽谷，开辟无遗”。

然而大量毁林开荒也是一把双刃剑，导致了灾难性的水土流失和河道淤塞。1855年黄河漫堤，从山东南部改道北部入海。此间数以千计的村庄被毁，生灵涂炭。美洲作物进军山林冲击的不只是水土环境，还有山上的老虎。玉米和老虎听起来风马牛不相及，然而两者的确此消彼长。

在古代中国，黄河以南、珠江以北的广阔丛林中生活着数以万计的华南虎，包括广东、江苏、山东、浙江等省份。华南虎分布范围东西曾超过2000千米、南北超过1500千米。虎族们在山林间划分出各自的领地。因为能食野猪、保护庄稼，老虎甚至被奉为“保护神”。

对于老虎而言，美洲作物的到来是一场灭顶之灾。大量饥民跑到山坡林地上种植玉米和红薯，“原住民”老虎又将栖身何处？人向老虎要地，老虎就向人要命。失去生存空间的老虎开始吃人害畜，“虎患”频发。人虎大战横跨明清两朝，根据江苏、浙江、安徽、江西和福建五省的记载，清代的虎患次数是明代的1.7倍。

不要觉得人虎争地是很久远的事情。20世纪50年代，新中国面临粮食压力。很多农民进山开荒。面对老虎虎视眈眈，放鞭炮、敲锣鼓等驱赶方式收效甚微，村民们干脆自己组织起打虎队，掀起一场以“消灭老虎和豹子、野猪”为主题的群众运动。全国各地涌现出一批“打虎英雄”，最著名的是湖南的陈耆芳。他终生与虎豹搏斗，率领18人的打虎队共打死138头老虎。1958年，他赴京出席全国劳模大会，被授予“打虎英雄”称号。

图7-2　打虎英雄陈耆芳

经过轰轰烈烈的打虎运动，野生华南虎的数量很快从50年代初期的4000多只下降到了70年代的200多只。百年虎患销声匿迹，农民举杯相庆，从此可以安心地进山种地。进入21世纪，专家认为野生华南虎已经灭绝。2007年，陕西农民周正龙声称拍到了野生华南虎的照片，引发世人关注，但很快被证实是伪造的。

作为大猫中的佼佼者，老虎曾在广袤的亚洲森林中信步游走。然而随着人类对自然空间和生态资源的争夺，虎族逐渐败下阵来，人类终于把老虎家园开垦成人类农田。1914 年，玉米在中国的种植面积仅为 520 万公顷，2022 年已经增加到 4300 万公顷，增长了整整 7 倍。过去 100 年间，地球上大约损失了 97％的老虎。1996 年，联合国发布《濒危野生动植物国际公约》，将华南虎列为第一号濒危物种，居世界十大濒危物种之首。

清朝时期，八旗入关带走了大量劳动力，东北耕地荒芜。马背上的满族人对于能否统治中原的农耕民族信心不足。为了给自己留条后路，作为“龙兴之地”的东北禁止中原农业人口迁入。然而到了 19 世纪中期，清帝国水患、蝗灾和战乱频发，河北和山东灾民为谋生计开始“闯关东”。与此同时，日俄染指东北，边境出现危机。为缓解关内饥荒和充实东北边防，清政府开始解禁东北。当时东北是人烟稀少的边塞苦寒之地，满人和蒙古人等原住民仍以渔猎、畜牧为生，有个略显夸张的说法——“棒打狍子瓢舀鱼，野鸡飞进菜锅里”。很多清朝犯人被发配到宁古塔做苦役，宁古塔就位于今天的黑龙江省牡丹江市。关内移民将农耕技术带到这里，千万拓荒者与豺狼为邻，与虎豹争食，历经百年艰辛，将东北荒原开辟成“阡陌纵横、鸡犬相闻”的田园。

东北耕地面积从 1887 年的 3000 余万亩增长到今天的 3 亿亩，玉米成为产量最大的食物。今天，60％的东北耕地种植着玉米，总产量占全国的 1/3。特别是过去 40 年，伴随饲料工业的迅猛发展，玉米的总产量于 1995 年超过小麦，此后又在 2012 年逆袭水稻。从中国到全世界，玉米占粮食总产量的比例都是 40％。中国人口从建国初的5亿增长至今天的14亿，玉米功不可没。

我们来看一组数据：1952—2022年，中国水稻、小麦和玉米三大主粮的总产量从1亿吨增长到6亿吨，多收了5亿吨。其中水稻、小麦和玉米的增产贡献分别是29%、13%和48%。玉米对粮食增产做出了最大的贡献。

放眼世界，从16世纪开始的人口激增到今天餐桌上丰富的肉蛋奶，玉米都厥功至伟。今天，全世界每年28亿吨谷物总产量中，玉米占比约43%，远高于小麦的28%和大米的18%，是第一产量作物。

那么，人类驯化了这么多种类的谷物，为什么逆袭的会是500年前才走向世界的玉米？很简单，玉米有两个突出优点：耐贫瘠和高产。

首先是玉米耐贫瘠。很多物种到了异国他乡，往往还是眷恋故乡的环境，喜旱的仍然喜旱，喜热的仍然喜热，不服水土。但玉米适应性很强，从海拔3400米的美洲安第斯山脉到东亚平原都能种植。19世纪，曾经有植物学家将美洲热带的玉米种子引种到欧洲温带地区。仅仅繁育了三代，株高和种子就发生了明显的变化，甚至没有一点美洲祖先的影子。这一转变速度令人称奇：如此短的时间内根本来不及完成基因的变化，更多的是生理上的适应能力。

其次是玉米特别高产。植物通过光合作用将大气中的二氧化碳和水合成糖类。玉米原产于热带，在强光下仍能保持很高的光合速率，光能利用率分别是小麦的1.5倍和水稻的2倍，能够合成更多的干物质。另外，玉米的水分利用率也很高，更能适应干旱的环境。所以玉米身材高大、籽粒饱满，还有更高的产量。再有一点，玉米田间管理容易，收获和脱粒也更方便。

饲料、可乐和汽油

图 7－3 《玉米小鸡图》，齐白石

或许有人认为，水稻、小麦是当仁不让的主粮，玉米只是粗粮，对养活中国人的贡献不大。如果去问问身边 50 岁以上的人，很多人就是吃玉米面窝头长大的，在四十年前大米和白面还属于稀缺的细粮。现在生活富裕了，很少会吃到玉米面，但玉米仍是被我们“间接消费”的主粮。60％的玉米用于饲料工业，生产出餐桌上的肉蛋奶。

1981 年，改革开放序幕刚拉开，当时深圳只是一个拥有 1.2 万人口的南方村庄。一家泰国企业在深圳注册成立了中国第一家外资企业，它就是正大集团。不到两年时间，中国第一家现代化饲料厂在这里拔地而起，引燃了中国饲料工业的星星之火，也拉动玉米进入黄金时代。

1983 年，32 岁的王石从正大饲料厂获得了每月 2 万吨玉米的订单，从东北采购玉米，走海路直接运到深圳。利用贸易差价，他掘得了第一桶金，创办了后来的万科。1986 年，35 岁的刘永好去广东采购原料，参观了热火朝天的深圳饲料厂。回到四川后，刘氏兄弟立即上马了饲料项目，希望集团就此腾飞。从第一家外资企业正大集团，到第一代民营企业家王石和刘永好，玉米成为中国改革开放的见证者。

在钓友心中，玉米是“素饵之王”，用玉米粒来打窝和挂饵，大个头的草鱼、鲤鱼、鲫鱼会蜂拥而至。除了做成饲料，玉米还是重要的食品配料，生产出淀粉糖、白酒、啤酒、味精等。四十年前的中国，老百姓家里的白糖罐子就像今天的巧克力那样被孩子们惦记着。给小孩喂药时，往往要把苦药片和白糖一起放在羹匙里，孩子们才肯顺畅地咽下。进入 21 世纪，工业化生产的玉米淀粉糖在中国横空出世，大量替代了白糖。我们常喝的可乐、奶茶等饮料，都是用玉米淀粉糖作为甜味剂。一瓶 600 毫升装的可乐，约含有 10%的果葡糖浆，换算下来会消耗 75 克玉米。

玉米怎么能做成糖类？简单地说，玉米的淀粉含量高达70%，如果把淀粉比喻成一根长长的锁链，那么糖类则是其中的一个个链环。通过发酵工艺，就能用淀粉生产出各种糖类。把一个个糖环再砸碎，就是酒精和燃料乙醇。再借助微生物发酵，把链环和碎片进行聚合和重排，就是各种维生素。

玉米淀粉是生产维生素、葡萄糖大输液、青霉素等抗生素的重要原料。用玉米淀粉做出的环保包装材料，最终被降解为二氧化碳和水，可以从源头上解决白色污染问题。玉米发酵生产出来的黄原胶有很好的增稠和乳化性能，在食品、化妆品甚至石油钻采领域有重要用途。一言蔽之，玉米绝对是谷物家族中的多功能复合型“人才”。

玉米和秸秆还能够被做成乙醇汽油。不要觉得玉米做成汽油不可思议，远古动植物残骸沉积在地下，在地壳这个巨大的发酵罐内，经过亿万年的生物化学和地质作用形成了煤炭、石油和天然气，因此也被统称为“化石能源”。化石中的能源归根到底是古代的绿色植物通过光合作用储存起来的，现代生物工程技术能够以玉米和秸秆等为原料，用100小时完成在地壳里亿万年的化学过程，直接生产出燃料乙醇。大约每3公斤玉米能够生产出1公斤燃料乙醇，再按照10%的比例添加到汽油当中，就是乙醇汽油。

石油和粮食本来是“井水不犯河水”的两种商品，此后却成为拴在一根绳子上的蚂蚱，油价硬生生裹挟着大宗谷物价格冲向历史高点。一边是非洲等地出现粮食骚乱，另一边却是大量玉米被用来生产能源，引发了“汽车与人争粮”的争论。不过在石油价格低于100美元/桶时，玉米乙醇并不具备替代优势，需要靠政策补贴。美国有30%的玉米用来生产燃料乙醇，中国这一比例只有2%，而且主要是陈化粮。有人认为生物能源是可持续的绿色能源，但也有人不这么认为。因为在玉米种植过程中，依然要施用化肥和农药，加工过程会消耗化石能源，仍然会产生环境污染。

越来越多的玉米被用于工业领域，今天的餐桌上已经很少能见到玉米的身影，偶尔可以吃到玉米猪肉馅的饺子和玉米粒烧烤串，但在电影院门口，爆米花仍是标配，老少咸宜。扫一下二维码，一大桶爆米花就唾手可得，全然没有了我年少时的那份等待和欣喜。那时，每到过年，村里就会响起“崩爆米花喽”的吆喝。孩子们端着一盆金黄色的玉米，夺门而出。一个老头将一口葫芦状的黑锅架在小火炉上，一手摇转着黑锅，一手拉动风箱，不时看着气压表上的指针。火候差不多时，他将黑锅挑起，塞进麻袋，干净利索地用一根铁管开启锅盖。只听“砰”的一声巨响，高温高压下的玉米粒瞬间炸裂，又脆又甜的爆米花横空出世。这种“大炮中打出来的食物”，在谷物中非常罕见。“大风吹，大风吹，爆米花好美”。

最早的爆米花始于美洲。1948 年，在美国新墨西哥州的一个山洞中，考古学家发掘出最古老的爆米花，距今已有 5600 年的历史。古老的玉米品种有一层坚硬的颖壳，如果将这种玉米籽粒放在石板上烘烤，内部的水分气化膨胀，会将颖皮爆开，炸成疏松多孔的白色爆米花。在古代美洲，爆米花不仅是一种食物，还被印第安人用来作为重大仪式的装饰品。甚至有人认为：美洲先民最初驯化玉米，为的就是做成爆米花。

进入 19 世纪中期，伴随着犁杖的推广使用，起源于墨西哥的玉米开始在美国大面积种植。美国人很喜欢吃爆米花，不过方法依旧是在炉灶上将玉米粒炙烤到爆裂。1893 年，哥伦比亚博览会在芝加哥举行。糖果店老板查尔斯·克里托斯（Charles Cretors）在展会上推出第一台蒸汽式爆米花机，引起巨大轰动，人们排着长队抢购这款爆米花。爆米花机的身影开始出现在各种展会和公园里，将爆米花催生为一个产业。特别是在万圣节、感恩节、圣诞节等重大节日，消费量会大幅增加。

1929 年，美国开启了历时十年的“经济大萧条”。众多行业一片萧条，物美价廉的爆米花却“这边风景独好”，让许多兜售爆米花的穷人有了收入来源。1938 年，电影院老板格伦·迪金森（Glen Dickinson）做了一次冒险——他在大厅里安装了爆米花机。观众们一边看着电影，一边吃着爆米花，爆米花甚至比剧院门票更有利可图。爆米花很快就在众多电影院里站稳了脚跟，消费量不断增长。

1945年，雷达工程师珀西·斯本塞（Percy Spencer）偶然间发现了微波辐射的热效应。第二年他就发明出第一台微波炉，最初的试验产品就是爆米花。然而最初的微波炉售价高且有些笨重，难以推广普及。70年代以后，轻便的微波炉终于走进千家万户，人们发现3分钟就可以在家里做出漂亮的爆米花。就这样，爆米花搭上了微波炉的顺风车，迅速跻身美国最重要的休闲食品。今天，美国人一年会吃掉170亿夸脱（每夸脱约合0.946升）的爆米花，可以填满18个纽约帝国大厦。

第 8 章

大豆：中国送给世界的最好礼物

每当走进田野，你会看见叶。它喜欢沉默和思考，从来不言语。它喜欢看时间流逝，而自己却慢慢衰老。阳光照在它的全身，它并没有感谢，只是把所有精力放在结果上。它明白谁都有该做的事，而现在就是学会，平静呼吸。

——崔筱野（8 岁），《叶》

公元 220 年曹操去世，曹丕继位并称帝。相传曹植曾和他争封太子，耿耿于怀的曹丕有意除掉曹植，命令曹植在七步之内作诗。在悲愤之中，曹植七步成诗。这首寓意兄弟相残的诗句让大豆流传千古。说来有趣，“煮豆燃豆萁”是我少年时的一桩乐事。收获的季节，放学路上有一大片种大豆的农田。淘气的男孩子们会顺手牵羊，从地里拔出几株成熟的豆株，在路边席地而坐，用火柴把秸秆点燃。随着“噼噼啪啪”的响声，豆香很快飘散开来。等秸秆燃尽时，大家把火踩灭，开始在草灰中拾拣烤熟的豆粒——火中取“栗”，吃得嘴巴和手指沾满黑色的炭灰。

大豆的身高约70厘米，在谷物世界里算是矮小的。在起源于中国的众多谷物中，小米和糜子已经蜕变为杂粮，水稻的影响力也局限于亚洲，只有富含蛋白质的大豆在最近的100多年阔步走向了世界。尽管谷物家族中大豆是后起之秀，但它通过饲料转化成餐桌上的肉蛋奶，赋予了人类肌肉和力量。今天地球上种植着的1.2亿公顷的大豆，约占世界耕地面积的8%。中国食品史上有“四大发明”：豆酱、豆腐、豆浆和豆芽，全部是大豆食品。纵观历史，大豆是中国送给世界最好的礼物，然而大豆的命运经历了由主食变副食、由出口到进口的跌宕起伏。

图8－1 《大豆》植物画，曾孝濂

跨界故事：从豆饭到豆腐

中国是大豆的故乡，早期出土的大豆考古遗存主要分布在北方。在河南省舞阳贾湖遗址，考古学家发掘出土了8000年前的野生大豆遗存。距今4000年，栽培大豆在形态上和现代大豆已经非常接近。到了西周和春秋时期，《诗经》中记载：“中原有菽，庶民采之”，“菽”就是今天的大豆，而“豆”在当时并不是指豆类，而是一个象形字，指盛放食物的高脚器皿。菽的原字是“尗”（shú），也是个象形字，中间的“一”代表地面，上面的一竖一横是茎和枝，下面的一竖是直根，左右的“八”则象征着独特的根瘤。

春秋战国时期，五霸七雄逐鹿中原，大豆随着军队的脚步四方扩散。战乱频发，民生凋敝。大豆的亩产相当于小米的三四倍，在灾年产量也很稳定。煮熟后做成豆饭和豆粥，可以帮助穷人熬过饥年。古代典籍中，“菽”有时甚至出现在“粟”（小米）之前。豆饭和豆粥虽可充饥，不过肠道细菌在分解大豆低聚糖时，会产生各种气体，人会感到胀气。大豆中的脂肪氧化，还会产生一种特别的腥味。然而兵荒马乱、青黄不接之时，人们饥不择食，大豆还是会被摆上餐桌。相对于游牧民族，华夏农耕先民缺少肉食，大豆的蛋白质含量高达35%，堪称“地里长出来的肉”，为我们的祖先提供了丰富的蛋白来源。今天很多人依旧喜欢吃“毛豆”，就是灌浆期的大豆，豆荚上长着细毛，口感鲜嫩。

到了秦汉时期，小米成为主粮，“低贱”的豆饭被边缘化。到汉武帝时代，大豆在农作物中的种植比例已由战国时期的25%降到8%左右，逐渐蜕变为杂粮。不过汉朝以后，磨盘开始出现，大豆被磨成豆腐后再次走上餐桌。据说豆腐的发明者是汉武帝的堂叔淮南王刘安。相传刘安信奉道家，琢磨着怎么能长生不老，召集了一群道士在安徽八公山上炼丹修仙，先用山中的清泉水磨制豆浆，再用豆浆培育丹苗。有一次，他不小心将石膏撒到豆浆里，松软白嫩的豆腐横空出世。歪打正着，刘安也就此成为豆腐的祖师爷。

这一说法最早源自南宋理学家朱熹，他在一首《豆腐》诗的自注中说：“世传豆腐，本乃淮南王术”，很多文献沿用此说。也有学者对这一传说提出质疑，因为同期的古代文献中并没有出现关于豆腐的记载。如果刘安真的在西汉时期就用上了磨盘，那也是贵族身份才有的“限量版”。到了东汉晚期，磨盘才走入千家万户，此后的百姓才可能吃上石磨豆腐。

高温蒸煮能够去除大豆中的腥味，营养物质也更容易消化吸收，洁白如玉的豆腐终于登场。唐朝时鉴真高僧东渡，将大豆和豆腐传到了日本。明清时期，豆浆、腐乳、腐竹等豆制品走入千家万户。

甚至有学者认为，豆腐直到宋朝才开始全面流行。因为从汉到唐的千年文献里，找不到关于豆腐这种食物的记载。在记录北宋汴梁风物的《东京梦华录》里，描绘了京城繁荣的饮食业和300多种食物，但书中并无“豆腐”的相关记载。1275年，在描绘南宋末期杭州风物的《梦粱录》里，开始有了售卖豆腐的店铺记载。但在吴自牧笔下，这里“乃小辈去处……下等人求食粗饱，往而市之矣。”很显然，当时的豆腐属于不登大雅之堂的市井之物。

日本第一次出现豆腐的记载，是公元1183年奈良春宫的神职人员中臣佑重日记中的“唐符”，为当天供奉天照大神的御用蔬菜祭品之一。这一时间虽比《梦粱录》的记载早了约100年，但据说大豆和豆腐传到日本是因为唐朝高僧鉴真的东渡。与在中国餐桌上廉价平民的形象不同，这种名为“唐符”的食物在日本是供奉“贵族”的高级食品。

“腐”字在汉语里有贬义色彩，北宋典籍《广韵》对“腐”字的注解是“朽也，败也”，将其作为一种食物的名称，非常罕见。一个大胆的猜测是，在学习中国豆腐的粗加工技术后，日本人进一步完善了点卤和压榨去水技术，制作出了形似符牌的、一块块规整的豆制品。因为技术来源于唐朝，故名“唐符”。而中文里的“豆腐”，则是宋元时期发达的海上贸易把这种食物传回中国后的日语音译。

詹姆斯·弗林特（James Flint）是18世纪英国东印度公司的商人兼翻译，能够说一口流利的中文，还给自己起了一个中文名“洪任辉”。他曾经向乾隆皇帝“告御状”，并最终导致了清政府实行“广州一口通商”的政策。1770年，他曾写了一封信给美国政治家本杰明·富兰克林，信中写到了一个词（towfu），据信这是豆腐第一次出现在英语世界里。

1876年，晚清名士黄遵宪游历日本，看到了一系列的豆腐制品。在他后来写的《日本国志》一书里，有过如下关于豆腐的文字：“亦有豆腐。以锅炕之使成片为炕腐，条而切之为豆腐串，成块者为豆腐干。又有以酱料同米煮，或加鸡蛋及坚鱼脯，谓之豆腐杂炊。缸面上凝结者揭取晾干，名腐衣。豆经磨腐，以其屑充蔬食，曰雪花菜。”20世纪30年代，日本人又发现用葡萄糖酸内酯作为凝固剂，不用重压即可得到柔软漂亮的豆腐，这种豆腐后来传到中国，就是深受南方人喜爱的“内酯豆腐”。

记得小的时候，我家在灶房里也做过几次传统豆腐，工艺很是繁杂——磨豆滤浆、煮浆点卤、压模切块。所幸后来村里有人开了家豆腐坊，男主人经常骑着一辆三轮车，走家串户吆喝着卖豆腐。就此而言，豆腐坊算得上最早的“预制菜”工厂。

进入明清时期，豆浆、腐乳、腐竹等豆制品也走入了千家万户。清康熙八年（1669年），安徽举子王致和进京赶考，却名落孙山。他决定在京师“复读”。然而境遇拮据的他必须解决吃饭问题，就操起了祖辈擅长的豆腐生意，在北京前门外的“安徽会馆”内做起了石磨豆腐，半工半读。盛夏某日，他做的豆腐没卖完，又舍不得扔掉，就将豆腐切成四方小块，晒干入坛后又配上盐、花椒等佐料。此后他专心读书，竟把这件事给忘了。入秋后天气转凉，王致和猛然想起放在墙角的那缸豆腐。打开坛子后，“闻着臭吃着香”的臭豆腐横空出世，并且很快在寻常百姓中有了口碑。清末，经多次改进的臭豆腐又传入宫廷御膳房，成为慈禧太后的一道日常小菜。据说慈禧太后不喜“臭豆腐”这个名字，赐名“青方”。

咸丰十一年（1861 年），成都万福桥边开了一家“陈兴盛饭铺”。后来店主陈春富早殁，小饭店便由老板娘操持。因为脸上有麻子，人们就称她“陈麻婆”。来这里吃饭的多是挑油脚夫，这些穷苦人舍不得花钱吃小炒，于是就我买点肉，你买点豆腐，他买点蔬菜，再刮点油桶里的残油给陈麻婆，付点加工费，也能饱餐一顿。日子一长，陈麻婆摸索出一套烹饪技巧，烹制出来的豆腐色味俱全，“麻婆豆腐”就此扬名。100 多年过去了，这道街头美食征服了无数人的味蕾，成为世界了解川菜的一道窗口。

俗话说“腊月二十五，推磨做豆腐”。豆腐与“头福”“都福”谐音，寓意吉祥美好。中国人采用不同的烹饪方式，搭配各地特色食材，将豆腐制成各式精美的菜肴：四川麻婆豆腐、湖南臭豆腐、上海油豆腐、扬州干丝，还有豆腐脑、豆腐干、豆腐皮、豆腐乳（红方、糟方、青方）等，品类数以百计。作家林清玄在《先知豆腐》中说：“豆腐对一切的食物都保有包容和欣赏的态度，这世上再也没有一种食物像豆腐，完全没有排斥的性格。它和鲍鱼排翅同席，不以为贵；与青菜萝卜共煮，不以为贱；在富豪的酒宴中，与龙虾同烹，不以为喜；在穷人的大锅里，与剩菜杂烩，不以为悲；与竹笋青菜做朋友，它不显露；与红鲟九孔结伴走，它不隐藏……”

西汉时期，还出现了一款以大豆为原料的发酵调味品——大酱。将大豆煮熟捣碎，发酵风干，放在酱缸中加盐加水，就有了大家熟知的大酱。千年传承，就有了今天的炸酱面、京酱肉丝和黄瓜蘸酱。

在制酱的同时，人们发现酱的汁液具有一种特殊的香味，这就是最早的酱油。酱油的英文名为 Soy Sauce，顾名思义，就是用大豆做成的酱汁。不过最初酱油被称为“豆豉”，直到南宋时期，“酱油”一词才正式出现。明代，李时珍在《本草纲目》中完整记载了酱油的酿造工艺。到了清代，酱油的使用已经远超豆酱。

宋元时期，人们已经开始将大豆和其他作物间作，起到增产的效果。1169 年，诗人陆游经苏州到无锡，其间“至望亭小憩”，见运河两岸“皆长冈高垄，多陆种菽粟”。今天我们知道了它的原理：大豆根系皮层能够分泌一种特殊的蛋白质，吸引土壤中的根瘤菌在根系周围大量繁殖，形成根瘤。在根瘤里，豆科植物把自己吸收的一部分养料和水分供给根瘤菌，而根瘤菌也把自己合成的氮素输送给豆科植物，相当于大豆自建了一个“地下化肥厂”。

在大航海时代，欧洲水手在海上航行时难以见到陆地。吃不到蔬菜会导致坏血病，也就是维生素 C 缺乏症，牙龈肿胀，关节肌肉疼痛无比。达伽马开辟欧亚新航线时，半数以上的船员患坏血病死去。郑和的船队却没被坏血病困扰，主要有几个原因：其

图8-2　大豆根瘤菌

一，船员给养中有茶叶和腌渍的蔬菜，可以帮助船员补充维生素C；其二，船队基本上近岸航行，有机会从港口补充到新鲜的果蔬；其三，当时豆芽菜已经走入百姓生活。船员们把黄豆装在木桶里面，不需要土壤，水淋后即可发芽，再做成菜品。有学者做过研究，300 克发芽 3 天的黄豆芽中含有约 100 毫克的维生素 C，已经可以满足正常人一天的需求。

明清时期，榨过油的豆饼又被开发出新用途——肥料和饲料。江南地区大面积种植双季水稻和桑棉，传统的绿肥、人畜粪便以及河塘污泥不能满足养分需求，开始使用豆饼作为肥料。随着康乾时期的人口增长和农业开发，南方肥料需求急剧上升。富含蛋白质的北方豆饼沿着运河南下，和草木灰（钾肥）、骨头（磷肥）混合后，能够帮助南方农田提高肥力。江南水乡养鱼喂鸡，豆粕也成为很好的饲料。江南饼肥的使用提升了大豆在北方农田中的地位，绿豆、红小豆的播种面积不断受到挤压，逐渐沦为“小杂粮”。

传统油坊采用木榨工艺榨油，用人畜作动力，劳动强度大。大豆出油率低，豆油主要用于“点油灯”照明。与豆饼相比，当时的豆油反而处于从属地位。到了 19 世纪晚期，机械榨油机开始在东北油坊推广使用，出油率大大提高，豆油很快成为北方重要的食用油品种。到了在 20 世纪七八十年代，人们拿着五花八门的容器去粮油店“打油”。粮店里的豆油放在 200 升的铁皮桶中，买回家则放在白酒瓶或塑料桶中。当年施行配给制，每人每年的食用油供应量还不到 5 斤，换做今天只够做两份沸腾鱼片。到了 90 年代，生活条件改善，中国出现了小包装食用油。2020 年，人均食用油年消费量已经超过 50 斤，其中一半是大豆油，市场份额超过菜籽油、花生油、芝麻油、橄榄油和葵花油等。

今天，我们在超市中买到的豆油几乎都采用浸出法工艺。先用溶剂将豆油浸出，通过高温蒸馏，脱出溶剂可以循环使用。获得的“毛油”再进行精炼脱色，去除磷脂和脂肪酸等杂质，成为可以进入厨房的食用油。这种工艺出油率高、成本低，但高温工艺会导致一些营养成分损失。东北是大豆主产区，有些小型榨油坊仍采用压榨工艺，用螺旋挤压机将豆油榨出，直接出售。因为加工温度低，这种“笨豆油”营养成分损失少，保持了“原汁原味原色”，很受当地百姓喜欢。不过“笨豆油”没有精炼工艺，可能存在少量的杂质。因为出油率低，价格也比浸出法高出约 50%。乡村中偶尔还可以见到更古老的液压榨油机，挤压出来的豆饼如脸盆一样大小，硬得像板砖。民间甚至有这样一种调侃：也不搬块豆饼照照自己。不过有些小油坊的设备和器具上沾满油污，毛油、油料、残渣随意堆放，卫生管理令人担忧。

知识卡：南方的油菜

北方人喜欢用豆油，南方人则喜欢用菜籽油。在长江流域的很多地方，村民在 10 月收获稻谷，11 月会播种油菜。次年 3 月，经历了寒冬的历练，金色的油菜花盛放。不仅增加了一季收成，还能促进观光农业。乾隆皇帝曾题诗《菜花》："黄萼裳裳绿叶稠，千村欣卜榨新油。爱他生计资民用，不是闲花野草流。"不过，今天中国广泛种植的油菜并不是乾隆笔下的品种，而是源自欧洲的甘蓝型油菜。这个品种是白菜和甘蓝的天然杂交种，油菜籽的产量和含油量要高于中国传统品种，大约在 1940 年前后才被引入中国。

从东北黑土地到美国大平原

鸦片战争失败后，内忧外患的中国被卷入了全球贸易体系。在此之前，清政府是禁止大豆出口的。当时印度、日本在茶叶和生丝市场开始取代中国，欧洲人也实现了瓷器的自给自足。为了平衡外贸差额和增加税收，清政府在 1863 年取消了大豆出口禁令，大豆开始进入国际贸易舞台。1873 年，大豆出现在维也纳万国博览会，引起各国的注意。"菽"被翻译成英语，就是 soy，俄语（соя）和法语（soja）也是菽相近的发音。

1909年，巴黎西郊出现了一家豆腐公司，厂区占地五亩，有四座厂房。这家企业很可能是法国的第一家中资企业，老板就是后来成为国民党“四大元老”之一的李石曾。1906年他在巴斯德学院学习生物化学，着重研究大豆，还用法文写成《大豆的研究》一书。雪白的豆腐和豆浆令法国人称奇，当地媒体也给予广泛报道，孙中山、蔡元培等都曾前往参观。1911年，李石曾还在美国申请了最早的豆浆专利。

豆腐公司成立之初，李石曾从河北老家招聘了近四十名华工做帮手。这些人大多是文盲，与法国的社会生活格格不入。经过一番思虑，李石曾在公司里创办了一个业余学习班，安排华工们学习文化知识和工艺技能，留法勤工俭学热潮就此开启。1910—1920年，中国先后有17批共2000多名青年赴法国勤工俭学，其中包括周恩来、邓小平等共和国缔造者。回望历史，一家豆腐公司对后来的中国历史产生了深远的影响。

1914年，第一次世界大战爆发，欧洲打得一团糟。各国农业衰退，粮食供应严重不足。战争期间，大量民用油脂企业转产军工产品，导致油脂日用品短缺。大豆不仅可以食用，还能用来生产肥皂、油毡、油漆、蜡烛和炸药，很快成为国际市场上的抢手货。有的国家将豆饼加工成豆粉，掺入面粉中做成混合面包，在降低成本的同时，还增加了蛋白质含量。以豆油为原料的人造奶油大量上市，以低廉的价格取代了以牛奶为原料的黄油。

1918年“一战”结束，德国战败，海外殖民地尽失。英国人垄断了主要的传统油脂原料，德国人开始把物美价廉的中国大豆作为替代油料，进口量激增。大豆的含油量只有油菜的一半，而且传统压榨法只能榨出约60％的豆油。如何将进口中国大豆中的油脂最大限度地提取出来？1919年，德国人波尔曼（Hermann Bollman）设计出一套浸出制油工艺，能够提取90%的豆油，比传统压榨法提高了50%，大大提高了大豆的加工效益。

欧洲和日本市场需求的激增，使得大豆、豆油和豆饼成为世界性的商品。中国大豆忽然成了傲视全球的战略物资，当时的大豆就相当于今天的稀土。“一战”爆发前的1913年，大豆产品仅占中国全部出口商品总额的6%，1931年这一比例已经达到21%，大豆成为中国最重要的出口商品。

中国东北土壤肥沃、气候干旱，特别适合大豆种植。20世纪20年代，东北大豆占据世界大豆总产量的60%以上，其中约七成用于出口。外汇收入带动了东北地域经济的发展，现代工业把内陆省份甩开一大截。哈尔滨、大连和营口等城市的油坊如日中天，油坊业雇佣大量工人，为关内来东北谋生的民众提供了大量的就业机会。

知识卡：周家炉，东北民族工业的起点

1909年，周文富和周文贵两兄弟从旅顺来到大连谋生，开了一间铁匠铺，当地人称之为“周家炉”。最初从事马蹄铁钉制造和马车修配业务，后来抓住油坊兴起的商机，开发出人力螺旋式榨油机，但是出油率赶不上日资三泰油坊的设备。有一次，三泰油坊的榨油机出现故障，找遍大连无人能修，不得不请周家的工匠去修理。聪明的工匠悄悄记下了其榨油机的构造，回去之后研制出液压榨油机，就此打破了日本榨油机的垄断。中国油厂主的榨油机订单纷至沓来，周家的业务也拓展到沈阳、长春、哈尔滨等地，周氏兄弟因此被誉为东北民族工业的鼻祖。

东北大豆经济看上去热热闹闹，其实暗流汹涌。1894 年，晚清输掉了甲午战争，日本在东北的势力迅速扩张。日本地狭人稠，耕地肥力比较低，稻田需要大量补充氮元素。因此除了大豆，日本还从东北大量进口豆粕，用于改良土壤。大豆必须由铁路运输出去，日本人全面控制了长春至大连的南满铁路。日本还将大连定位为“满洲贸易之中心”，三井物产、三菱商事等企业在大连投资兴建了很多的大豆加工企业。大豆被源源不断地汇集至大连港，再转运到日本本土。到清朝灭亡时的 1911 年，大连出口的大豆中有 3/4 被运往日本。

当东北主导全球大豆经济时，大豆甚至具备了金融属性。1905—1931 年，官方银号在东北三省发行奉票纸币，单位是银元，然而官方银号根本没有充足的银元实物作为准备金。奉系军阀拿着奉票纸币从农民手中低价收购大豆，再通过铁路运输到大连港，然后出口到国际市场。铁路和港口由日本人控制，大豆结算所得就是可以在日本银行里兑换黄金的“日本金票”。兜了一圈，源源不断的大豆贸易才是奉票信用的基础。

1917—1928 年，主政东北的本土势力是“东北王”张作霖（张学良的父亲），他出身草莽，带着一票兄弟刀头舔血，打下了白山黑水。依托大豆经济，张作霖建立了中国最大的军工厂，大力扩充军备。他管辖东北期间，人口、耕地和粮食产量都大幅增长。然而因为与日本人和俄国人有着盘根错节的关系，他也留下很多争议。

大豆出口是东北经济的命脉，当时输出的大豆价格中农民纯收入仅占三成，而铁路及水运的各种费用约占四成，其余是军阀和中间商的利益。本来张作霖依托土皇帝势力赚取大豆的收购差价，而日本人则依托南满铁路和大连港控制大豆运输和贸易。有钱一起赚，大家相安无事。然而 1924 年，张作霖打赢了直奉战争，入主北京。他开始暗度陈仓，绕过日本人控制的南满铁路，修建了一条从奉天（今辽宁沈阳）到海龙（今吉林梅河口）的奉海铁路。张作霖还规划建设葫芦岛港，将原来由大连港出口的大豆改由葫芦岛港出口，谋求更大的利益。

对日本人来说，这会极大地改变大豆利益格局，无异于釜底抽薪。20 世纪 20 年代中后期，日本经济不景气，执政当局将中国东北视为“生命线”，极力扩大“特殊权益”，以挽救国内危机。更多的矛盾浮出水面，双方最终剑拔弩张。1928 年，张作霖被炸死在沈阳皇姑屯。又过了三年，日本发动“九一八事变”，开启了对东北长达 14 年的殖民统治。张学良领着部分东北军辗转来到陕西，在 1936 年发动了“西安事变”。

日本占领东北后，全面推行“统制”政策，积极发展与军事相关的重工业。与此同时，世界经济危机爆发，欧洲大豆进口市场萎缩，占东北大豆出口量一半的德国甚至用更加廉价的鲸油来替代豆油。“二战”爆发后，东北大豆出口欧洲的航路基本被阻断。日伪政权在东北优先保证口粮种植，压缩了大豆的种植面积。与此同时，日本本土实现了硫铵化肥工业化，豆饼进口量锐减。内忧外患之下，东北大豆开始走向衰落。

20 世纪初，中国大豆在国际市场一枝独秀，让美国人认识到了大豆的商业价值。美国科学家多次来东亚考察，学习大豆的栽培和加工技术，并从中国、日本和朝鲜采集了几千个大豆品种。大豆走向世界如此之晚，地理环境是重要的原因。大豆生长在中国的华北和东北，纬度为北纬 35 度至 45 度。沿着欧亚大陆一路向西，这一纬度带主要是沙漠、高原和地中海，不适合大豆种植。德国虽然在加工技术上是领先者，但其纬度偏北，也不适合大豆种植。直到穿过大西洋，大豆才终于在北美大平原上找到了新的家园。

初到美国的大豆只是作为一种饲草，供人们在农田里放猪养羊。一战爆发后，棉花生产和贸易受到冲击，豆油成为棉籽油的廉价替代品。经济大萧条时期，由于大豆根瘤的固氮功能，美国干旱区的土地开始种植大豆以恢复肥力。罗斯福新政后，美国经济开始复苏，政府限制供过于求的小麦、玉米种植，中部大平原上的大豆种植面积开始扩大。20 世纪 30 年代初，东北大豆产量占到全世界的 74%，美国仅占 6%。到了 30 年代末，东北的比例下降到 50%，而美国则增长到 30%。1936 年，芝加哥期货交易所（CBOT）开启大豆期货市场，标志着大豆进入了大宗农产品时代。

美国的《玛莎·斯图尔特生活》(*Martha Stewart Living*)杂志曾刊登过一篇题为《大萧条期间，大豆不仅复苏了土地，还复苏了美国》的文章，其中写道："1929 年经济大萧条让这片土地变得绝望，不明智的农耕实践，过度放牧与干旱造成了'黑风暴'。大豆开始登场，它给土壤补充氮元素，把被玉米、小麦过度剥离的养分还给土壤。农民们开始大量种植大豆，并使用中国首创的轮作方法，这样有助于抑制土壤侵蚀和保持土壤完整。土地的稳定使用给经济的稳定带来了帮助，美国慢慢地摆脱了大萧条。在某种程度上要感谢5000多年来令人惊叹的大豆，它是文化和饮食不可分割的一部分。”

图8-3 《大豆图》，任仁发（元代）

亨利·福特是众所周知的美国“汽车之父”，其实他也是大豆工业的先驱。福特认为“工业和农业是天然的合作伙伴”，他一直希望更多的汽车部件能够来自农场。1929年，为了致敬托马斯·爱迪生（Thomas Edison），他在密歇根州的绿野村建造了著名的爱迪生研究所，组建了专门的大豆研究团队。1934年，福特公司开发出一种合成烤瓷漆，其中35%的成分是豆油，用于车身喷涂。研究人员还将脱脂豆粉和其他化合物混合为原料，加工出热塑树脂，用来生产按钮、踏板、座椅甚至汽车后盖。福特还组织科学家用大豆蛋白生产出世界上第一种人造植物蛋白纤维。当时的《财富》杂志称，福特现在“对大豆的兴趣不亚于他对V-8

（一款新型汽车）的兴趣”。

福特曾放言：“总有一天，你和我都会看到在农场里种植汽车车身的那一天。”然而“二战”爆发，福特公司响应罗斯福总统的号召，迅速转产军机，生产“大豆塑料”车身的努力不得不搁置。战争结束后的1947年，亨利·福特在家中去世，享年84岁。战后，很多汽车公司为了降低成本都开始使用塑料材质的部件，这些部件的原料不是大豆，而是石油。

福特还举办过以大豆为主要食材的宴会，研制出营养丰富的大豆压缩饼干，但因为“大豆汽车”在人们心中投下的阴影，很多消费者拒绝食用“涂料或方向盘”。说来有趣，中国人会直接食用豆制品，从中摄取蛋白质。早期美国也有亚裔移民加工出豆腐等食物，然而美国人并不喜欢这些豆制品的口味。最终，美国人以一种迂回的方式让大豆进入餐桌——用大豆喂养牲畜，将植物蛋白转化为肉类蛋白后，再宰杀食用。

“二战”期间，美国从中国东北的大豆进口中断。珍珠港被日本偷袭以后，美国从东南亚进口椰子油、棕榈油也受阻。面对油料和蛋白短缺，各州的作物改良协会发起竞赛，看看哪些农场主能够创出最高大豆亩产。本土大豆种植面积不断扩张，源源不断的肉蛋奶供养着前线的士兵。战前美国的大豆加工设备主要从德国进口，宣战后美国走上了自主研发的道路，加工技术从仿制德国到后来者居上，一直领先至今。1950年，美国中央大豆公司成功开发出大豆分离蛋白及大豆卵磷脂等产品，对后来的食品工业产生了深远的影响。

“二战”后全球经济复苏，肉类消费增加。美国培育出高出油率、高蛋白、抗旱抗虫的大豆品种，研制出大豆加工设备，大农场、机械化和全球贸易体系齐头并进，逐渐取代了中国大豆在国际市场的主导地位。1954 年，美国大豆产量超越中国。20 世纪 60 年代，大豆进入南美，从巴西扩展到阿根廷。这两个国家的大豆产量分别在 1974 年和 1998 年超越中国，中国大豆产量退居世界第四，并成为第一大豆进口国。

全球视野下的大豆博弈

1990—2020 年，中国肉蛋奶消费量分别增长了 3 倍、4 倍和 8 倍。然而此间中国本土的大豆产量不到 2000 万吨，根本满足不了饲料工业需求。大豆主要从巴西、美国和阿根廷购买，进口量一路上升，从 2000 年的 1000 万吨，增加到 2020 年的 1 亿吨，相当于全球大豆贸易总量的 60%。大豆的“沦陷”引发了粮食安全的忧虑、转基因的争论和贸易战的博弈。

在大豆进口之初，中国曾缴纳了一次“学费”。2001 年，中国加入世界贸易组织（WTO），大豆市场向世界开放。山东、江苏和广东等地新建了很多榨油厂，大豆加工能力急剧扩张。看到这么多油厂在等米下锅，中国商务部在 2003 年 12 月牵头组织了大豆采购代表团，到芝加哥期货市场“团购”大豆。当时围绕家电倾销、纺织品配额和人民币汇率等问题，中美贸易摩擦不断升级。为了显示缓和摩擦的诚意，中国大豆代表团出发前进行了大张旗鼓的宣传，主流媒体也做了报道，甚至将采购数量等商业机密公布于众。今天看来，这种做法等于自曝底牌。

面对蜂拥而至的中国买家，国际投资基金开始推升大豆价格，让中国大豆企业在历史高点上抢购了 800 万吨大豆。订单下了，大豆货船在太平洋上航行了一个半月。此间美国农业部突然调高大豆产量预期，国际炒家反手做空期货，大豆价格快速走低，中国买家被彻底套牢。屋漏偏逢连夜雨，2004 年国内暴发禽流感疫情，养殖业陷入低谷，饲料需求大幅减少，大豆价格进一步下跌。与此同时，中国经济又出现过热现象，国内掀起一轮宏观调控，银行收紧银根，导致很多企业无力支付大豆进口货款，有些民企干脆选择违约跑路。多种因素叠加，国内大豆价格直接腰斩，从 4400 元狂跌到 2200 元。整个大豆加工业陷入亏损，产业开始大洗牌。

国际粮商抓住机会，大量低价收购陷入困境的大豆加工企业，完成了在中国的战略布局。粮食安全在中国有着特殊的敏感性，很多公众据此认定这是国际粮商“抽老千”，害惨了中国大豆企业，“大豆阴谋论”就此生根发芽。

回看 2004 年的“大豆沦陷”事件，有外因更有内因。如今，14 亿人口的中国已经跻身世界工厂，经济结构和资源结构决定了我们必须整合全球资源——包括粮食、石油和铁矿石等，才能推动经济和社会发展。

在现代经济体系中，商人是不可或缺的存在。商人当然会想着赚钱，就像亚当·斯密（Adam Smith）说的那样：“我们期望的晚餐，并非来自屠夫、酿酒师或是面包师的恩惠，而是来自他们对自身利益的特别关注。”在过去的 100 多年时间里，国际大粮商利用殖民地扩张和两次世界大战的历史机遇，在仓储、铁路、港口、船运、金融、贸易等多领域形成对全球粮食贸易的垄断性控制，这是我们无法回避的事实。作为世界第一大粮食进口国，中国粮食进口量占全世界的30%，我们需要与国际粮商建立起良性的合作关系，才能保障中国的粮食安全体系。国际粮价涨跌无常，对此我们也需要有一份平常心。

眼看着“大豆故乡”成为第一进口国，有公众质疑：为什么不扩大国产大豆的种植面积？大豆的单产仅相当于其他谷物的1/3，折算下来，种植产出1亿吨大豆需要占用8亿亩耕地，加上国内已有的1.5亿亩大豆种植面积，合计9.5亿亩。中国一共只有19亿亩耕地，如果要实现大豆自给自足，意味着一半的耕地要用来种植大豆，那么水稻、小麦和玉米该怎么办？手心手背都是肉，权衡利弊，我们必须优先保证三大主粮的自给率，用“牺牲”大豆节约出来的耕地种植稻麦，才是更合理的选择。

也有公众质疑：为什么要进口美国大豆？全球大豆年产量约为3.8亿吨，几个主产国扣除本土消费，能够拿出来进行国际贸易的只有1.7亿吨。美国、巴西和阿根廷三个国家的大豆出口量就超过全球90%的比重，其中美国为6000多万吨。如果全面封杀美国大豆，就意味着我们要买光美国以外的全球贸易大豆，这是不现实的。值得一提的是：美国、巴西和阿根廷种植的大豆几乎都是转基因品种。其实，公众对转基因的态度已经不重要，重要的是国际市场上只有转基因大豆，我们别无选择。

国际贸易，价格是王道。美洲大豆从地球另一端漂洋过海运到中国，加上25%的运费和关税，到岸价还比国产大豆要便宜10%—15%，原因是什么？其中诚然有农业补贴的因素，但归根结底，是我们的农业生产力落后于别人。中国大豆的平均亩产只相当于美国的60%，巨大的产量差距一方面是土壤质量和田间管理，另一方面则是美洲种植的是转基因作物，能够减少病虫草害和降低农药成本，提高了谷物的品质和价格竞争力。

近年来，全球大豆贸易格局在悄然发生着变化。巴西地处热带，大豆的蛋白含量要高于美国大豆，这一点对饲料行业非常重要。1994 年，巴西的大豆出口量只是美国的 1/7，2019 年以后就超过美国，成为世界第一大豆生产国和出口国。中美贸易战硝烟弥漫时，大豆成为博弈的棋子。鹬蚌相争渔人得利，巴西占中国大豆进口量的比例从 50％提高到 75％。如果没有巴西的 B 计划，中国就只能吊在美国这个 A 计划上，大豆无疑就成了“卡脖子”工程。

当然，巴西和美国有竞争也有互补，因为两个国家的大豆生长期是交错的。北半球的美国大豆在 10 月收获，而南半球的巴西大豆则在 3 月收获。所以美国主要从 10 月到 3 月向中国出口大豆，而巴西则是从 3 月到 10 月供应中国的大豆需求。当巴西从中国获得了越来越多的大豆订单时，也会选择从美国进口大豆用于国内消费，从而将更多的巴西大豆出口到中国。

1980 年以来，巴西大豆种植面积扩大了 4 倍。在此期间，巴西为增加耕地面积砍伐了 60 万平方千米的亚马孙热带雨林——相当于中国华东五省（山东、江苏、浙江、安徽和福建）的面积之和。巴西培育出适应热带气候的品种，大豆产量提高了 8 倍。巴西还在 30％的耕地中推行一年两熟的大豆-玉米轮作，以生产出更多的粮食。有了大豆和玉米做饲料，巴西养牛业迅猛发展，成为世界上最大的牛肉出口国。中美贸易战后，中国从巴西采购的大豆数量快速增长。有国际学者担忧这会促使巴西农场砍伐更多的热带森林，甚至有人提出亚马孙雨林是中美贸易战的最大牺牲品。

尽管中国大豆采购量占全球大豆贸易的60%，然而大豆定价权并不掌握在我们手里，这才是中国真正的痛。究其原因，这牵涉到“二战”以后的国际秩序、以美元为中心的国际货币体系、WTO规则和全球农产品期货市场等复杂问题。而在国内市场，外资、国资和民资在大豆采购问题上也存在着盘根错节的利益博弈。

那么，大豆困局就无解了吗？既然国内耕地资源有限，我们就必须学会整合全球的农业资源。大豆有一个很好的前车之鉴——事关能源安全的石油。1993年以前，中国石油也是自给自足，此后随着工业化进程，进口量逐年攀升。在很长的时间里，中国主要从局势不稳定的中东地区进口石油，海路运输要通过容易受到遏制的马六甲海峡。然而经过十几年的努力，中国石油进口已经渐渐“突围”。今天，中国可以从约50个国家或地区进口原油，构建了多元化的石油进口格局，中东的供油比例控制在45%左右。与此同时，中国企业也在世界各地入股新油田、建设陆路石油管道、签署运输协议、采用人民币结算，为国家能源安全提供保障。

从战略上，中国的大豆采购可以借鉴石油战略，建立多元化进口格局而不是吊在美洲一棵树上。中亚和东欧地区有大面积未开垦的肥沃土地，这也是“一带一路”倡议的题中之义。如果这一地区每年能够为中国提供1000—2000万吨大豆，其杠杆效应将对全球大豆贸易格局产生一定的影响。当然，那里的生产成本会高于美洲大豆，然而放眼今天的世界格局，我们要算经济账，更要考虑战略空间。追根溯源，这粒圆圆的大豆所蕴含的是全球农业资源的一场再配置和再平衡。

知识卡："酒神"高粱

高粱起源于非洲苏丹热带草原，大约在6000年前被驯化栽培。高粱茎秆粗壮，根系发达，具有强大的抗旱基因，成为拓荒的先锋作物。大约在4000年前，非洲高粱传入印度。大约在汉朝时期，又辗转传入中国黄河流域。进入宋元时期，战乱频发，粮食短缺。高粱能够在贫瘠土地上顽强生长，被誉为"作物中的骆驼"，很快跻身重要的粮食作物。明清时期，黄河频繁泛滥，人们将坚韧的高粱秸秆做成排架，装填石头和泥沙，加固河堤。盛夏时节，高粱长得又高又密，就像帐幕一样，在北方俗称"青纱帐"。

清朝末年，高粱被山东、河北的移民带入东北。高粱浑身无弃物，籽粒可食，穗秆可作扫把，秸秆可编席、夹篱笆、充薪柴等。100年前，一首《松花江上》点燃了中华大地的抗日烽火："我的家在东北松花江上，那里有漫山遍野的大豆、高粱。"今天东北大地上已经很少见到高粱的影子，漫山遍野种的都是经济效益更高的玉米。1986年张艺谋在山东拍摄电影《红高粱》时，甚至不得不在高密县专门种了一片高粱做外景地。

今天，全球高粱总产量约为6000万吨，是世界第五大谷物。美国是全世界第一高粱生产国，一半出口到国际市场，一半用于国内生产燃料乙醇和饲料。尼日利亚和埃塞俄比亚等国家的民众依然以高粱为主食。在路遥的《平凡的世界》中，学校食堂的馒头分为三等：一等为白馒头（小麦面做的），二等黄馒头（玉米面做的），最低等的是高粱做的黑馒头。高粱米饭吃口硬涩，而且不易消化。今天的中国，只有东北和西南等地区还少量种植高粱，总产量已不到300万吨，仅相当于玉米的1%，主要用于酿酒。

高粱有一个优势：籽粒中含有单宁，味道虽然苦涩，发酵后却能赋予白酒特有的芬芳，成为北方男人的最爱。随着高度蒸馏酒（白酒）在元朝走进千家万户，高粱终于迎来了“千年等一回”的机会。能够酿酒的谷物有几十种，却没有一种能够与高粱相提并论。白酒行业里素有“高粱酒香、玉米酒甜、大米酒净、小麦酒糙、大麦酒冲”的说法，高粱是白酒的灵魂。我们熟知的茅台、泸州老窖都是以高粱为主料的单粮酒，而五粮液是包含五种粮食的多粮酒：高粱占比36%、大米占比22%、糯米占比18%、小麦占比16%、玉米占比8%。如果说豆腐使大豆青春永驻，那么美酒则令高粱万古长青。

第 9 章

土豆：欧洲工业革命的基石

西班牙征服者为黄金和白银洗劫了南美洲。然而，他们带回旧大陆最有价值的财宝却是土豆。

——约翰·瑞德（John Reader），美国摄影记者

在“黑色的 1847 年”，爱尔兰科克郡的官员尼古拉斯·康明斯（Nicolas Cummins）有过这样一段描述：“我走进一间农家小屋，其场景令我瞠目结舌。6 个因饥饿而骨瘦如柴、形同鬼魅的人躺在小屋角落的一堆脏稻草上。我以为他们已经死了，但当我靠近他们时，耳畔却传来了一声声低吟。这些‘人’还活着……”是什么让爱尔兰民众陷入这种凄惨景象？是埋在地下的土豆。

科学地说，土豆并不属于带壳的谷物，但它和谷物一样富含淀粉，应验了中国的一句俗语——别拿土豆不当干粮。在国家统计局的粮食产量数据中，土豆赫然在列。今天，土豆是继水稻、小麦和玉米之后的第四大粮食作物。全世界有约 1/6 人口以土豆

为主食，俄罗斯、乌克兰、波兰、英国、爱尔兰等十几个国家的土豆人均年消费量都超过 100 公斤，甚至超过小麦、大米和玉米的消费量。

知识卡：粮食等同于谷物吗?

联合国粮农组织每年会发布全球谷物产量数据，仅仅包括“狭义”的小麦、稻谷、玉米、大麦和高粱等五种谷物。很多国内媒体会将“全球谷物总产量”直接写成“全球粮食总产量”，将粮食等同于谷物。实际上，中国国家统计局的粮食产量数据不仅包括谷物，还有“广义”上的薯类和豆类，谷物在粮食总量中占比超过 90%。由此可见，“粮食”和“谷物”在统计口径上是有所差别的。

百年灰姑娘

土豆原产于南美洲的安第斯山区，被称为“印第安古文明之花”。考古学家曾在智利南部的一处人类遗址上，发现了 1.46 万年前的土豆残留物，但没有禾本科谷物的祖先。6000 年前，印第安人开始在海拔 3000 米的安第斯高原上栽种土豆。土豆在印第安人的社会生活中扮演着重要角色，他们以烧熟一罐土豆所需的时间作为计时单位，用土豆创造各种艺术形象，绘制在陶器、农具等用品上。

野生土豆的株高多在1米以上，是现代土豆的2倍。不过野生土豆的块茎很小，含有一种有毒性的龙葵素，味道苦涩——其实这是一种自我保护机制，可以防范虫类蚕食。经过几千年的驯化和栽种，现代土豆的毒素含量已经不足以对人体造成伤害。不过，土豆一定要储藏在阴暗处，否则遇光照后它就会发芽，表皮变成绿色，毒素会增加几十倍，人误食后会中毒。

入秋后，安第斯山区的温度跌破冰点。印第安人发明出一种土豆冻干技术：将土豆清洗、冷冻，化冻后用脚踩踏挤出水分，再在室外晒干。这种风干脱水的土豆能够长期储存，不再受季节的限制，可以应对天灾人祸，也有助于王国大兴土木。凭借土豆的食物补给，南美洲的印第安人进入农耕社会，厉兵秣马，建立起灿烂的印加文明。在12世纪的印加帝国，土豆甚至成为货币——农民用它交税，部落首领用它给劳工支付报酬。印第安人认为，土豆是“地下黄金”，是天神赐予的宝物。遇到歉收年景，人们会举行盛大的祭祀仪式，祈求土豆神保佑丰收。

1536年，继哥伦布后到达美洲的西班牙探险队员中，有一位叫卡斯特朗诺（Castellanos）的成员。他在自己的书中记述：“我们刚刚到达村里，所有的人都跑了。我们看到印第安人种植的玉米、豆子和一种奇怪的植物，它开着淡紫色的花，根部结球，含有很多的淀粉，味道很好。”他描述的“奇怪的植物”就是土豆。

1565年，土豆作为“战利品”被带回了西班牙。到了1600年，欧洲很多国家都有了土豆的踪迹。当时欧洲人以面包为主食，而土豆来自贫瘠萧瑟的安第斯山脉，且煮熟后味道寡淡，没有面包的口感和香气，只是被当作来自美洲的一种奇花异草种植在庭院里。在一些地方，土豆的地下块茎也是猪的美食。

相对于金黄色的谷物，土豆的长相有些古怪，块茎上沾满了泥土，切开不久后，还会发黑。现在我们知道这是酚类物质的氧化反应，可用清水浸泡预防。当时的人们并不懂这些，认为土豆是下贱的食物，只适合干力气活的工人和农民。有人以《圣经》中从未说起过土豆为由，说它有着古怪的外形，带着泥土的腥味，是一种靠不住的作物。有人提出土豆块茎长在地下，是接近地狱的东西，是“恶魔的苹果”。又有传言说吃了土豆会得麻风病、梅毒和肥胖症。凡此种种，土豆在欧洲受尽冷遇。

17 世纪，欧洲进入小冰期中最冷的阶段。欧洲人的主食是冬小麦，秋冬季节正是青黄不接的时候，土豆恰好填补了这个缺口。1618—1648 年，欧洲因为宗教原因爆发了三十年战争，几乎整个欧洲都被卷了进来，主战场就在德国境内。行军士兵们带的口粮很少，主要靠抢劫农民来补给食物。兵荒马乱的年景，地上的谷物受到踩踏和洗劫，藏身地下的土豆却安然无恙。饥不择食，有的人顾不上曾经的偏见，将土豆端上了饭桌。

1697—1698 年间，俄国沙皇彼得大帝（Peter the Great）率庞大团队以下士身份在西欧微服考察。回国后，他收到了一位荷兰朋友寄过来的一袋子土豆。彼得大帝下令把它们分送各省栽培，土豆从此传入俄国。然而在推广过程中，有些农民吃了发芽的土豆，出现食物中毒，土豆的地位依旧有些边缘化。转折点发生在 1842 年，因为发生粮食歉收，沙皇尼古拉一世（Nicholas I）下令征用土地，强推土豆种植。失地农民担心自己沦为农奴，开始和政府对立，最终演变成一场“土豆暴动”。可以说，土豆是伴着枪声和血泪在俄国土地上安家落户的。很快暴动被平息，土豆也证明了自己的营养、安全和高产。几十年后，“土豆加牛肉”甚至成为幸福生活的标志。

1740年，普鲁士迎来了德意志的奠基人腓特烈大帝(Frederick the Great)。当时灾荒、瘟疫和战争频发，德国面对巨大的粮食压力。腓特烈大帝首先颁布了《土豆法令》，要求农民必须种植土豆这种全新作物，否则将受到挨鞭子、罚钱甚至割鼻子、砍耳朵的惩罚。与此同时，腓特烈大帝下令将土豆定为“皇家蔬菜”，让士兵在柏林郊区种植了一片土豆，睁一只眼闭一只眼地进行看守。如果有人来偷，就当作没看见。这激起了老百姓的好奇心，有人去偷挖土豆，吃了以后安然无恙，“有毒”的谣言不攻自破。通过软硬兼施，土豆在德国扎下了根。在腓特烈大帝统治的46年里，普鲁士打赢了关键战役，领土扩大了60%，人口也增加了一倍，为德意志的统一和复兴奠定了基础。腓特烈大帝死后被葬在柏林郊外的波茨坦，前来拜谒的德国人经常会在他墓穴上留下一个个土豆，以此来感谢这位伟大君主——他用土豆挽救了成千上万的普鲁士士兵和饥荒民众。

1756—1763年，欧洲列强为了争夺美洲殖民地经历了“七年战争”。战乱影响了农业生产，硝烟散尽后又逢灾年。面对一连串的革命、歉收和饥荒，土豆这位“灰姑娘”终于引起了法国人的注意。战争时期，法国军队的药剂师帕芒蒂埃（Parmentier）被德国军队俘虏。此前在他眼中，土豆只是一种喂养牲畜的饲料。然而在囚禁生活中，土豆让他得以保全性命。出狱后他立志要报答土豆的救命之恩，将其发扬光大。

面对吃东西很挑剔的法国人，帕芒蒂埃选择走高端路线。1778年，他在巴黎为达官显贵举办了一场土豆宴，所有菜式均由土豆制成，据说 36 岁的化学家拉瓦锡也赶来捧场——其实化学是他的学术爱好，他的工作身份是负责征税的公务员。在豪华的宴会上，国王路易十六和玛丽王后别上土豆花作为衣着装饰，以示高雅。达官显贵们争相仿效，土豆的文化身价迅速飙升。1813 年，帕芒蒂埃去世，葬于巴黎的拉雪兹神父公墓，墓地周围种满了他钟爱的土豆。今天，帕芒蒂埃成为法式菜品中的一个专用名词，意思是用土豆做的菜，巴黎城区的一个地铁站也以他的名字命名——帕芒蒂埃站。

法国大革命期间，吃完土豆的国王夫妇和拉瓦锡先后被推上了断头台。也正是在 1793 年和 1794 年这两年间，欧洲连续遭遇小麦歉收，面包价格暴涨，食品短缺引发社会骚乱。社会媒体开始颂扬土豆，发布各种土豆食谱。保守思想败给了活命定律，人们不再歧视土豆。土豆适应性强，产量又高于小麦，渐渐在欧洲跻身为主要农作物。以法国为例，1815—1840 年，土豆年产量增长了整整 4 倍。经历了 200 多年的艰辛曲折，土豆终于告别了花

图 9－1　《吃土豆的人》，凡·高

园里的冷清岁月，在欧洲普及开来，各式各样的土豆出现在百姓的餐桌上。一条长达 3000 千米的土豆种植带从西边的爱尔兰一直延伸到了东边俄罗斯的乌拉尔山脉。

1885 年，凡·高创作了油画《吃土豆的人》。作品描绘了一户朴实憨厚的荷兰农民，围坐在狭小的餐桌边，就着昏暗的煤油灯光吃土豆的场景。简陋的屋檐下，粗茶淡饭，农民的表情自然中略带卑微。凡·高在给弟弟提奥的信中写道："我想强调，这些在灯下吃土豆的人，就是用他们这双伸向盘子的手挖掘土地的。"

玉米和土豆几乎同时从美洲传入欧洲，为什么土豆能够盖过玉米的光芒？欧洲气候寒冷潮湿，源自热带的玉米有些不服水土，而来自南美高原的土豆则可以在更冷、海拔更高、坡度更陡、更旱、更贫瘠的土地上顽强生长。小麦和玉米的积温要求为 2500℃，土豆只需要 1500℃，生长期比其他谷物要短 1—2 个月。特别是灾年和战乱来临时，其他的谷物或者减产，或者被劫掠。易成活、深埋地下的土豆就能拯救一方苍生。

高产的土豆将更多的劳动者从种植业中解放出来，转入制造业，推动了城市化进程。欧洲人完成了从温饱到小康的转变，结婚年龄开始降低，人口也从 1700 年的 1 亿增加到 1900 年的 4 亿。迅速增长的人口，为欧洲的工业化进程提供了充沛的劳动力，也为资本主义的发展奠定了基础。在土豆到达欧洲的这两百年里，欧洲诸国相继崛起，英国统治了海洋，德国发动了"一战""二战"，俄国也曾改变世界格局。美国历史学家查尔斯·曼（Charles Mann）甚至认为"土豆在近代史上的地位，可以与蒸汽机的发明平起平坐"。

知识卡：《谷物法》废除与自由贸易开启

18 世纪中后期，伴随着工业革命开启，英国人口也快速增长，由粮食出口国变为进口国。为了保护英国农业和农民免受来自其他国家谷物的低价竞争，英国在 1815 年颁布了《谷物法》：由政府设立一个目标粮食价格，低于这个目标价格时，就禁止进口粮食或征收高额进口关税。然而这项政策也导致了粮价的持续攀升，引发了城市工人阶级的不满和反抗，直至爆发大规模起义。

《谷物法》还激起了经济思想之争：在贸易上，要实行保护主义还是自由主义？人口学家托马斯·马尔萨斯（Thomas Malthus）支持贸易保护，他认为一个国家如果将农业的供应寄托在进口上，遇到战争或其他紧急情况时处境就会很危险。经济学家大卫·李嘉图（David Ricardo）则主张谷物自由贸易，他认为英国优势在于工厂内的机械，英国应该进口低价谷物，以降低工资和成本，进而提高利润，促进资本主义发展。尽管两人私交甚笃，但这场争论一直持续到李嘉图去世，也没能形成一致观点。

1845 年，由于农业歉收和爱尔兰土豆灾荒的影响，英国陷入粮食危机。解救灾荒的唯一办法就是放开粮价，让外国粮食自由进入英国。议会经过激烈辩论，施行了 32 年的《谷物法》最终被废除，自由贸易成为英国国策。依靠海上霸权，大英帝国主导着全球贸易体系。如果有国家不肯就范，就实行“炮舰政策”，迫使其接受英国的“自由贸易”，以两次鸦片战争打开中国市场就是典型的事例。

凄惨的爱尔兰“薯疫”

爱尔兰岛位于欧洲西北部，今天分属于两个国家：东北部的1.4万平方千米归属英国的北爱尔兰，首府贝尔法斯特是一座著名的港口城市，1912年泰坦尼克号在这里完工。另外的7万平方千米属于爱尔兰国，面积相当于两个台湾岛。爱尔兰人的祖先可能是2000多年前从中欧迁移过来的凯尔特人。

1590年，土豆传入英格兰，几十年后站稳了脚跟。1603年，英国人跨越海峡，入侵一衣带水的邻邦爱尔兰，把土豆带了过去。当时的爱尔兰岛被视为蛮荒之地，大英帝国在这里建立了第一块海外殖民地。18世纪末期，英国人开始从爱尔兰获取食物。到19世纪40年代，英国有1/6的粮食来自爱尔兰，爱尔兰岛上的小麦养活着大量的英国工人，支撑着工业革命的引擎。

英国殖民者占领了肥沃的土地，爱尔兰人被迫西迁。北纬53度地带属于海洋性气候，全年有超过一半的时间都在下雨，寒冷多山、土地贫瘠、积温和光照不足，根本就不适合谷物生长。但是对土豆这个来自安第斯山区的流浪儿来说，这样的生长条件已经绰绰有余。贫瘠的土地、穷困的爱尔兰农民和不受待见的土豆，同病相怜、一拍即合。

土豆种植和加工不用牛马或者磨坊，只需要人力和铁锹，简便易行。土豆富含碳水化合物，还能提供相当多的蛋白质和维生素，它所缺乏的只是维生素 A，但喝上一杯牛奶就可以补充。“土豆 + 牛奶”组合帮助当地人终结了坏血病，而且奶牛也能吃土豆过活，简直是天作之合。亚当·斯密在 1776 年出版的《国富论》里说：“伦敦的轿夫、脚夫和煤炭挑夫，以及那些靠卖淫为生的不幸妇女，大部分来自以土豆为主食的爱尔兰最下层人民。”

1845 年，爱尔兰岛上 60% 的耕地面积种植的都是土豆，人均每天吃掉 5 斤土豆，是法国人的 14 倍——这也是贫富差距，穷困的爱尔兰人当时只吃得起土豆。请不要将土豆的食用量与其他粮食作物进行简单比较。土豆的含水量高达 80%，而水稻、小麦和玉米的含水量只有 20%。如果折算成干物质，4 斤的土豆才相当于 1 斤粮食。土豆为爱尔兰人提供了 80% 的能量，营养结构甚至好于英国很多城市工人。有了食物保障，爱尔兰人开始拼命生娃，人口从 1780 年的 400 万猛增至 1845 年的 800 万。

我们知道，很多物种都是有性繁殖，每一代种子在繁衍中都会或多或少发生一些变异，一旦环境变化，有些变种能够延续下来。土豆的繁育不是通过种子，而是用块茎进行无性繁殖——将发芽的土豆切成几块，再埋到土壤中。块茎相当于幼芽的营养基，为早期的幼芽发育提供营养。这种方式相当于克隆母体的复制品，并不是新一代土豆，也就此给进化按下了“暂停键”。一旦某种病菌进化出更强的侵袭能力，就会随着种薯的块茎代代相传，导致土豆连年减产。

1845 年祸从天降，连绵的秋雨为真菌提供了绝佳的繁育环境，一种名为“晚疫病”的病害开始在爱尔兰爆发，这是一种能够导致土豆茎叶变黑和块茎腐烂的毁灭性病害。土豆在美洲原产地有几百个品种，爱尔兰偏偏种植了一种名为“垄坡”（Lumper）的单一品种。疫情暴发时，根本找不到其他能够抗病的替代品种。此时距离路易斯·巴斯德（Louis Pasteur）发现微生物还有十年时间，科学家根本找不出土豆生病的原因。在没有农药的年代里，病害第二年注定会在田间重新开始。1845 年爱尔兰岛的土豆减产 1/3，第二年和第三年疫情持续暴发，愈演愈烈，土豆几近绝收。

饥荒持续了 7 年，100 多万爱尔兰人被饿死，还有 200 万人流落他乡。时至今日，爱尔兰人口仍只有 500 万，低于 1845 年的 800 万。“薯疫”是这个民族刻骨铭心的伤痛，也给爱尔兰留下这样一句谚语：“世界上只有两样东西开不得玩笑，一是婚姻，二是土豆。”

此间，晚疫病又从爱尔兰扩散到英国、德国、荷兰以及北欧地区，导致许多地方发生食物短缺，粮价翻倍。屋漏偏逢连夜雨，1847 年欧洲又爆发了经济危机，大量工人失业。民众的不满和焦虑情绪最终引发了 1848 年的欧洲革命，造成了剧烈的社会动荡。今天回望，爱尔兰“薯疫”相当于做了一次单一品种作物种植试验，但结果却是一场农业悲剧。

这种事情如果发生在今天，政府会动用国家储备粮救济灾民。然而当时的爱尔兰处于英国的殖民统治之下，没有真正属于自己的政府；而 19 世纪中期的英国沉浸在第一次工业革命的成就中，产生了放任自流的自由主义。执政者奉行“政府不干涉市场”思想，拒绝对爱尔兰实施直接救济，相当于让饥民自生自灭。一些利欲熏心的地主和粮商为了谋利，甚至继续将救命的谷物从爱尔兰销往英国。天灾犹可怜，人祸无可恕。愤怒的爱尔兰人掀起了反英浪潮，从“一战”期间的反叛到战后独立，再从北爱尔兰的火药桶到“二战”期间的坚持中立，诸多历史问题延续至今，甚至影响了英国脱欧议题。

图 9-2 都柏林街头的爱尔兰饥荒纪念雕塑

饥荒之下，很多爱尔兰难民踏上了跨越大西洋的北美移民旅程，又将种植和食用土豆的习惯带到了美国，促进了北美土豆种植业的发展。至今在美式英语中，土豆被称为爱尔兰薯（Irish potato）。历经百年艰辛，爱尔兰移民筚路蓝缕，干杂工、修铁路、挖运河，一步步融入进美国主流社会。今天美国的 3.3 亿人口中，约有 10％是爱尔兰裔，是仅次于德裔的第二大族群，远多于 500 万的华裔。迄今为止的美国 45 位总统中，十几位有爱尔兰血统，包括肯尼迪、尼克松、里根、布什、克林顿和拜登等。

薯条和薯片的美国趣事

土豆原产地是南美洲，如果直接传到北美洲，在地理上是很近的。然而北美洲的土豆并不是从南美洲传过去的，而是欧洲人在欧洲大陆引种后，在 17 世纪初辗转带到北美的，绕了一个大圈。土豆在美国站稳脚跟要感谢本杰明·富兰克林——他是美国著名的政治家，头像被印在 100 美元的钞票上。1776 年到 1785 年，他出任美国驻法大使。在一次偶然的宴会上，他鉴赏了 20 种不同的土豆烹饪方法，就此喜欢上了土豆菜肴。回到美国后，他盛赞土豆是最好的蔬菜，引领了土豆的美国潮流。1802 年，美国第三任总统托马斯·杰斐逊在白宫用炸薯条招待客人。很快，炸薯条成为主流的土豆做法。20 世纪 50 年代，美国现代快餐业步入高速发展轨道，外脆内软的薯条又搭上了麦当劳、肯德基等快餐，迅速成为流行全球的食物。

1853 年，一位顾客在纽约的月亮湖旅馆餐厅用餐，他三番五次地抱怨炸法式薯条切得太厚，要求退给厨房，而且拒绝付款。恼怒的厨师乔治·克鲁姆（George Crum）拿起一个土豆，削成了像纸一样薄的土豆片，然后扔进油锅。油炸后的薯片变得又薄又脆，以至于叉子都叉不起来，他还在上面撒上盐巴。意想不到的是，这款“脆片”得到这位客人的盛赞，迅速流行起来。

20 世纪初，随着土豆自动削皮机的发明，土豆片从小规模制作变成销售量最大的零食。推销员赫尔曼·莱（Herman Lay）带着皮箱在美国南部的杂货店售卖这种机器。1932 年，他以自己的名字创立了“乐事（Lay's）”公司，后来“乐事”几乎成为薯片的同义词。电视广告中嚼薯片的“咔嚓声”被夸张地放大，又搭配上主人公愉快的面部表情。嘉吉等食品公司做出几十款调料盐，让薯片给味蕾带来最大的震撼效果。脆、薄以及适当的咸度让薯片成为风靡世界的零食。

北美洲的土豆不仅养育了一方族群，还在“二战”期间帮助美国海军击沉过日本潜艇。1943 年 4 月 5 日，美国海军“奥班农号”驱逐舰航行在所罗门群岛海域，突然遭遇一艘日本大型潜艇“吕-34 号”浮出海面。双方几乎近在咫尺，官兵们目瞪口呆，然而手边却没有可以近战的轻武器。情急之下，美军官兵从甲板附近的储藏室内搬出一箱土豆，扔向对面潜艇上的日军。一时间“弹”如雨下，惊慌之下的日本人误以为这些土豆是手雷，忙着将这些土豆踢到海里，无暇操作甲板炮。利用这段宝贵的时间，“奥班农号”果断转向，与日军潜艇拉开了一点距离，迅速开炮命中了潜艇舰桥。被击伤的日本潜艇紧急下潜，慌不择路，竟然撞到了海底的暗礁，最终被美军的深水炸弹击沉。

美国大兵做梦都想不到，扔土豆居然可以帮助摧毁日本潜艇。更有趣的是，当缅因州的土豆种植协会得知此事后，专门送来了一块金属纪念牌，文字是这样写的：

> “奥班农号”号上英勇的军官与士兵们，在 1943 年春天，他们机智地用我们引以为傲的土豆“炸沉”了一艘日本的潜艇。
>
> ——缅因的土豆农献上（1945 年 6 月 14 日）

图 9-3　缅因州制作的“土豆纪念碑”

走上中国餐桌

16 世纪，土豆乘坐西班牙人和荷兰人的船只来到了日本和印度等地，并在明朝万历年间辗转来到中国。传入中国的途径不一而足，华北、西北、东南等地都有早期的土豆栽培记录。因为土豆的形状和颜色很像马铃铛，就有了中国学名“马铃薯”。沃土良田上生长着小麦、水稻、大豆等作物，它们已经构成了稳固、完善的粮食体系，远道而来的土豆只能落脚在干旱贫瘠的山岭坡地上。于是，土豆最初的根据地建立在干旱少雨的西北大地，而不是华北平原和东南地区。相对于红薯和玉米，土豆在中国的推广时间也要晚一些。到了 19 世纪中叶，土豆才在各地大面积种植，品种来自德国、美国、比利时、朝鲜、日本等地。在歉收和战乱年份，土豆屡屡成为老百姓的救命粮。

明朝末年兵荒马乱，爆发饥荒。某年，有个村庄的人都饿得有气无力，可是有户人家的猫却很肥壮，还生了一窝小猫。主人百思不得其解，便细心观察其动向，才发觉猫每日数次上梁，啃食墙“砖”。原来砌墙的原料是用煮熟的土豆压成泥，再做成了砖块。从科学的角度，土豆中支链淀粉含量高，煮熟后黏黏的，和泥巴混在一起，相当于很好的黏结剂，晒干后质地又很坚硬。不承想用土豆和泥巴的混合物在饥年居然养活了一窝猫。

土豆的个头和苹果差不多，如果麦穗和稻穗长到土豆的重量，茎秆肯定会倒下。而土豆块茎藏在地下，可以放心大胆地长到1斤重，也就有了比谷物更高的产量。土豆亩产可以达到2吨，相当于水稻和小麦的5倍。不过土豆很容易“退化”，如果用本地种薯繁育，第二年长出来的土豆会变小，易遭病害。从前农民都喜欢从北方引种土豆，因为北方气温低，种薯感染病毒程度较轻，引种成功率更高。现在，人们已经可以通过生物技术对种薯直接进行“脱毒”，以减轻病害。

原产于美洲山区的土豆在中国找到了最好的家园，中国已经是土豆种植第一大国，9000万吨的产量约占全世界的1/4。其中的一部分被加工成粉条、淀粉、薯片和薯条，更多的土豆则做成了各式菜肴：水煮、油炸、切丝、切片、切条、捣成泥、磨成粉、做成饼、酿成酒，品类甚至比米麦还要丰富。

2020年8月初，我回了次东北老家，在乡下看到有人家在地里挖土豆。盛夏农田，热浪袭来，一同而来的，还有那些与土豆有关的年少记忆。在东北，土豆是四月底播种，七月底收获。因为土豆长在地下，收获土豆的时候是“盲人摸象”，为了减少损伤，不能用铁锹挖掘，而是用四股叉——当然，仍会有“串糖葫芦”的时候。从长相上，土豆和青椒、茄子相去甚远，其实它们三个都是茄科植物，算得上近亲。三兄弟一锅炒出来，就是一道东北名菜——地三鲜。四十年前的北方，冬季缺少绿叶蔬菜，土豆、萝卜和白菜是餐桌上的“老三样”。主妇们想方设法更换花样，土豆炖萝卜、白菜炖土豆、炒土豆丝，过年时还能吃到土豆烧牛肉。

冬日里，茅草屋里升起火炉。孩子们在炉子上架起一张铁丝网，上面摆几个土豆——个头不能太大，否则很难烤熟。很快土豆皮就烤焦了，变得斑驳，里面散出缕缕热气，吃起来略带甜味。贫穷年代，烤土豆也算是农家孩子的一种“甜点”。把烤土豆捧在手心里，跑到冰天雪地里去疯玩，手暖暖的。

土豆在中国也有很多轶事，比如被用来当作选票。四川省大凉山深处有一个“悬崖村”，地处海拔 1400 米的山坳中，贫穷落后，主要种植耐贫瘠的土豆和玉米。2016 年，悬崖村获得了扶贫基金支持，村干部提议创办养羊合作社。召开村民大会时，村长找来两个筐，上面分别写上“同意”和“不同意”。村民人手一个土豆，按照自己的意见，将土豆投到相应的筐里。这一幕被央视记录下来，就是有名的“土豆投票”。最后结果是 97∶3，合作社的方案获得通过。

知识卡：红薯

红薯俗称“地瓜”或“山芋”。顾名思义，就是能在地下生长的瓜和能在山上生长的芋头，一听就是适应性很强的作物。土豆（potatoes）和红薯（sweet potatoes）的英语名字很接近，但真的不是一家人——土豆是地下的“块茎”，而红薯则是地下的“块根”。因为含糖量高，烤地瓜吃起来更甜。科学研究发现，在远古的进化过程中，红薯曾被一种植物病原菌（农杆菌）侵染，一段病原菌的 DNA 鬼使神差地插入到了红薯基因序列中。也就是说，人类吃了几千年的地瓜，其实是一种转基因作物。只不过这次转基因事件不是人工干预，而是大自然的杰作。

红薯原产于南美洲热带地区，在 15 世纪末被西班牙人带回到欧洲。因为生长在地下，红薯曾与马铃薯一样被妖魔化。红薯一度成为贩奴船上的奴隶粮食，也因此传入西非沿海，逐渐普及到非洲各地。西班牙殖民者还将红薯引入到亚洲的菲律宾。

明朝万历年间，福建商人陈振龙在菲律宾吕宋岛发现当地人漫山遍野地种植红薯。当时福建因旱灾爆发饥荒，他筹划着将红薯引入中国。1593 年，陈振龙偷偷将几根红薯藤编进了竹篮里面，再涂上一层泥土，骗过了西班牙人的口岸检查。红薯藤漂洋过海终于来到了福建，在泉州一带很快变成“贫者赖以充饥”的食物。如果红薯能早几十年来到中国，大明王朝或许可以再延续一段时日。进入清朝，红薯才在大江南北推广普及，为清朝人口的快速增加做出了重大贡献。

第三部分

工业化时代的谷物

南北战争后，北美大平原走上历史舞台。美国有幅员辽阔的大平原，通过全球作物品种采集和推广农业机械化，美国奠定了坚实的农业强国基础，成为世界粮仓。从两次世界大战中的国际援助，到冷战期间的大国博弈，粮食都是重要的政治筹码。随着良种、化肥、农药、农机的大面积推广，全球粮食产量不断增加，世界人口从1750年的7亿暴增到2022年的80亿，然而诸多问题也如影相随——谷物生长不断“剥削”土壤养分，化学农业污染环境，机械耕作破坏土壤结构。90年前的美国大平原上刮起了骇人的黑风暴，今天的中国也面临着土壤退化和重金属污染等难题。人们也在抱怨：今天的食物为什么没有从前那么好吃？如何取得资源、环境和可持续农业之间的平衡，是摆在人类面前刻不容缓的战略议题。

第 10 章

美国如何成为农业第一强国?

> 美国人以一种无情的、其他任何地方的一个民族都不可比拟的破坏效率，开辟了他们跨越一个上天赐予的丰饶大陆的通道。当白人来到大平原时，他们雄心勃勃地谈论的是如何扩大对这片大陆的“驯服”和“开拓”。
>
> ——唐纳德·沃斯特（Donald Worster），美国历史学家

1620 年，102 名在英国遭受迫害的清教徒搭乘“五月花号”货船悄然离开英国普利茅斯港，历经 66 天的艰辛旅程后，他们来到了遥远荒芜的北美新大陆。热心的土著印第安人救助了他们，还教授他们种植玉米、捕鱼和饲养火鸡。这些移民终于在北美大地上站稳了脚跟，为 150 年后的美国建国奠定了基础。

今天说到美国，很多人会想到其强大的科技、军事和经济实力。其实，美国也是世界第一农业强国。美国拥有一马平川的大平原：从东到西 2100 千米，相当于从四川到上海；从北到南

图 10－1　《清教徒在马萨诸塞州登陆》（Currier & Ives 公司 1876 年版画）

2500 千米，相当于从北京到广东。密西西比河与密苏里河两条大河贯穿平原南北，多条支流又以对角的方式横贯东西。土地平整，气候温和，拥有得天独厚的农业优势。全世界耕地总面积 15 亿公顷，美国就拥有 1.6 亿公顷，是耕地第一大国。

南北战争、物种采集与芝加哥期货交易所

1607 年，英国殖民者在弗吉尼亚建立了第一块殖民地。弗吉尼亚（Virginia）的名字来源于英语 Virgin 一词，意为“处女”，是为了纪念终生未嫁的英国女王伊丽莎白一世。弗吉尼亚州气候温和、土地辽阔，成为美国最早的种植区，这里生产的烟草源源不断地销往英国，帮助第一代殖民者实现了“淘金梦”。

辽阔的土地吸引了大量欧洲移民前来开荒种地。17—18 世纪，北美大陆的耕作方式非常原始。从新英格兰的燕麦、小麦到

弗吉尼亚的烟草、玉米，再到佐治亚的棉花，全是几年后就易地种植，让地力逐渐恢复。这种“轮荒”的种地方式在中国是无法想象的——当时的美国有太多的土地，农民根本种不过来。

1776—1783年，北美十三州在华盛顿领导下赢得独立战争，摆脱了英国人的殖民统治。1823年，时任美国总统詹姆斯·门罗（James Monroe）发表国情咨文，阐述了美国在美洲事务中的立场，归纳起来就是“美洲是美洲人的美洲”，欧洲殖民者不能插手美洲事务，美国也不会介入欧洲各国之间的战争和冲突。说白了，当时美国所谋求的国际地位只是一个地区性大国，而不是“二战”后的“世界警察”。

独立战争虽然消除了殖民外患，作为内忧的南北矛盾却日益尖锐。南部拥有肥沃的土地，以农业种植园为主，需要大量的奴隶劳动力。北部拥有棉纺织加工业、良好的港湾资源和英国殖民地留下来的贸易基础，率先开启工业化。南方农场主铁了心在种植园实行黑人奴隶制度，谈不拢就闹独立；北方工业资本家则死磕要废除奴隶制。

1861年，美国爆发了南北战争。说来有趣，当时美国的南北分界线和中国的万里长城几乎是相同的纬度。两块大陆，相隔千年，南方都是种植文明，差别在于中国的北方是游牧文明，美国的北方是工业文明。在古代中国，南方很少能打得过北方，在美国也是同样的结局。以林肯为首的北方联邦最终获胜，进而赢得了对西部地区的主导权。

南北战争历时四年，以六十多万士兵的生命为代价消灭了奴隶制，开启了美国的工业化进程。美国农业部（USDA）随即组建，旨在传播农业知识、延伸农业服务和改善农耕方式。

农业发展，教育先行。1862 年，美国国会通过了参议员贾斯汀·莫里尔（Justin Morrill）提出的议案，规定每个州要建立至少一所农业和机械学院。康奈尔大学、威斯康星大学和堪萨斯州立大学等学校的创立都源自这一法案，至今这些学校的农学院也是优势学科。也是在 1862 年，林肯总统签署了《宅地法》，规定每个美国公民只需交纳 10 美元登记费，便能在西部得到 160 英亩土地，连续耕种 5 年之后，就可以成为这块土地的合法主人。有了政策红利，自耕农开始向西部挺进。

美国的国情与中国完全不同。美国是一个新兴国家，面对无边的荒原，缺少的是人力。1808 年，美国只有 500 万人口，到了南北战争爆发前的 1859 年，增长到 3100 万。1860 年，美国人口超过 25 万的城市只有 3 个，只有 16%的人口生活在城市中，美国农场的平均规模是中国农户经营土地的 50 多倍。面对劳动力短缺，美国不可能进行中国式的精耕细作，只能靠机械“快刀斩乱麻”。马拉的播种机、收割机、脱谷机和割草机开始出现在农田里。南北战争后，美国农业跑步进入工业化时代，直接开启大规模的商品经济。有了机械助力，农民开垦土地的能力大为增强。在巨大利润的驱使下，有些棉田甚至开垦到山坡地带。美国有一首著名的乡村民谣《棉花田》（*Cotton Fields*），节奏轻快，描绘的就是南方农夫在棉田间劳作的场景。一块棉田种植几年后，表层土壤就会被雨水冲走。但是农场主并不在乎这些，他们认为种上两三年，就可以把钱挣回来，反正有的是土地。

当时的美国农场主几乎没有施肥养地的概念。当为一亩地施肥的花费甚至比买一亩新地还贵的时候，没有人会想到去施肥。只用不养的掠夺式经营，加上机械化的野蛮开垦，土壤地力开始严重减退。1775—1845 年，有些地方的农作物产量甚至减少了 2/3。19 世纪后期，有识之士开始呼吁农场主关注耕垦过度和地力减退的问题，然而这些呼吁未能引起足够的重视。面对金钱的诱惑，人们“不撞南墙不回头”。

在 19 世纪中期后的美国，土地成了财富之源。白人通过购买、兼并甚至战争手段，自东向西一路驱赶和屠杀印第安人，抢占他们的肥沃土地，将他们赶到贫瘠的“保留地”内。1855 年，面对美国政府强硬的购地要求，印第安酋长西雅图（Chief Seattle）给美国总统写了一封书信，题为《这片土地是神圣的》。信中写道：“如果我们将大地卖给你，请和我们一样爱这片大地，像我们一样地照顾它。要在你心中常保有对大地的记忆，在你心中常存大地原貌，并将大地的原貌保留下来给你的子孙，并像神爱护我们一样地爱护大地。”字里行间悲天悯人，至今读来令人动容。

美国还有个先天不足——缺乏本土植物种质资源。1819 年，具有战略眼光的美国财政部长威廉·克劳福德（William Crawford）给所有驻外领事人员发布了一则通知，要求他们尽可能在国外采集有价值的作物，再运回美国。美国的贸易商、传教士、海军军官和外交官员开始源源不断地把欧亚大陆的作物品种引种到美国。本杰明·富兰克林和托马斯·杰弗逊（Thomas Jefferson）在担任驻法国大使期间，就分别从法国向美国本土邮寄了很多作物品种。

1898 年，美国农业部干脆建立起“外国种子和植物引进办公室（SPI）”，派出很多植物学家前往世界各地搜集新作物品种。专业的“植物猎人”需要非常丰富的知识，在田野中徒步千里，看一眼目标物种，就基本能判断出它的农业价值。他们四方游走，为美国搜集到了数以万计的新作物品种，包括俄国冬小麦、日本九州水稻、中国大豆和埃及棉花等。这些富含抗病、耐寒和耐旱基因的作物，经过不断杂交和改良，迅速提升了美国的农业水平。

经过近200年的植物采集活动，今天的美国已经从一个种质资源贫乏的国家成为世界第一资源大国，拥有各类植物遗传资源60万份，其中超过70%是从国外收集来的。以大豆为例：美国种质库从84个国家搜集了2.3万份栽培大豆和野生大豆品种材料，在数量上仅次于大豆原产地中国。“二战”结束后，众多殖民地国家宣布独立，作物采集活动受到限制。美国农业部因势利导，采用与世界各国合作开展种质资源研究的方式，继续拓展基因资源。

19世纪还有一个影响深远的重大事件——欧美国家掀起了一场交通运输革命。世界铁路总长在1850年只有3.8万千米，1897年就狂增到71万千米，其中美国铁路长度占全世界的44%。1863年，为了推进西部经济发展，美国开始修建从芝加哥到加利福尼亚的太平洋铁路，招募了约1.2万名中国劳工参与建设，华工人数占所有铁路工人的85%。太平洋铁路绵延3000千米，被英国广播公司评为自工业革命以来世界七大工业奇迹之一。吃苦耐劳的华工为美国铁路修建作出了巨大贡献，却遭受着种种不公平对待。

在铁路发展的同时，轮船海运也突飞猛进，时间和运费大幅度降低了2/3。美国小麦用低廉的价格抢占了欧洲市场。1879年，欧洲农业减产，粮价本应上涨，然而大量低价的美国谷物运抵欧洲市场，小麦价格几乎没有变动。第二年欧洲粮食丰产，粮价进一步下跌。这种前所未有的状况令欧洲农场主感到恐慌。他们开始明白，欧洲的粮价是由美国的种植成本再加上海陆运费用决定的。

美国五大湖以南的平原地区，地势平坦、土壤肥沃，盛产玉米、大豆、小麦，被誉为“北美的粮仓”。200 多年前，芝加哥只是密歇根湖畔的一座小镇。每当作物收获季节，周边的农民和粮商便聚集于此，进行谷物买卖，相当于一处农村集贸市场。1848 年，全长 154 千米的伊利诺伊—密歇根运河贯通，将五大湖与密西西比河连接起来，使得芝加哥成为美国的交通枢纽，逐渐跻身美国的谷物交易中心。

谷物的产销和价格存在季节性波动。一些精明的商人开始在交通要道旁设立仓库，秋季囤积谷物，然后随行就市，将谷物分批发往芝加哥出售，以获得利润。为了控制风险，商人们在收购粮食后，会尝试与芝加哥的粮商和加工商签订第二年的供货合同，提前锁定销售价格。这样无论后续粮价涨落，商人们都不会亏损，这就是最早的远期交易合同。经过 170 多年的发展，今天的芝加哥期货交易所已成为全球谷物价格的风向标。

运到芝加哥的不只是粮食，还有牛群。西部牧场有数以千计的年轻人，他们戴着宽沿高顶毡帽，腰挎左轮手枪，穿着紧身牛仔服，吃苦耐劳，坚毅果敢——没错，他们就是很多文学和电影作品中的西部牛仔。他们长途跋涉、跨州越县，将这些牛群运往芝加哥。1890 年，巅峰期的芝加哥联合牲畜屠宰场生产出全美 80%的肉制品。20 世纪 90 年代，这座拥有畜牧文化的城市孕育出芝加哥公牛队，在飞人乔丹的率领下，先后获得 6 届美国职业篮球联赛（NBA）总冠军。

“一战”、大萧条与黑风暴

1914 年，第一次世界大战爆发。德国联合意大利和奥匈帝国组成同盟国，向英国和法国两个老牌殖民大国开战，谋求瓜分更多的殖民地。英法为了给同盟国更大的压力，联合俄国和美国组成协约国。战火燃起，欧洲人的热情很快就淹没在血腥僵局和粮食危机中。

战争开始时，英国有一半的粮食依赖从美国等地进口。英国人自恃掌控制海权，封锁了德国的运粮航路。德国也以牙还牙，发动无限制潜艇战，攻击英国的运粮船。当战争演变为持久的消耗战时，饥荒成为欧洲人不得不面对的残酷现实。

英国政府开始施行战时政策，命令农民把牧场重新开垦成耕地，以增加小麦和土豆产量。对于拒绝服从命令的农场，政府直接没收。德国的日子也很难过，一开始就错误地高估了本国的粮食储备，加上猝不及防的土豆歉收，民众只能靠萝卜为生。德国士兵冲破敌军防线时，便会停下来寻找食物。德国也曾占领乌克兰，向当地农民征收粮食，但远远解决不了粮食短缺问题。

当时，黑海出海口被同盟国封锁，切断了俄国援助英国和法国的粮食运输线。美国的运粮船却可以穿越大西洋，保障友军的小麦供应。很快，这成为一项政治任务。华盛顿向民众发出了一个爱国的、预示小麦高价格的呼吁：“种更多的小麦，小麦会赢得战争。”

当英法军队已经打得面黄肌瘦时，终于盼来了美国救兵。美英法三国联手出击，强弩之末的德军迅速溃败，“一战”就此结束。美国以粮食为武器，迫使饥饿的德国接受苛刻的《凡尔赛条约》。然而列强之间恩怨并未真正消除，也为第二次世界大战埋下了祸根。

依托"一战"期间的粮食订单，美国农业迅猛发展，粮食出口量是正常年份的2倍。巨大的出口需求使小麦价格上涨3倍，农场主赚得盆满钵满。"一战"结束后的几年，欧洲粮食依然紧张，高昂的粮价驱使农场主在美国大平原上垦荒种地。大平原上出现了很多公司化运营的大农场，里面雇佣着成千上万的农业工人和管理人员。面对劳动力短缺，拖拉机需求井喷，开启了农业机械化时代。新型播种机、除草机、收割机开始推广应用，劳动生产率大大提高。富余农民进城务工，开启了城市化进程。美国就此国力大增，实现弯道超车，超越了英、法、德等欧洲列强，由落后的农业国一跃成为世界上最大的农产品输出国和头号工业强国。

水满则溢，月满则亏。北美大平原属于半干旱地区，不适合进行高强度的耕种。土著印第安人对土地尚有敬畏之心，很多白人却认为拓荒是一场文明对野蛮的征服。农场主贷款购买先进的机械，大面积的森林被砍伐，原生草原变成绿油油的农田，脆弱的植被遭到破坏，滥用灌溉技术也加速了水资源枯竭。

"一战"期间，保证粮食供应比环境保护更为重要，政府对农场主的野蛮开荒也是睁一眼闭一眼。战争结束后，本该让土地退耕还草，休养生息，然而背负贷款压力的农场主却选择了继续扩大生产，保障盈利。拓荒浪潮在"一战"后不仅没有消退，反而继续狂飙。

进入20世纪20年代，欧洲农业在战后逐渐恢复，进口粮食大幅减少，高度依赖出口的美国农场主陷入困境。此间的美国政府不仅放任粮价低迷，还继续倡导用农业机械提高生产效率。一边是粮食产能过剩，另一边是粮价低迷，终于引发农业危机。在危机最为严重的1929—1933年，尽管粮食歉收，但因为库存太多，美国粮价依然下降，甚至还拖拽着欧洲粮价下滑，波及整个世界。

1929年，经济危机突然爆发，工业、农业和商业全线萎缩，失业率在1933年高达25%。一方面，生产过剩和消费紧缩导致大量商品积压；另一方面，生活贫困的普通民众缺衣少食。站在公益的角度，过剩食物应该发放给穷人，然而商人是另外一种思维——销毁产品，减少供应，维系产品价格。于是大农场主开始用小麦和玉米代替煤炭作燃料，把牛奶倒进密西西比河，使这条河变成“银河”。

因为“大萧条”期间的无所作为，胡佛总统声名狼藉，作为民主党领袖的罗斯福在1933年赢得大选。他在农村长大，对农业生产和生活有切身感受。他走马上任后开始大刀阔斧地推动农业改革。

鉴于大量农场主陷入贷款违约，即将丧失抵押给银行的土地，政府开始出手救济。政府成立了农产品信贷公司，从银行手中购买违约农场主的抵押贷款，避免让农场倒闭。农场主以手中的农作物为担保物，担保额相当于平价（1910—1914年的价格）购买这些粮食的金额。如果后续粮价上涨，农场主可以出售粮食偿还贷款。如果粮价持续走低，信贷公司将作为抵押物的粮食或者销往海外市场，或者援助贫穷国家，但不会向农场主追索贷款补偿。

要使粮价回升到1910—1914年的水平，必须进行供给侧改革，让农场降低产量。对于减少种植面积的农场主，政府直接给予补贴。鉴于粮食过剩和饥荒并存，政府实施粮食分配计划，向穷人发放救济食品，为学生提供免费午餐。这样既减少了农产品库存，又缓和了民众的不满。

最大的难题还是生态环境。人们不计后果地翻耕大平原，剥光了那里千百年来沉积的土壤和抵御风蚀的植被。1934年，也就是罗斯福执政的第二年，全球气候大旱，一场超强版的黑风暴在北美大平原爆发，震惊了全世界。风暴从美国西部土地破坏最严重的干旱地区刮起，狂风卷着黄色的尘土，遮天蔽日，向东部横扫过去，形成一个东西长2400千米（相当于上海到腾冲），南北宽1400千米（相当于长沙到北京），高3400米的黑色尘土带。时速高达100千米的风暴持续了三天，横扫2/3的美国大陆，波及了芝加哥甚至纽约。地表12厘米厚的肥沃土壤被吹进了大西洋，露出贫瘠的沙质土层。风过之处，水井、溪流干涸，谷物枯萎，牛羊死亡，一片凄凉。

图10－2　1936年俄克拉荷马州一户农民家庭在沙尘暴中

1930年代中期，大平原频繁遭受黑风暴袭击。野蛮拓荒的农场主既是肇事者，也是受害者。恶劣的生存环境迫使250万贫困农民背井离乡，寄人篱下，这是美国历史上最大的移民潮之一。很多人向西涌入加利福尼亚，靠替人采摘葡萄或干农活勉强为生。这些为寻求出路而历尽坎坷的生态难民，就是文学名著《愤怒的葡萄》中流民的原型。

为了控制大平原的黑风暴，美国进行了一场旷日持久的生态保卫战。1935年，美国专门建立了土壤侵蚀局，研究治理沙尘暴的对策。政府通过减少农田面积、修建水利工程、精准喷灌、粘性固沙、浅耕免耕、退耕还林、秸秆还田等方式防治土壤风蚀。政府组织成立民间资源保护队，把18—25岁的失业青年组织起来，在大平原上植树造林。面对频发的干旱与沙暴灾害，政府颁布了《农作物保险法》，组建联邦农作物保险公司，向受灾的农场主提供援助。经过几十年的休养生息，土壤的有机质含量渐渐恢复到了4%—5%，“黑风暴”再也没有出现过，大平原再次成为世界最大的旱作农业区。

“二战”和冷战时期的大国博弈

“大萧条”波及全球，西方各国民意汹涌。德国、日本和意大利联手将世界拖入第二次世界大战。战火纷飞，美国堆积如山的农产品被盟国一扫而光。战争导致粮价上涨，激发了美国农场的生产潜力，小麦产量增长50%，玉米产量增长20%，美国能够向38个国家提供农产品，逐渐成为粮食生产超级大国。

苏联大量青壮年或应征入伍，或从事战时工业生产。老弱病残和妇女儿童艰难地维系着农业生产。德国也面临粮食短缺，在东欧和苏联的占领区施行“焦土政策”，不顾民众饥荒，大肆抢掠粮食。英国人吸取了“一战”的教训，耕地面积比战前扩大了40%，勒紧裤腰带，得以从德国的轰炸和封锁中苦撑到胜利。不过战后的英国已经千疮百孔，财政处于崩溃边缘，不得不放弃大量海外殖民地，彻底沦为二流国家。鹬蚌相争，渔人得利。当欧洲列强为了世界霸权打得你死我活时，蓦然回首，世界的权力中心已经悄然转移到了美国。

“二战”期间，美国援助给盟军的不只是粮食，还有一款名为斯帕姆（SPAM）的午餐肉罐头——当然这些猪肉也来自谷物饲料。这款产品是美国荷美尔食品公司在1937年推出的。到战争结束，该公司向同盟国提供了超过1.5亿磅午餐肉。赫鲁晓夫（Nikita Khrushchev）甚至在回忆录中写道：“没有斯帕姆，我们就没法喂饱军队。”因为无处不在，吃得太多，斯帕姆给整整一代人留下了巨大的心理阴影，以至于今天的美式俚语中，会用SPAM来指代泛滥成灾的垃圾邮件。

“二战”结束，美苏冷战开启。楚河汉界，柏林墙就是横亘其间的一道鸿沟。美国和苏联各自建立了志同道合的“朋友圈”，世界分裂为美国为首的资本主义阵营（第一世界）、苏联为首的社会主义阵营（第二世界）和非洲各地刚刚摆脱殖民统治的独立国家（第三世界）。两个大国都积极通过对己方阵营的国家进行援助来稳固势力范围，证明自身制度的优越性。在这种背景下，食品援助带有浓厚的政治色彩。受援国对援助的依赖性越高，就越容易受到操控，粮食成为换取政治利益的一种筹码。

美国主要援助西欧国家、中东的埃及、以色列和亚洲的日本、韩国、菲律宾。美国的《粮食换和平计划》明确将援助对象界定为“非共产党国家”，要求被援助的第三世界国家脱离苏联。美国前农业部部长厄尔·布兹（Earl Butz）自豪地把美国农民称为“当代伟人”，因为他们源源不断地生产出供政府作为谈判武器的粮食。

苏联则针锋相对地禁止社会主义阵营中的国家向西方提供援助。欧洲农业在战后元气大伤，苏联却阻碍东欧向西欧出口粮食。一位从美国来到西欧的厨师曾描述了令人心痛的一幕——人们在餐厅外面排队，在垃圾桶里找些剩菜和类似的东西。在这种情况下，美国在 1947 年推出为期四年的“马歇尔计划”，对西欧和土耳其等国家提供粮食援助，推动经济复兴。利用粮食，美国得以从政治上控制西欧，对抗苏联。

总结粮食援助的经验，美国又在 1954 年推出了“粮食换和平计划”，在此后的 50 年先后向 150 个国家的 3 亿人口提供粮食援助。20 世纪 50—70 年代，基于高产品种、化肥农药、水利灌溉和农业机械的快速发展，美国帮助墨西哥、印度等发展中国家大幅度提高了粮食产量。这些农业举措为美国主导世界奠定了基础。将过剩粮食变身为外交政策工具，既缓解了国内粮食过剩的压力，又拓展了国际市场，既树立了慷慨慈善的国际形象，又通过附加条件塑造国际格局，此举堪称“一箭四雕”。此间，美国还利用粮食外交对苏联和伊拉克等施加影响。

由于复杂的历史原因，苏联建国后强制推行集体农庄和国营农场，农民吃“大锅饭”混日子，粮食产量持续低迷。1959

年，苏联领导人赫鲁晓夫不顾国家自身地理和气候条件，盲目效仿美国，强制推行“玉米运动”，1/6 的耕地种上了玉米，挤占了小麦的种植面积。然而由于气候寒冷和化肥短缺，苏联的玉米产量只有美国的 1/5，当时的苏联民众甚至给赫鲁晓夫取了个外号“玉米棒子”。1962 年，苏联爆发粮食危机，不得不跑到国际市场上进口小麦。美国抓住这个千载难逢的机会，向苏联援助了 400 万吨粮食和 5 亿美元贷款，附加条件是——苏联保证在三年内至少从美国购买 7.5 亿美元的粮食，其中一半必须由美国船只运输。

1972—1975 年，干旱气候导致全球很多国家粮食减产。1974 年底，粮食库存甚至仅能维持全球人口吃三个半星期，远低于两个月的国际粮食安全线，粮食价格飙升 3 倍。苏联再次陷入粮食短缺，从美国进口的小麦占苏联小麦进口总量的 65%。

1979 年，强弩之末的苏联又秀了一次肌肉——入侵邻国阿富汗，此举遭到世界谴责。美国总统卡特立即宣布对苏联发起“粮食禁运”，逼得苏联从阿根廷等国家高价进口粮食。为了得到一块面包，人们不得不在莫斯科街头排起长队。进入 80 年代中期，苏联开启政治经济体制改革，美国又恢复对苏联大量出口粮食，推动苏联走上自由市场道路，粮食肩负起了“和平演变”的历史使命。进入 90 年代，债台高筑的苏联陷入无款可贷、无处购粮的窘境，执政根基彻底动摇，最终于 1991 年解体。

1990 年，伊拉克悍然入侵科威特，没想到“偷鸡不成蚀把米”，军事上被美国一顿暴打后，经济上遭受联合国制裁，粮食也一直短缺。1994 年，伊拉克国内的农产品歉收，收获的作物仅能满足需要的 10%，无法维持民生。联合国的“石油换食品计划”条件非常苛刻，压力之下的伊拉克不得不在协议上签字，粮食援助再次成为美国的外交筹码。

美国农业的竞争力

20 世纪 30 年代的黑风暴事件后，美国开始研究减少土壤翻动的免耕技术。70—80 年代，免耕播种机开始商业化生产。今天，美国已经有超过 70％的耕地面积实施免耕。采用免耕法以后，水分蒸发减少了 30％，土壤蓄水能力提高了 2—3 倍，冲入河流的营养元素和化学药剂减少了 50％以上，农田扬尘减少了 60％，农作物产量提高了 30％。

20 世纪 60 年代，美国大宗谷物的种植和加工就实现了 100％的机械化。规模化的加工业对谷物的品种和品质有了新的要求，专用玉米、专用小麦开始大面积种植。根据不同地区的光、热、水、土自然条件，美国建立起著名的农业种植区划带。每个区划带集中种植某一种作物，如玉米带、小麦带、棉花带等。规模化种植有利于实施机械化、标准化和专业化作业，比如采用农用飞机大面积喷洒农药。同时，农业和牧业布局的有机结合，使得谷物加工、秸秆还田、动物粪便施肥等形成高效的循环系统。

进入 20 世纪 90 年代，转基因技术、卫星遥感和智能农机大面积运用于农业生产。1950 年，美国农业人口占比 36％，今天这一比例已经下降到 2％，美国农民接受高等教育的占 30％以上。美国 75％的耕地集中在大型农场主手中，农场的经营规模一般在 600 公顷以上，相当于 15 个天安门广场。一位美国的农场主更是直言："21 世纪的农业就应该是这样子的，人唯一要靠双手完成的，就是驾驶各种农业机器，其他的都交由机器来完成"。

美国还建立了完整、系统的农业补贴政策体系，其中包括基于出口的农产品贸易补贴、基于产量和面积的收入补贴、基于粮价波动的反周期补贴、基于休耕和水土保护的资源保育补贴等。折算下来，每吨粮食大约可以获得相当于售价 15％的补贴。这些补贴对于提升美国农产品的国际竞争力、优化种植结构和实现可持续农业具有重要作用。

2008 年，全球石油价格一路飙升到 148 美元/桶，生物能源成为炙手可热的风口。美国用 1/3 的玉米来加工燃料乙醇，用 1/6 的大豆来生产生物柴油。生物能源让美国可以通过"内循环"的方式解决谷物过剩问题，无需再依赖全球贸易。

1960 年，美国人均粮食产量首次达到 1 吨，今天已经增加到 1.5 吨，是中国的 3 倍。美国粮食出口量占全球的比重在 20 世纪 60 年代就超过了 40％，1979 年甚至达到 57％。近年来，巴西、阿根廷和俄罗斯等国家粮食产量的迅速增长，使这一比例逐渐下降，但仍约占 30％。美国的农业现代化经验，为各国农业发展提供了有益借鉴。

第 11 章

疲惫不堪的土地

土地是世界上唯一值得你去为之工作，为之战斗，为之牺牲的东西。因为，世界上唯有土地与明天同在。

——玛格丽特．米切尔，美国作家

20 世纪初，北美大平原上的农场欣欣向荣，来自欧洲的货船为他们运来了大量的硝酸铵化肥，田野里出现了拖拉机的身影，粮棉产量逐年增长，农场主们赚得盆满钵满。然而，美国著名土壤学家富兰克林（Franklin Hiram King）却感到忧心忡忡。经历了十几年的开发，大平原上的肥沃土壤大量流失，严重影响农耕体系的可持续性。长此以往，美国农业必将面临严峻的挑战。

美国位于太平洋东岸，在太平洋的另一端，是亚洲东部的中国、日本和朝鲜。在过往的近 4000 年中，这片土地长期面临人口和耕地资源压力，却维系了几千年的种植，养活着众多的人口。这是如何做到的？1909 年早春二月，61 岁的富兰克林携妻子远涉重洋，开启了一次为期半年的东亚农业考察之旅。他曾感叹：“在美国，我们用了不到三代人的时间就几乎穷尽了原本十分肥沃的土壤养分，而我们即将前往的这个国家，经过了三千多年的耕作，土壤仍然肥沃”。

富兰克林的东亚之旅

在中国，富兰克林沿着海岸线游历了广东、浙江、上海、山东、天津和东北，这一带恰好是中国的粮食主产区。虽然当时的晚清已经行将就木，但累积千年的农耕技术已经非常成熟。当时，中国人均土地不到 4 亩，而且一半是丘陵坡地。这样有限的耕地，居然养活了 4 亿人口，这让富兰克林非常惊诧。他与各地的农民进行了深度交流，领会到东方独有的农耕体系。

在他的眼中，中国的农民非常重视农时，总结出二十四节气。从平原到山坡，土地被最大限度地开辟成农田，根据气候水土，选择合适的作物，追求最大的产量。在雨量充沛的南方，一年会种植两季水稻：水稻苗期会在苗床上得到精心的照顾，长出三片叶后再移栽到大田里——非常耗费人力，却有更高的产量；在相对干旱的黄河流域，农民在冬春种植小麦，夏秋种植玉米，一年能有两季收获；在干旱少雨的山区坡地，则种植抗旱早熟的小米。

知识卡：二十四节气

秦汉时期，我们的祖先根据大自然的脾气秉性，总结出了“二十四节气”。尤其是在北方，春季易旱，秋季霜冻，留给作物的生长期有限。农民就是勤劳的生物学家，按节气精打细算，争分夺秒地利用生长季节，力求收获更多的粮食。比如：谷雨开始播谷降雨，小满代表籽粒开始灌浆，芒种则是“有芒的麦子快收，有芒的稻子可种”。2016年，中国的“二十四节气”被联合国教科文组织列为非物质文化遗产。我们不妨重温一下《二十四节气歌》：“春雨惊春清谷天，夏满芒夏暑相连。秋处露秋寒霜降，冬雪雪冬小大寒。”

富兰克林还发现，东方的农民不断搜集人畜粪肥、河床淤泥和山沟腐土，将这些富含养分的农家肥施到土壤中，既帮助土壤补充肥力，又减少了垃圾污染；还将豆科作物与其他作物轮作，利用根瘤菌的固氮作用，让土壤变得肥沃。同时他们不断地建造堤坝、挖掘运河，灌溉沿岸更多的良田。各家的屋顶和篱笆上爬满了果蔬的藤蔓，最大限度地吸收阳光，结出果实。农人们对农业资源的利用几乎达到了极致的程度。唯一不惜投入的就是人力。人们起早贪黑在农田里忙碌，育秧施肥，中耕除草，颗粒归仓。到了收获的季节，除了留下人畜的食物，秸秆等用来生火做饭，灰烬和生活垃圾则作为肥料。

当时美国的耕地面积要多于中国，却只有 9000 万人口，不到中国的 1/4。富兰克林认为，如果美国采用东亚的这种耕作方式，完全可以养活更多的人口。回到美国后，他把五个月的东亚游历写成了一本书——《四千年农夫》（*Farmers of Forty Centuries*）。他在书中慨叹："东方农耕是世界上最优秀的农业，东方农民是勤劳智慧的生物学家。如果向全人类推广东亚的可持续农业经验，那么各国人民的生活将更加富足。"

富兰克林把问题想得有些简单。相对于美国农场粗放式的机械化种植，东亚农民的精耕细作的确会有更高的产量，但这种差异各有缘由，不能简单地比较。在地广人稀的美国，人力是农业瓶颈，追求的是单位劳动力的最大化产出。在人多地少的东亚国家，土地是农业瓶颈，追求的是单位耕地面积的最大化产出。要靠一小块土地来养活全家老小，必须使出浑身解数，螺蛳壳里做道场，把有限的土地资源用到极致，最大限度地产出食物。

梯田在摄影家眼中是山地的艺术，在农人眼中却是炎炎烈日下的辛苦劳作。千百年来，生活在大山褶皱里的人们只能在贫瘠的土地上辛苦刨食，坚韧执着地与谷物生活在一起。从环境的角度，梯田是对自然资源的一种极致开发。为了灌溉农田，中国人大力修建都江堰、坎儿井和梯田，这既是一种智慧，也是一种无奈。时至今日，中国的 19 亿亩耕地中，仍有 8 亿亩是山地和梯田。

结束东亚之行后仅仅两年，富兰克林就去世了。工业化的车轮横冲直撞，老爷子担心的事情终于在二十年后发生了——美国大平原爆发了骇人的"黑风暴"。而他在东方看到的永续农业画面也在百年之后消逝于历史风尘中，中国也进入现代农业时代。

黑土地，耕地中的“大熊猫”

5 亿年前，地球陆地上到处是光秃秃的山脉和石头，没有生命赖以生存的土壤。到了距今约 4 亿年前的泥盆纪，植物登上陆地，为地表注入有机质，土壤就此形成和发育。气候是伟大的雕刻师，亿万年的风霜雪雨将地表岩石风化成松散的颗粒。离离原上草，一岁一枯荣。植物根系熟化土壤，动物脚蹄加以疏松，微生物再将动植物残体分解形成有机质，让地球有了一层皮肤。植被对土壤起着重要的保护作用。冠层可以减少土壤水分蒸发，枝叶可以阻止风吹雨打，根系能够蓄养水分，落叶能够改良土壤养分，加大透水能力，减少地面径流。

远古荒原上，大约每 200 年才能形成 1 厘米厚的土壤。也就是说，人类开启农业的 1 万年大约形成了 50 厘米的土层。厚厚的土壤为人类文明奠定了坚实基础。站在 1 米厚的土壤上，百年人生真的很短暂。曾经，地球是一个纯天然的蓝色星球。然而正如《表土与人类文明》一书中所述：“文明人跨越过地球表面，在他们的足迹所过之处留下一片沙漠。”现代农业大量使用化肥、农药和农膜，使土壤生态系统遭到了严重破坏。按照今天的工业化方式，每 20 年就会流失 1 厘米的土壤。人类挥霍自然馈赠的速度远远超过了自然所能维系的速度。

回望历史，许多古代文明的消亡都和耕地退化有关。4000 年前，美索不达米亚平原最终沦为一片荒漠就是鲜活的例证。万物土中生，有土斯有粮。今天，全世界 80％的耕地正在遭受中度或者重度侵蚀，如果我们不懂得保护土壤，就会重蹈覆辙。敬畏土地，不仅关乎人类的未来，而且关乎自然生命的本质。

中国幅员辽阔，温度、水分、地形、生物等成土过程的条件不同，造就了五彩斑斓的土壤。自然环境下，土壤中每年有机质的增量不到 0.1%。有机质就是土壤中来源于生命的碳基物质，含量越多，土壤越肥沃。更高的有机质含量还意味着将更多的碳锁定在土壤“碳库”中，进而减少碳排放，缓解气候变暖压力。

北京故宫的西侧有一个社稷坛，明清两代的皇帝每年都到这里祭祀谷神，祈祷来年能有个好收成。社稷坛内盛着声名远播的“五色土”：东青、南赤、西白、北黑、中黄，寓意“普天之下，莫非王土”。各色泥土的有机质含量各不相同：东北黑土地可以达到 4%—5%；华北平原的黄土地有机质含量在 2%—3%；长江以南丘陵地区的红土地只有 1%—2%，高温多雨使得微生物活跃，养分分解快，积累少；灰白色的盐碱地，有机质含量只有 0.5%，不适合谷物生长；沙漠中的有机质几乎为零，是生命的绝境。

根系是谷物“安身立命”的基础，约有 20 厘米深，而这 20 厘米就是我们常说的“耕作层”。黑土是世界公认的最肥沃的土壤，被誉为“耕地中的大熊猫”。中国的东北平原与美国密西西比平原、南美洲的潘帕斯草原、乌克兰平原并称为“世界四大黑土分布区”。这些地区都是所在国的“大粮仓”，深刻影响着全球粮食的产量和价格。今天，东北的粮食产量占全国的

图 11-1　东北黑土层
（李保国　摄）

1/4，调出量占全国的1/3，是中国粮食安全的“压舱石”。

中国这么多土地，为什么只有东北的土壤是黑色的呢？这和东北独特的气候环境有关。东北地区夏季温暖，雨量充沛，植被茂盛。到了寒冷的冬季，土壤的含水层形成冻土，抑制了微生物的活动。枯草、落叶缓慢分解，变成黑色的腐殖质，经过长年累月的累积，最终形成质地松软、富含养分的黑土地——“捏把黑土冒油花，插双筷子也发芽”。然而经过几十年的强力耕作，黑土层已由70年前的60—70厘米，下降到今天的20—30厘米，不像从前那般黑黝黝了。在我小的时候，农田里黑土层丰厚，像海绵一样松软，踩上去一步一个脚印；今天有些地方已经板结得踩不出脚印。

土壤中的有机质含量下降，过量施肥又导致土壤板结。中国土壤有机质平均含量约为2.5%，明显低于美国。同等情况下，中国每公顷粮食产量仅为美国的60%，但化肥使用量却是美国的2倍，土壤质量是产量差距的一个重要原因。

谷物生长是一个不断“剥削”土地的过程。按照物质守恒定律，人类从农田中收获的谷物越多，从土壤中带走的养分也就越多。要让农业可持续，人类必须对土壤进行补偿。传统农业时代，村庄就坐落在广袤的农田中，人畜粪便是上好的有机农家肥。孩子们放学后会拎着篮筐，沿着牲畜走过的乡间土路捡拾粪便。城市与周围的村落也有着良好的互动。每天清晨，周边农民会将城市生活污水和排泄物一桶一桶地运往农村，再洒入农田，人们称其为“夜土”。这种天人合一的“循环农业”既减少了粪便对城市和河流的污染，又让农田得到了养分补给。

今天越来越多的人口移居到城镇中，不可能再用传统的方式搜集粪肥。不过有失亦有得，煤气灶替换了秸秆，灶膛里的千年烟火渐渐消散。中国有 19 亿亩耕地，每年近 7 亿吨的粮食被人们拿走吃掉。若能把剩余的 10 亿吨秸秆留在农田里，既能增加有机质和微量元素的含量，改善土壤结构，又能减少风雨侵蚀和水分蒸发，还能减少燃烧产生的烟尘和雾霾，一举多得。于是很多地方在谷物收获时，会用收割机直接将秸秆粉碎，覆盖到土壤上。这就是秸秆还田。

图 11-2　世界上最贵的秸秆——《干草堆》，莫奈

知识卡：特殊的殡仪馆

能够还田的不只是秸秆，还有人类自己。2020 年，在美国华盛顿某处仓库区，一家名为“重构（Recompose）”的特殊殡仪馆诞生了——这是全世界第一家可以把尸体转

化成土壤的殡仪馆。在这里，尸体被放入蜂窝状的钢仓后，工作人员会在上面撒上木屑、稻草和紫花苜蓿。舱内的温度、水分、碳、氮、氧气都是精准供应，以便创造出微生物分解所需的最佳环境。接下来30天，尸体会彻底被分解为土壤。亲属可以把土壤拿回家里种树，人以另一种方式重归自然。《圣经》中有这样一段话："你必汗流满面才得糊口，直到你归了土，因为你是从土而出的。你本是尘土，仍要归于尘土。"从科学的角度，生命就是一场物质与能量的代谢转换。包括人类在内，各种生物只是能量流动的载体。

土壤是有生命的，这并不是文学修辞。土壤不仅承载着植物根系，还养育着很多生命。生活在地下的动物数量要比地上的多得多，它们让沉寂的土壤充满了活力。蚯蚓是土壤中的忍者，喜欢阴暗潮湿之地，被称为"生态系统工程师"。亚里士多德将蚯蚓称为"土地的肠子"，达尔文称蚯蚓为"地球上最有价值的动物之一"。它们的蠕动让土壤变得疏松，进而保持更多的水分、养分和空气。蚯蚓每天吞食大量秸秆腐叶、动物粪便和厨房垃圾，分解出其中的有机物，使土壤变得越来越厚。在肥沃的土壤中，一锹就能够挖出三四条蚯蚓。

土壤中还有海量的微生物。千万不要小瞧了这些在显微镜下才能看到的物种，它们是陆地上最早的生命。一把肥沃的泥土中，微生物数量甚至比地球上的人口还要多。它们在土壤中的分工协作，可以媲美人类的现代城市。雨过天晴，埋在土中的细菌随着潮湿空气四下弥散，就有了我们熟悉的泥土芬芳。

微生物驱动了有机质、矿物质和秸秆的分解，把这些元素转换成土壤中的养分。植物根系在吸收这些养分的同时，也向土壤中释放出蛋白质和碳水化合物，用来吸引和讨好各种微生物。微生物消耗的营养物质甚至占到植物光合作用生产总量的 1/4 以上。有益微生物在根系周围聚集成群落，建立起一道生物防线，可以抵御危害植物的病毒侵袭。

农业文明开启，人类开始不遗余力地耕耘着有 46 亿年历史的地球。最初用的是石斧，然后是锹镐，最近 100 年变成了无坚不摧的拖拉机。用机械进行强力翻耕，农田像拉链一样一会儿被挖开，一会儿又被合上，相当于给土壤“开膛破肚”。深层土壤裸露在阳光下，宝贵的水分会蒸发流失。日晒雨淋下，有机质快速分解，与破碎的土壤一并大量流失，微生物群落被“野蛮拆迁”，土壤生态圈惨遭破坏。

殷鉴不远，美国 20 世纪 30 年代的“黑风暴”事件值得我们深思。如今，中国的华北平原也面临着沙尘暴、干旱等环境问题。特别是春耕时节，草木刚开始复苏，裸露的土壤得不到植被的保护，狂风席卷而来，尘土漫天飞扬。沙尘暴对城市来说是空气污染，对大地来说是被剥去皮肤时的哭泣。

和人一样，土壤也需要休养生息。为了实现可持续种植，美国、欧盟等国家建立了休耕制度，选择合适的年份，让 20%的耕地像人一样“轮休”。但对于 14 亿人的中国，如果让 20%的耕地休耕，相当于减少 20%的粮食产量，是不能承受之重。

借鉴美国的经验，近年来，中国也开始推广免耕法。与传统耕作的机械反复进出农田不同，农业机械尽量减少对土壤的扰动，每年只开进农田两次：第一次是播种机，一次性完成松土、施肥和播种。深松机对土壤主要进行横向松动，不再是“底朝上”的翻耕。第二次则是收割机进场，一边收获作物，一边将秸秆切断，均匀覆盖在土壤表面。很多地方在免耕的基础上，又配套了保水、滴灌、农膜、间距优化等措施，可以实现10％的粮食增产。听起来，免耕法很有些“懒人种地”的味道，以至于习惯了“一分耕耘一分收获”的农民感觉不太适应。

不过，推广免耕技术仍需要解决一些现实难题。比如，免耕法需要配套农机设备，购置拖拉机和收割机要花费几十万。很多农户只有一两公顷耕地，难以承受这么高的投入。大农场有利于发挥农业机械化的优势，所以中国要大力推动土地流转。再比如，免耕方式下杂草也会野蛮生长，野草不仅会和谷物争夺有限的养分、水分和阳光，还在多年的农药洗礼中打磨出顽强的生命力，严重的草害甚至会造成农作物绝收。农民不得不用广谱除草剂进行强力控制，然而除草剂也会伤害到农作物，需要种植能够抗除草剂的转基因作物。目前全世界种植的转基因作物中，近90％转入的是能够抗除草剂的基因。

影响食物安全的土壤污染

大地孕育万物，有了健康的土壤，才会有健康的食物，然后才是健康的人类，这是农业的根本。人类对土壤环境的依赖，远比我们想象的要大。人体由 60 多种元素构成，绝大多数都来自于土壤，我们对此却知之甚少。

20世纪50年代，中国有16个省区发生了骇人的“克山病”，患病者多是妇女和小孩，病症为心源性休克，胸口难受，口吐黄水，死亡率接近90%。科学家最终找到了主要的病因——病区土壤缺少硒元素，导致谷物硒含量不足，进而影响了人体的硒摄入量。通过膳食补硒，克山病终于在80年代得到有效控制。

相对于控制“克山病”，中国今天面临着更为棘手的土壤问题。过去的传统农业是城市污物最大的吸纳者，今天的现代农业却变成最大的污染源，重金属、抗生素等带来的食品污染已经危害到人类自己，解决起来甚至需要上百年的时间。

第一，土壤酸化。农民为了增产，过量施用氮肥。氮肥在土壤中转化成硝酸盐，流失的时候会把钙、镁等碱性离子带走，导致土壤酸化。土壤酸化会加剧板结和龟裂，加速养分流失，还会破坏微生物生存环境，减少有益菌群，使土壤失去耕种价值。当下中国种植水稻、玉米、小麦的耕地有70%面临酸化问题，土壤pH值在过去40年平均下降了0.5个单位，超出了谷物的适应范围。

第二，抗生素污染。现代养殖场都是高密度饲养，要控制疫情必须使用抗生素和含有重金属的兽药。有些地方直接将未经腐熟的动物粪肥作为有机肥施到农田里，等于将有害物质引入土壤，不仅会破坏土壤微生物结构，还会对环境和人体健康构成巨大危害。

第三，农膜污染。今天，中国超过10%的耕地使用地膜覆盖，地膜使用量约占世界总量的70%。农膜有助于节水、除草、提高土壤温度，大幅提高低温干旱地区的作物产量，被誉为“白色革命”。然而大量农膜残留在土壤里，不仅会降低土壤的通透性，破坏土壤结构，还会影响作物生长发育。降解过程中产生的有毒物质最终也会通过食物链影响人类健康。

第四，重金属污染。土壤中的多种重金属都是生物体所必需的。然而随着工业化进程，很多重金属的含量已经超标，不仅造成微生物和蚯蚓等种群消亡，还会导致植物生长迟缓，污染水体和稻米等谷物。据了解，中国粮食主产区的重金属超标率超过20%，污染源头是矿山开采、冶炼废水和化工厂。镉是首要的重金属污染物。从食物中摄取的镉，只有5%会被消化道吸收代谢，其余的在人体内会滞留长达10—30年。

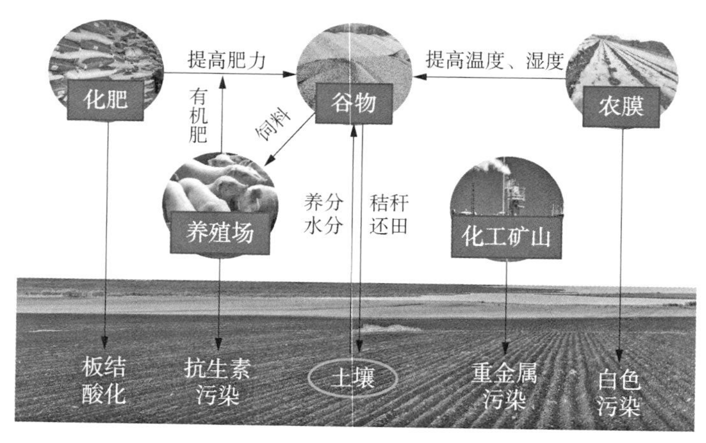

图11-3 土壤和谷物的关系

2021年，拼多多创始人黄峥在致股东的信中宣布，他将辞任董事长一职，“想去做一些食品科学和生命科学领域的研究”，他心心念念的第一个问题就是：能否有效控制农产品中的有害重金属含量？说实话，这还真不是件容易的事情。要终极解决土壤污染问题，需要进行复杂漫长的土壤修复工程。

20 世纪 60 年代，稻米的镉污染曾在日本造成“痛痛病”。患者骨质中的钙被镉替代，骨质变得疏松，人会感觉奇痛无比。镉大米是个“阴影难散”的东西，1970—2000 年，日本用了三十年时间，投入大量技术和资金，才逐渐解决了镉污染问题。从科学上说，控制好植物生长基质中的重金属含量就可以解决这个问题。配制一瓶营养液，里面没有重金属，长出来的作物自然也没有重金属。然而我们不可能用植物工厂的方式来控制数亿亩土壤。

工业文明时代，人类傲视世界，自信爆棚。为了追求粮食产量，人类正在把土壤和生物圈推向极限，似乎忘记了自己也是生物圈的一员。今天想找到一块世外桃源那样的农田已非易事。人类需要寻求与自然和谐相处，从自然中谋生，又回馈自然的新方式。正如诺贝尔医学奖得主亚历克西·卡雷尔（Alexis Carrel）在《神秘人类》（*Man the Unknown*）一书中所说的：“由于土壤是所有的人类生活的基础，我们对一个健康的世界的唯一希望，就寄托在被现代农学手法破坏了的土壤的和谐重建上。”

知识卡：土壤科学与案件侦破、古人类研究

1887 年，土壤出现在柯南·道尔的侦探小说中，福尔摩斯“一眼就能分辨出不同的土质。他在散步回来后，能根据溅在裤子上的泥点颜色和坚实程度说出是在伦敦什么地方溅上的”。回归现实，几十年的悬案，DNA 证据可能早已损坏。通过搜集车轮、工具或靴子上的泥土，通过有机质、微生物群和植物信息比对，进而匹配犯罪现场，就可能

解决一些冷门案件。洛娜·道森（Lorna Dawson）本来是一位英国土壤学家，她的职业生涯在2003年发生了变化。她通过分析嫌疑人皮靴底部的泥垢，破获了一件毒品案。2014年，她又通过分析受害人脚上的泥土样本，帮助警方破获了发生于1977年的“世界末日谋杀案”。今天，她供职于詹姆斯·赫顿研究所，这里有专注于研究犯罪现场土壤的实验室。

借助现代科技手段，科学家甚至可以解锁古老泥土中的DNA宝库，重建世界各地穴居人的身份。根据西班牙Estatuas洞穴土壤中的DNA，科学家们发现十万年前随着冰川期落下帷幕，尼安德特人的某个谱系全部取代了其他谱系。在位于美国乔治亚州的Satsurblia洞穴中，2.5万年前的女性尼安德特人遗传基因组首次被发现。在墨西哥的Chiquihuite洞穴中，科学家采集到了1.2万年前的黑熊DNA，通过和现代熊进行对比，得出结论：在最后一个冰河时代之后，洞中黑熊的后代向北迁徙至阿拉斯加。在《科学》杂志评选的2021年度十大科学突破中，“解锁古老泥土DNA宝库”排在第二位。

伟大的拖拉机

过去的几千年中，牛马一直都是农田中的主角。直到100多年前，世界上绝大多数人都是农夫。然而即使有牛马助力，三口之家甩开膀子干，也只能管理3个足球场大小的耕地（大约30亩）。毕竟农时不等人，春种秋收时根本忙不过来。

图11-4 《耕牛图》，齐白石

1856年，一切开始发生改变。这一年，法国的阿拉巴尔特发明了世界上第一台拖拉机，比德国奔驰公司发明的世界上第一台汽车早了整整30年，可见当时人们对农业机械需求的迫切性。然而有些地方土壤潮湿松软，轮胎很容易陷入泥沼中。1906年，美国人又生产出履带式拖拉机，大大提升了越野能力。1915年，第一次世界大战硝烟弥漫。英国人借鉴拖拉机的履带，研制出了横冲直撞的坦克。就此而言，拖拉机是大哥，汽车和坦克才是小弟。

“二战”结束后，很多欧洲国家开启现代农业。看到拖拉机被推广应用，做过空军机械师的意大利人兰博基尼（Ferrucio Lamborghini）捕捉到了商机。1947年，他创立了拖拉机公司，靠拖拉机掘到了第一桶金。1963年，他又创立了汽车公司，开创了兰博基尼这个家喻户晓的跑车品牌。由于将钱都砸在了跑车上，拖拉机公司在1971年出现财务危机，兰博基尼选择壮士断腕，出售了拖拉机公司，专心经营跑车。不过拖拉机公司仍被允许使用标志性的“倔牛”商标，欧洲的农民可以自豪地说，他们拥有一台与超级跑车兰博基尼同品牌的高级拖拉机。

图 11－5　兰博基尼和他的拖拉机

有了拖拉机，人类获得了摧枯拉朽的力量，挂上翻耕机、播种机、撒肥机、收割机，生产效率提升了几十倍。今天的地球能够养活 80 亿人，很多人将其归功于种子、农药和化肥，却忘记了在田间奔忙的拖拉机。更进一步说，如果没有拖拉机，就不可能将大量劳动力从农田中解放出来，也就没有今天的工业化和城市化进程。

1958 年，中国第一拖拉机制造厂生产出中国第一台拖拉机，取名“东方红”。一批“东方红”拖拉机运到了黑龙江省的北大荒农场。29 岁的女拖拉机手梁军兴奋地跳了上去，在地里兜了一圈，在场的记者定格了这幅英姿飒爽的画面——这张照片被印在 1962 年版的人民币一元券上。

拖拉机行驶在颠簸泥泞的农田里，“突突突”的柴油机轰鸣声震耳欲聋，裹挟着秸秆碎屑的尘土扑面而来。就是站在一旁看热闹，都会捂住鼻子。很有趣，习惯了千年牛耕的农民看到拖拉机行驶在田野里，给它起了个有趣的名字——“铁牛”。与人少地多的发达国家不同，制约中国农业增长的因素是土地面积而不是劳力。当时的中国农村有大量剩余劳动力，农机推广效果并不明显。直到 20 世纪 90 年代，中国开启了工业化和城镇化进程，农村劳动力大量减少，拖拉机才有了用武之地。再过一二十年，当最后一代农民老去时，大面积的土地流转会形成 100 公顷规模的农场，到那时大型农机会有更多的用武之地。

如果在街头做个社会调查——手机和拖拉机，哪个更重要？我相信很多人会毫不犹豫地选择手机。然而这个世界没有了手机，人类照样可以生存。如果拖拉机突然消失，人类现在能够耕种的 15 亿公顷土地，将只剩下一个零头。民以食为天，如果这片天塌了下来，手机、豪车、核武器和星辰大海都不能当饭吃，这就是拖拉机的神奇之处。

第12章

“委屈”的化学农业

浩瀚夜空，遥远的角落，挂着一颗蓝蓝的星球，缓缓地转动。春夏秋冬，一切好像不会更动，但就在你我不经意之中，最美好的已失落……能不能把碧绿还给大地，能不能把蔚蓝也还给海洋，能不能把透明还给天空，从梦开始的地方，一切还给自然。

——童安格，《梦开始的地方》

1799年，30岁的德国博物学家亚历山大·洪堡（Alexander Humboldt）乘坐西班牙护卫舰“皮萨罗号”，万里迢迢来到向往已久的南美洲，开启了为期五年的科考之旅。洪堡依靠骡马和双脚，横穿了南美大陆和瘟瘴雨林，经历了食物短缺和猛兽侵袭，一路异常艰辛。这次旅行中的发现奠定了洪堡在地理学界的重要地位——今天我们熟知的等温线、等压线、地形剖面图、植物垂直和水平分布乃至侏罗纪都是他提出来的，享誉世界的德国洪堡基金也以他的名字设立。洪堡的南美之行还为欧洲农业找到了一种亟须的肥料——鸟粪。

秘鲁的“鸟粪经济”

在秘鲁，洪堡发现一条源自南极的冷洋流逆时针流动，后人将其称作“洪堡洋流”。这条洋流给秘鲁带来了丰富的鱼群，形成巨大的渔场。大量海鸟尾随而至，捕食鱼虾。鸟类是卵生动物，在陆地上有很多天敌，沿岸海岛成为鸟类的天堂。秘鲁气候干燥，降水稀少，富含氮磷钾的鸟粪在海岛上日复一日堆积起来。在最著名的钦查群岛上，鸟粪厚度高达 50 米。

洪堡发现当地原住民用鸟粪作为土壤肥料，能够让作物大幅度增产。1804 年，他历尽艰辛，返回欧洲，就像西天取经的唐僧回归大唐，成为耀眼的公众人物。他把秘鲁鸟粪让作物增产的发现写进了自己的著作里。当时第一次工业革命在欧洲如火如荼，大量劳动力进城务工，农业压力越来越大。欧洲土壤贫瘠，提高土壤肥力就可以增加粮食产量，洪堡的发现如同雪中送炭。

1840 年，另一位科学大咖李比希也来到南美洲，登上了覆盖着鸟粪的钦查群岛。他积极给鸟粪站台：“秘鲁鸟粪富含农作物生长所需要的元素，是最好的肥料。”欧洲国家闻风而动，纷纷跑到秘鲁抢购鸟粪。1841—1845 年，英国从秘鲁的鸟粪进口量激增 100 多倍。堆积如山的鸟粪从海岛上打包装船，源源不断运往欧洲和北美的农田。鸟粪中含有丰富的氮、磷和有机物，可以让粮食单产提高二三倍。财富滚滚而来，垄断鸟粪资源的秘鲁一下子成了暴发户。

1840—1880年，躺着挣钱的秘鲁经历了40年的“鸟粪辉煌”。他们以平均每吨10英镑的价格出口了大约1000万吨鸟粪，从鸟粪贸易中赚取了1亿多英镑。1846年，鸟粪收入尚不足秘鲁政府收入的10%，1869年就增加到80%。古代中国文人喜欢用“视金钱如粪土”来寓意清高。如果这句话的原作者站在秘鲁的鸟粪岛上，肯定会换一种比喻。

秘鲁摇身一变成为南美洲最富裕的国家，鸟粪经济如日中天时，政府甚至以未来的鸟粪生产作为抵押品，轻松地从世界各国获得巨额贷款。有钱就是任性，秘鲁政府开始修建铁路，结束奴隶制和人头税，购买武器和军舰，跻身南美的军事强国。

公元11—16世纪，秘鲁是古印加帝国的中心地带。1533年，这里沦为西班牙的殖民地，被统治了近300年。直到1821年，原住民经过艰苦的抗争，终于宣布独立建国。眼看着秘鲁刚刚脱离自己的掌控，就发了这么一笔横财，西班牙恨得牙根都疼，蛮不讲理地要求秘鲁进行补偿。谈不拢，就开始动粗。1864年，西班牙远征舰队发动了“鸟粪战争”，夺去了盛产鸟粪的钦查群岛，还封锁了秘鲁的港口。有钱的秘鲁也开始发狠，联合智利、玻利维亚两个邻国，苦战两年，把西班牙舰队打回了欧洲老家。

掏鸟粪需要大量人力，然而秘鲁当时只有200万人口。独立建国以后，秘鲁颁布了解放黑人奴隶的法令，黑人懒得再干掏粪的苦活。秘鲁又实行小农经济，本地印第安人忙着在自家田里种地，能够输出的劳动力也很少。那段日子里秘鲁政局持续动荡，欧洲移民也望而却步。面对人力短缺，秘鲁的政客和商人们盯上了千疮百孔的大清王朝。

19 世纪中期的中国有 4 亿人口，占全世界的 1/3。鸦片战争和太平天国运动让大清帝国千疮百孔，去美洲打工挣钱成为南方穷苦民众的一条谋生出路。很快，十几万名广东和福建籍的华工从澳门、香港、厦门等地流入秘鲁，从事苦力劳动，俗称“卖猪仔”。他们中大多数是不识字的农民，在臭气熏天的鸟岛上干苦力，却没有足够的食物和饮用水。在华工的血泪辛劳之下，鸟粪滚滚而去，养活了饥饿的欧洲。时至今日，秘鲁总人口中超过 10％有中国血统，这里也是南美洲华裔人口比例最高的国家。

福兮祸所伏，由于缺少合理的规划，超过一半的鸟粪收入用在了腐败官僚体系和军队建设上。欧洲奢侈品大量涌入，奢靡风气在秘鲁上层社会流行起来，工业体系却没有得到发展。耗资巨大的铁路项目只完成了 10％，就成了烂尾工程，负债累累的秘鲁彻底错失了现代化机遇。

秘鲁发鸟粪财时，美国还不是什么世界强国。大平原上的庄稼地嗷嗷待哺，商人们瞅准时机，成立了“掏粪公司”，通过进口鸟粪赚取利润。然而鸟粪进口价格越来越贵，美国人开始另辟蹊径。1856 年，美国颁布了一项很奇葩的《鸟粪岛法案》。根据这个法案，任何美国人在任何地方发现的鸟粪岛屿，只要该岛无人居住、也不归属任何政府，就可以占有并开采，美国军队将为此提供军事保护。

“找鸟粪”迅速成为创业风口，美国商人们开始疯狂寻找无人海岛。从美洲的加勒比海地区，横跨大西洋和太平洋，甚至来到了亚洲的菲律宾。1859 年，一位美国船长在太平洋的心脏地带发现了一个面积只有 5 平方千米的无名小岛。不过这里距离美国本土 5000 千米，运输成本很高，开采鸟粪没有商业价值。8 年后，他把这座岛屿转卖给另一位船长，后者将这座岛屿改名为“中途岛”（Midway Island），意为从美洲到亚洲的中途。这个位置具备独特的军事价值，“二战”中美国和日本在这里进行了一场激烈的航母大战，就是著名的“中途岛战役”。

将空气变成面包

眼看着积攒了几万年的鸟粪资源面临枯竭，秘鲁人和欧洲人都很着急。天无绝人之路，1874 年，人们又在秘鲁、玻利维亚和智利的三国交界地发现了储量丰富的硝石矿。硝石是提炼氮、钾、钠、硫等肥料和生产火药的重要原料。天上掉下来这么大一块馅饼，导致三个国家对硝石矿的所有权产生了分歧。

友谊的小船说翻就翻，十五年前还联手抗击西班牙的三个盟国大打出手，爆发了历时四年（1879—1883）的南太平洋战争。最终智利军队击溃了玻利维亚与秘鲁联军，夺取了大部分硝石产地，并与英国公司联手开采硝石，跻身天然硝石生产大国。战败后的秘鲁不仅割让南部土地，也彻底失去了硝石矿权。此后秘鲁陷入内乱，国运一蹶不振。

洁白透亮的智利硝石重现了秘鲁鸟粪的辉煌，畅销世界，贵比石油，被智利人誉为“白色珍珠”。到了 20 世纪初，也就是人工化肥合成技术出现之前，智利出口的硝石高达世界肥料总用量的 2/3，智利也迅速崛起，成为南美强国。

1915 年，中国与智利建立了外交关系。两国虽然远隔重洋，但对于硝石贸易都有需求。中国需要用硝石肥料来增加粮食产量，智利则需要在东方开拓新的市场。此前，中国和拉丁美洲的商品贸易大多需要途经日本和美国，进行卸货、报关和转运，非常不方便。以硝石贸易为契机，中国航运企业在 1922 年开辟了从中国到拉美的南太平洋直航航线。

智利硝石是否会像秘鲁鸟粪一样很快消耗殆尽？欧洲人再次开始担忧，尤其是两个最大的硝石进口国德国和英国。他们互相看着不顺眼，都想做欧洲老大。1898 年，英国皇家学会会长威廉·克鲁克斯（William Crookes）呼吁科学家立即行动起来，着手研制新型肥料。德国人则更加着急，毕竟德国缺乏海外殖民地，人口众多且土地贫瘠，农业和化学工业急需大量硝酸盐原料。眼看着英国海军雄霸海洋，一旦切断德国的硝石运输线，后果不堪设想。

1909 年，德国化学家弗里茨·哈伯（Fritz Haber）在研制炸药的过程中，通过高温高压和催化剂的作用，将大气中的氮气制成了氨。很快，德国巴斯夫公司买下了他的这项专利，建立了全世界第一个合成氨工厂。人类终于摆脱了依靠天然氮肥的历史，农业掀开了新的篇章。化肥的使用提高了耕地的肥力，大幅减少了开垦新耕地的需求，大批的森林、草原、山川和湖泊因此得以保全。

如果没有第一次世界大战，哈伯必将流芳百世。然而历史没有如果。“一战”爆发后，巴斯夫的合成氨工厂被用来生产硝酸炸药，成为一家实质上的兵工厂。作为一个狂热的“爱国主义者”，哈伯满腔热情地开始了毒气研究，并揭开了化学战的帷幕。“和平时期，科学家属于全世界；战争时期，科学家属于祖国”，这是哈伯为自己所做的辩护。然而毒气弹给伤亡士兵带来了巨大痛苦，妻子因反对哈伯研究化学武器而饮弹自尽，他的一个儿子因父亲是“化学武器之父”羞愧自杀，另一个儿子则成为研究“一战”化学战的历史学家。1925年，美英法德等国家签订了《日内瓦议定书》中，彻底禁止毒气和细菌在战争中的使用。

哈伯或许是历史上最受争议的科学家。赞扬者说：“他是天使，为人类带来丰收和喜悦，是用空气制造面包的圣人。”诅咒者则说：“他是战争魔鬼和化学战之父，给人类带来了灾难、痛苦和死亡。”1918年，哈伯在争论中被授予诺贝尔化学奖，他将奖金捐献给了慈善组织，以示愧疚。1933年希特勒上台，犹太裔的哈伯也受到排挤，被迫离开德国，1934年初因心脏病突发逝于瑞士，终年65岁。是非成败转头空，技术终究只是工具，如何使用工具，取决于使用者的价值观。

“一战”结束后，合成氨实现规模化生产，天然硝石很快失去了市场，曾经繁盛的智利矿区变成了鬼城，史称“硝酸盐危机”。今天回望一百多年前的鸟粪辉煌和硝石淘金，应验了中国的那句话：“眼看他起朱楼，眼看他宴宾客，眼看他楼塌了。”躺在天然资源上赚钱终究会坐吃山空，最终还是要靠实业兴国。

过去一百多年来，地球人口爆棚式增长。然而大饥荒不但没有出现，而且人们的饮食也大大优于100年前的水平。氮素是植物光合作用和合成蛋白质的重要原料，因此氮肥也是最重要的肥料，约占化肥总用量的60%。全球粮食增产有一半要归功于合成氨技术，堪称“世界人口起爆器”。1999年，《自然》杂志在一篇千年评述中，将“合成氨”选为20世纪最重要的技术发明，其重要性超过飞机、电脑、核能和太空飞行。因为没有它，地球上的一半人口将会挨饿。

1950 年至 2022 年，世界谷物总产量从 6 亿吨增至 28 亿吨，人口也从 25 亿增长到 80 亿。化学农业为人类有饭可吃立下了汗马功劳，如果今天化学农业从世界上消失，地球上将会有 1/3 的人饿死。欧美发达国家已经在控制农化产品用量，中国、印度和巴西则仍需化肥来维持粮食产量，而非洲穷困国家还在为获得足够的化肥而苦苦挣扎。

化肥在中国的推广大约比西方要晚 50 年，1960 年中国氮肥产量还不到 100 万吨，只相当于今天的 2%。1972 年，美国总统尼克松访问中国后，中国与美国做的第一单生意就是进口了 13 套合成氨生产线。此后，中国大力发展氮肥工业，大量氮肥被施入中国的农田。

记得那是 1980 年，我老家的村庄开始推广使用化肥。最初，很多农民看到白花花的尿素时，心存恐惧，觉着这种像咸盐一样的东西会把作物“烧死”。有人甚至悄悄把尿素挖坑埋掉，不敢施用。然而尿素的增产效果在秋天被证实后，有些农民又走向另一个极端，过量施肥。农家肥快速被化肥取代，今天不依赖化肥的传统农业只能偶尔出现在农民自家的小院里。

过去 40 年，中国粮食产量增长了 1 倍，化肥用量却增长了 3.5 倍。2015 年，中国氮肥产量达到 5000 万吨的峰值，占全世界总产量的 1/3，还大量出口到印度、巴西等国家。此后，中国氮肥年产量逐渐下滑到 3500 万吨。除了氮肥，磷肥和钾肥对农业也很重要。磷素对根系发育和开花结实有重要作用，能帮助植物增强“体质”，提高抗旱和抗寒能力。钾素则会促使茎干强健，有助于养分和水分输送。目前，中国的氮肥、磷肥完全可以自给自足，但超过一半的钾肥依靠进口。和石油一样，钾肥也是国家战略储备物资。

人类依靠石油、煤炭生产出化肥和农药，将这些化石能量注入到谷物中，实现了粮食增产。田野中奔跑的农机更离不开石油，现代农业的本质是吃地球老本的石油农业。中国耕地面积只有全世界的8%，生产出全世界23%的谷物，消耗了全世界30%的化肥。中国平均每生产100斤粮食，就要施用6斤化肥，是发达国家的2倍。和人一样，疲惫的土壤也开始“内卷”，化学农业的边际收益明显递减。

为了保持增产效果，农民不断增加化肥施用量，陷入“高产靠肥料，保产靠农药”的困境。有些地方甚至出现了“吨肥田”——1公顷耕地要施1吨化肥，才能打出10吨粮食。谷物就像一群营养不良的人，天天靠打针吃药来维持生活，这当然是不可持续的。化肥，这个曾经给农业和农民带来无限希望的宝贝，褪变为“土地鸦片”，农民将其描绘成“耕地越来越馋”。价格战下，有些不良商贩开启恶性竞争，将无效物质混入化肥中，以次充好，坑农骗农。

今天农村劳动力短缺，很多农民在春耕时一次性施肥，然后就进城务工，直到秋天再回来收割。然而“一口吃不出胖子”，一次性施肥会让谷物“消化不良”，过量施肥还会出现倒伏等问题。今天施入农田的化肥中，能被谷物吸收利用的还不到一半。

过剩的氮肥随着雨水流入江河湖海，导致水体富营养化，引发藻类暴发，水体发臭。藻类覆盖水面，遮挡阳光，消耗大量溶解氧，又导致鱼类死亡，整个水生生态系统遭受破坏。在夏季的黄海，有些绿藻顺水漂流到胶东半岛，甚至把青岛海滩变成了“绿色草原”。土壤氮肥挥发而成的“活性氨”还会和氮氧化合物及二氧化硫反应，生成的细颗粒物就是形成空气雾霾的重要“元凶”。

面对这些问题，农学家也在积极寻求对策。通过包膜技术让养分缓慢释放，这样谷物可以细嚼慢咽，提高肥料利用率。过去氮、磷、钾肥分别施用，今天的化肥厂将多种养分配成复合肥，省时省力。近年来，农学家又研制出生物菌肥，以富含蛋白质的豆粕和动物脏器为原料，发酵水解出氨基酸，与有益微生物混合在一起，帮助土壤改善养分结构。有些地方还在推广测土施肥，让农民根据土壤情况“对症下药”。

知识卡：尿素与牛奶

喝奶是人体摄入优质蛋白质的重要途径，牛奶中大约含有3%的蛋白质。2008年以前，中国奶粉采用的是名为“凯氏定氮”的蛋白质测定方法，就是根据牛奶中的含氮量，折算出蛋白质含量。不法商人就钻了这种检测方法的漏洞，在奶粉中添加用尿素合成的三聚氰胺——三聚氰胺的含氮量高达67%。通过这种造假方式，就能提高牛奶蛋白质的含量测定指标，以次充好，进而卖上更高的价钱。这种恶劣的做法最终在2008年引发了严重的食品安全事件，数以万计的儿童因“毒奶粉”被查出肾结石症，引发社会恐慌。

费力不讨好的农药

千百年来物种演化，相生相克，很多作物都有专属病害如影相随，稻飞虱、麦蚜虫、玉米螟等经常造成谷物减产。1860 年，科罗拉多甲虫灾害在美国密西西比河流域爆发，很快就通过铁路和蒸汽船来到欧洲。橘黄色的甲虫在田间肆虐，特别喜欢啃食土豆。一位农民无意间把剩下的半桶绿色油漆泼洒到土豆地里。油漆是含有砷、铜等元素的化合物，居然取得了意想不到的杀虫效果。无心插柳柳成荫，第一种杀虫剂就此诞生，农药工业开始发端。

今天，人类已经研制出了数以千计的农药品种。然而农药是一把双刃剑，大量虫类被农药杀死，鸟儿只能吃野果和菜叶，缺少动物蛋白质，繁育能力会下降。鸟儿数量减少，害虫就失去了天敌制衡。害虫还产生了抗药性，迫使农民不断加大农药用量——中国农药使用量是世界平均水平的 2—3 倍。害虫们被杀得“溃不成军”，益虫们也跟着遭殃。在我的少年记忆中，晚霞中蜻蜓漫天飞舞，夏夜里蛙声一片。可惜，这种画面已经成为回忆。过量用药不仅会污染耕地和环境，还会危及食品链安全。人类站在自身利益的角度，划分出害虫和益虫。其实站在大自然的角度，各种虫类都是生物圈不可或缺的成员，没有尊卑之分。

在农业科学家中，以袁隆平先生为代表的育种家名声最好；化肥专家有增产之功，也有污染环境之过，相对中性；农药学家天生命苦，尽管也在努力减少病虫草害，但“农药残留”四个字令公众心生恐惧，媒体上不时出现的“喝农药自杀”报道更给农药蒙上了阴影。

瑞士化学家保罗·穆勒（Paul Müller）就是一位毁誉参半的农药学家。20 世纪 40 年代，蚊、蝇、蟑螂等虫害猖獗发生，导致疟疾、鼠疫、霍乱等疾病蔓延，严重威胁人类健康。保罗发现了极为有效的杀虫剂“滴滴涕”（DDT）——这是一种神经性毒素，不仅能够减少农田虫害，减少粮食损失，还能有效遏制蚊虫传染病，挽救人类的生命。最初人们并没有发现“滴滴涕”有什么毒副作用，无论是游泳、聚餐还是野炊，都喷洒“滴滴涕”来驱虫。保罗也被视作救世英雄，荣获 1948 年的诺贝尔医学奖。

转折点发生在 1962 年，揭露化学污染的畅销书《寂静的春天》出版，提出“滴滴涕”等化合物会对生物链造成严重危害，而且很难被降解清除。全球环保运动风起云涌，后续调查发现，因为多年在农业和医学领域的滥用，“滴滴涕”在食物链中不断累积，已经危害到了人体健康。1972 年，美国决定全面禁用“滴滴涕”，许多国家纷纷效仿，保罗从此跌下神坛，抑郁而终。

然而此后的三十多年，科学家再也没有找到比“滴滴涕”更好的杀虫药物。时至今日，每年全球大约有一亿多例疟疾新发病例，导致一百多万人死亡，而且大多数是非洲贫穷国家的儿童。2006 年，世界卫生组织（WHO）决定对“滴滴涕”解禁，用来防控疟疾疫情。“滴滴涕”的经验和教训告诉我们，世界上没有“有百利而无一弊”的方案，人们有时需要接受一些不那么理想的药物。

在今天的自然环境下，人类离不开医药，谷物也离不开农药。草害、病害和虫害愈演愈烈，如果不用农药进行控制，第二年的损失会变得更大——粮食减产幅度在10%—20%之间，更容易招来病虫害的蔬菜和水果，损失会超过50%，黄瓜和番茄甚至会绝收。果实被病虫害弄得千疮百孔，消费者也不会接受。科学家一直在不断地研发低毒高效的农药，公众不能苛求农药百分之百无毒。诸多问题的根源并不在于农药，而是持续增长的地球人口。有饭吃是硬道理，农药的功要大于过。

今天的食物为什么没有从前好吃?

伴随着30年的城镇化进程，越来越多的人口融入城市文明。大家畏缩在食品工业链的末端，对谷物的理解仅仅停留在《稻香》和《风吹麦浪》等歌词里，甚至退化为“五谷不分”的超市购物者。美国畅销书作家迈克尔·波伦（Michael Pollan）在《杂食者的两难》一书中写道:“在超市里有很多类似食物的东西，但是你的祖先不会认为它们是食物。”食物的生产方式已经发生了翻天覆地的变化，身边经常有人发出感慨：今天的东西没有以前那么好吃了！

的确，以前的米饭煮熟后，会有一层油光；一滴芝麻油溢出，能让整个屋子飘香；土猪肉吃下去，口感醇厚，满嘴流油；土鸡蛋的蛋黄是橘红色的，味道浓郁。今天的很多食物，真的没有这种味道了。造成这种现象，主要有三个原因：

其一，土壤不同。无论是化肥还是有机肥，所含的氮磷钾并没有本质区别，真正的差异在于有机肥中含有丰富的微量养分和有机官能团。打个比方：有机肥相当于酿造酒，而化肥则是勾兑酒。一款酿造的白酒是粮食、酒曲、水质和工艺的有机结合，堪称天地之造化。酒体中除了水和乙醇，还含有醇、醛、酯等数百种微量成分，有着独特的口感、香气。而几分钟就勾兑出来的白酒当然缺少这份底蕴。长期使用化肥，土壤有机质含量不断减少。土壤养分失衡又会导致微生物结构单一化。耕地积劳成疾，丧失活力。农作物“体质”变弱，抗病力也下降，失去了饱满的口感。

其二，品种不同。传统品种的基因是千年进化而来的，土生土长，与当地的自然环境已经融为一体。今天，农业已经进入工业化时代，专业化品种、规模化种植成为一种趋势。产量越来越高，品种的培育周期越来越短。“产量高”与“口感好”如同鱼和熊掌，经常难以兼得，优化了产量性状，却损失了口感性状。有时候新品种的母本是当地品种，父本却是从万里之外引进的，被人类硬生生地拉郎配。人类刚到一个陌生的地方，会感到水土不服，谷物亦如此。有时候第一代在北方生长，第二代却是在海南岛繁育。有些新品种不适应新环境，口感也不在最佳状态。

其三，生长期不同。传统农业时代，谷物通过光合作用将太阳能转化成各种生命物质，养分吸收是一个自然的过程。化学农业快马加鞭，作物在化肥助力下快速生长。个头长得挺大，其实是“早熟的孩子”，被采摘时甚至还没有“性成熟”，更谈不上味道。从前养大一只土鸡需要半年，现在的速生鸡只需 45 天。速度是快了，却没有了原来的味道。网络时代追求快节奏，很多人喜欢“一分钟读懂×××”。美好的事物就是需要经受寒暑风霜的洗礼，一蹴而就的东西往往缺少底蕴。谷物的一生是这样，人的一生也是这个道理。

今天，有机农业约占中国耕地总面积的2%。有人曾质疑：既然化学农业存在这么多问题，我们为何不重新回归传统，发展有机农业，完全用有机肥替代化肥？答案是：不可以。今天的农业生产，根本离不开化学农业的保驾护航。

中国的19亿亩耕地中，优等比例仅为1/3。是化肥助力耕地生产出更多的粮食，让我们艰难地实现了水稻、小麦和玉米三大主粮的自给自足。为了养活14亿人，中国已经连续多年对土地进行高强度、高密度、高投入的开发种植，这在世界其他国家是极为少见的。很多人怀念从前的口味，然而产量的确是中国首要的选择。

在这个问题上，中美洲的古巴就是一个前车之鉴。20世纪七八十年代，苏联曾通过援助化肥、农药、农机和石油，助力古巴农业实现了现代化。然而好景不长，1991年苏联解体加上美国封锁，古巴失去了化学和农药来源，农业生产急转直下。1993年古巴大米产量比1989年减少了2/3，人均食物量（热量值）减少了36%，平均每个古巴人减轻了20磅（折合18斤）体重。面对食物短缺，从城市边缘地带到农村路边空地，古巴人不得不到处寻找可耕种的零星地块种植谷物。

退一步，即使农家肥能够替代化肥，大面积的有机农业在中国依然行不通。首先，中国的种植和养殖布局存在脱节，很多养殖场周围没有接纳畜禽粪便的农田，原本可以作为农家肥源的畜禽粪便就成了环境污染源。即使可以施入农田，如果不进行堆肥降解，粪肥中的抗生素还会对土壤造成二次污染。再有，农家肥的肥效低，必须结合作物长势多次施肥。今天农村劳动力稀缺，找人去顶着炎炎烈日除草、捉虫、撒粪，谈何容易？种地本来就不怎么赚钱，粮食卖不上小米手机的价格，农民也要盘算自己的收益。

消费者更喜欢畅想诗和远方，然而人多地少是中国的现实资源状况。如果完全使用有机肥，最多能替代20%—30%的化肥用量。如果停止使用化肥，或者全部使用有机肥，中国的粮食产量将大幅减少30%，这是“不可承受之重”。

第13章

谷物产业全景图

> 做现代农业，心态要端正。第一，现代农业不能指望着赚快钱，否则会后悔。第二，不要为了暴利来搞现代农业，这样会把农业搞得乱七八糟。第三，最好不要赚农民的钱，而要赚技术、品牌和管理的钱。
>
> ——陈绍鹏，佳沃集团董事长

1865年南北战争结束，苏格兰移民后裔威廉·嘉吉（William W. Cargill）在美国艾奥瓦州开设了一家粮仓，嘉吉公司就此发端。今天的嘉吉是世界第一大农业集团，在公司的一本小册子中，这样写道："我们是你面包里的面粉，面条里的小麦，薯条上的盐……甜点里的巧克力，软饮料里的甜味剂……我们是你晚餐吃的牛肉、猪肉或鸡肉，是你衣服上的棉花，田里的肥料。"这段话为我们勾勒出一幅鲜活的谷物产业图景。

不谋全局者，不足谋一域

生活中，很多人认为谷物就是厨房里的米面粮油，是简单的作物品种与食品原料。其实，谷物的话题远比我们想象的更丰富。伴随着工业化进程和技术进步，小麦、玉米、大豆、甘蔗、石油等曾经看起来不相干的事物，今天已经休戚相关。

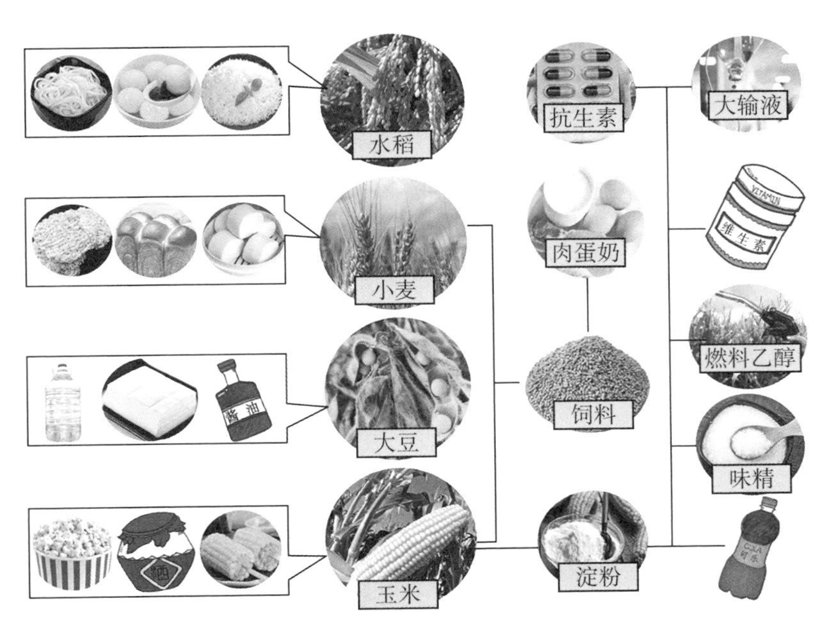

图 13－1　谷物产业全景图

绘图：崔筱野

中国有 19 亿亩耕地，粮食种植面积约占 70%，其他耕地则种植着棉花、蔬菜和油菜等。根据 2021 年的统计数据：按照种植面积计算，水稻、小麦、玉米和大豆分别占比25%、20%、37%和7%；按照总产量计算，这四种谷物分别占比31%、20%、40%和2%；按照国家粮食收购价折算，这些粮食的总产值约为2万亿，仅占中国GDP的2%。

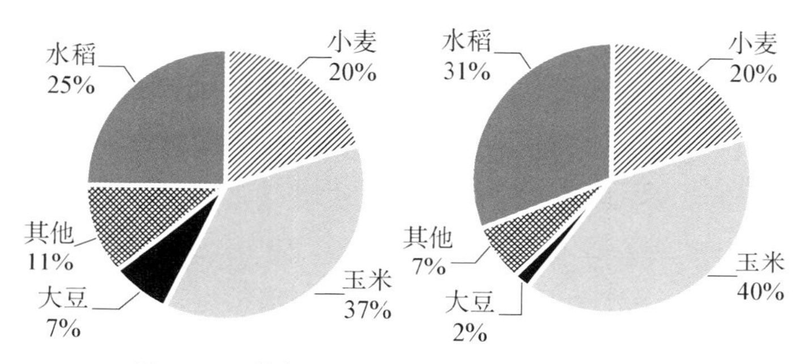

图13-2 粮食种植面积（左）与产量结构（右）

农民靠种地谋生，春耕时会盯着粮价来确定不同谷物的种植面积。谷物在农田里的此消彼长与食品厂、养殖场以及至千家万户的餐桌息息相关。“米袋子”是最基本的民生，水稻和小麦两大主粮的价格是基本稳定的，玉米和大豆两大经济作物的价格波动幅度要大一些。玉米和大豆虽然不是主粮，却是饲料的主要成分。动物疫情暴发时，饲料消费减少，玉米和豆粕价格会下跌；新冠疫情发生时，港口和疫区的货运受到影响，玉米和豆粕价格会上涨。肉价高企时，养殖规模扩张会拉高饲料价格；地方政府要求减排限电时，一些大豆加工厂会停产或减产，豆粕供应量减少也会导致价格上涨。中国85%的大豆和10%的玉米依赖进口，直接受到国际粮价波动影响。国产大豆和进口大豆分别在大连商品交易所和芝加哥期货交易所做套期保值，两地的大豆期货价格存在着很强的联动性。

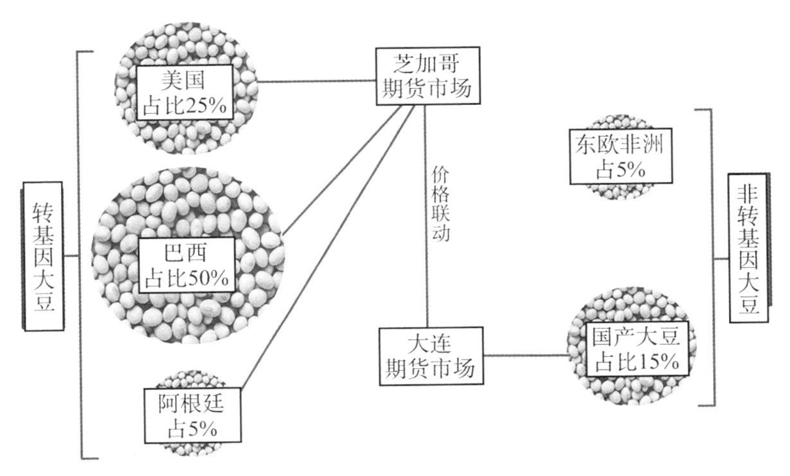

图 13 - 3　大豆市场格局

水稻和小麦是两大主粮。外出用餐，服务生会问我们：主食吃米饭还是面食？稻类和麦类在餐桌上可以互相替代。立足“饭碗端在自己手上”，中国优先保障水稻和小麦两大主粮的种植面积，每年产出 2.1 亿吨水稻和 1.4 亿吨小麦，能够自给自足。之所以每年还进口少量的米麦，主要是用于品种调剂，比如泰国长粒香米和俄罗斯高筋小麦等。当然，稻类还可以制成米粉、黄酒；麦类也可以做成方便面、面包、啤酒。新冠疫情期间，很多人待在家里煮汤圆和饺子，拉动了对速冻米面食品的需求。

中国每年生产 8000 万吨肉、3500 万吨禽蛋和 3500 万吨牛奶。当肉蛋奶消费增加时，主粮消费就会相应减少。换句话说，玉米和大豆构成的饲料大量替代了水稻和小麦。每年养殖业要消耗 2 亿吨饲料，其中 60％是玉米，20％是豆粕。黄河流域“一年两熟”轮作冬小麦和夏玉米。当春季青黄不接或玉米价格偏高时，有些养殖户会选用小麦替代玉米做饲料，约有 10％—20％的小麦会被用于饲料工业。每年国家会政策性出售国储库里的陈化稻米，也可以作为饲料原料。中美发生贸易摩擦时，进口美国大豆牵扯到复杂的民族情绪和转基因争论。马来西亚的棕榈和加拿大的油菜可以替代巴西和美国的大豆，但替代空间只有10%左右。

玉米和甘蔗存在着微妙的竞争替代关系。中国每年的蔗糖消费量约为1500万吨，以玉米为原料的淀粉糖产量也约为1500万吨，两者互相替代、平起平坐。巴西是世界第一大蔗糖出口国，大量出口到中国。与此同时，巴西有一半的甘蔗用来生产燃料乙醇，而且成本比玉米乙醇要低。

综上所述，现代农业不再是靠天吃饭的单一产业，而是一个巨大的产业集群。谷物价格受到诸多因素的影响，包括疫情、航运价格、种植面积、养殖周期、期货交易、进口关税、石油价格、汇率波动以及相关政策等，其间的利益关系错综复杂，需要用全新的战略眼光加以审视。

从前，“一方水土养一方人”。今天，全球粮食贸易让一方水土可以养活另外一方人。世界粮食市场长期被“ABCD”四大粮商垄断：美国艾地盟（ADM）、美国邦吉（Bunge）、美国嘉吉（Cargill）和法国路易达孚（Louis Dreyfus）——人们根据名称首字母将其冠名为“ABCD”。英国《卫报》曾在报道中这样形容：“只要你活着，就无法摆脱全球四大（粮商）巨头。”四家公司先后诞生于1818—1902年，是全球粮食市场的“老人”。从生产到加工、从贸易到物流，国际粮商建立起全球化的粮食产业链布局，共同掌控着世界超过70%的粮食交易量，对国际粮食价格拥有绝对的话语权。近年来，亚洲有三家粮商快速崛起：中国的中粮集团、新加坡的奥兰国际（淡马锡控股）和丰益国际（金龙鱼的股东)。曾经“ABCD”的粮食江湖演变成为“战国七雄”。

让我们以嘉吉为例，解读一下国际粮商的发展史。十九世纪中后期，美国的铁路修建进入黄金时代，嘉吉抓住这一历史性机遇，沿着铁路线收购了数以百计的粮仓。到 1900 年，嘉吉公司基本控制了美国中西部的粮食贸易。“一战”爆发后，英国和法国从美国大量进口粮食，嘉吉从中获得丰厚利润。“二战”爆发，嘉吉开启港口和造船业务，为美国海军输送给养，此举也为后来的远洋贸易奠定了基础。“二战”以后，嘉吉开启全球战略，业务范围拓展到饲料、面粉、种业、化肥、养殖和钢铁等领域。嘉吉甚至建立了专属的气象部门，帮助客户更好地进行风险管理。2021 年，受益于粮价上涨和消费激增，嘉吉净利润接近 50 亿美元，这是嘉吉 156 年历史上利润最高的一年。

嘉吉公司有两个与众不同之处：其一，嘉吉公司选择做“隐形冠军”，一直“拒绝”上市。很多公司做到一定规模后都想上市，但农业本身是薄利多销的长线产业。考虑到资本追逐的是短期利益，急功近利的心态与公司百年老店的文化相去甚远，嘉吉公司至今没有上市，在世界 500 强中也找不到它的名字。如果跻身其间，1300 亿美元销售额的嘉吉会排在前 50 位。其二，嘉吉公司选择聚焦 B2B，很少涉足 B2C。为了提高盈利能力，很多农业企业都选择将产业链延伸到下游的终端消费品牌。然而“甘蔗没有两头甜”，这种发展路径的结果往往导致公司对客户端的投入越来越大，农业的根基却会越来越弱。嘉吉深谙两种业务之间的差异，一直坚持 B2B 定位，做可口可乐、百事可乐、麦当劳、肯德基的供应商。

2013 年，中国成为“世界第一粮食进口国”。保障粮食进口成为大型央企中粮集团的战略任务。就规模而言，今天的中粮已经发展成为仅次于嘉吉的世界第二粮商。值得注意的是，北美、南美、欧洲黑海地区和太平洋地区等粮源主产区已经被国际粮商瓜分完毕，中国进口的粮食中有很大一部分需要通过ABCD完成采购。也就是说在粮源掌控环节，我们仍存在“软肋”。

谷物产业，有投资价值吗？

现代人对农业的心态有些矛盾：一方面厌倦了城里的雾霾和拥挤，怀念乡间的泥土芬芳和田园诗画，渴望绿色农产品，另一方面又对土里土气的农业敬而远之——都想做“罗绮者”，不愿做“养蚕人”。农业院校喜欢宣讲“大国粮仓”和“把论文写在大地上”，很少谈赚钱的事。财经媒体则盯着“独角兽”，偶尔谈及农业时，关注点也只是亩产创新高或农产品安全。很少有人知道10月16日是“世界粮食日”，12月5日是“世界土壤日”，每年秋分是“中国农民丰收节”。

有人选址依山傍海的村落，把旧房建成民宿，四周种上稻米和果蔬，散养上土猪和家禽——“故人具鸡黍，邀我至田家”。周末或假期，城市游客开着SUV接踵而至，享受一下田园乐趣和原味美食，吃饱喝足了，再悠然而去。这姑且算是工业文明对农村的一种反哺，也有学者称之为“逆城市化”。

对于那些撸胳膊挽袖子想靠农田发财的投资者，还是要奉劝一句：做农业又冷又苦，投身其中是需要一点情怀的——对农民的感情，对土地的感情。一望无际的农田看上去很美，然而乡村生活会让你感受到位置偏远、交通不便、环境脏乱和文化匮乏。有人笃信互联网 +，然而互联网可以解决信息问题，却解决不了产量和品质问题。毕竟粮食长在地里，而不是网络里。有些跨界搞农业的人从基础的农场选址开始就走了弯路，没有考虑所选地的土质、水源、气候和民风等现实问题，最终“赔了夫人又折兵”。

每年的气候都存在差异，即使在同样一块农田里采用同样的栽培技术，种植同样的作物品种，去年和今年的口感仍可能会不同。我的一位好友在老家承包了 10 公顷优质稻田，每年都能吃到他种植的有机稻米，蒸熟的米饭会散发出浓郁的香气。然而有一年，当地阴雨天多，灌浆期的气温比往年低了大约 1 度。没长成熟的腹白粒明显增加，少了一成出米率，而且口感也不如往年。

投资农业还需要直面社会问题。在农村做事，需要懂得构建“和谐社会”，与村官和“望族”要保持良好关系，细水长流地给些利益，让人家赚些钱。要招聘一些农民工，给当地人提供一些工作机会。村里有些红白喜事，要送个礼包，给人家“增光添彩”。还要做点好人好事，比如助学修路。换一个角度看问题：融入一方水土的能力本身就是投资农业的一个门槛。

2010 年以来，一些企业开始跨界关注农业，优先考虑的赛道是高附加值的海鲜、肉类和水果等。恒大等地产公司倒是跨入了粮油领域，但很快发现这是个很难赚钱的行当。

判断一个行业是否有投资价值，主要看两点：收益和风险。鱼和熊掌不可得兼，要掌握好两者之间的平衡。

先说说收益。粮油价格事关国计民生，受到政策影响，总体维持在低位。一亩地建成房子可能赚到 1000 万，一亩地种粮食却只能赚 1000 元。虽说酒是粮食做的，但粮食卖不上茅台和五粮液的价格。蔬菜效益高一些，勉强可以承受设施农业的高投入。有些媒体热炒智能化植物工厂，这种方式的种植成本比普通蔬菜要高出很多倍，或可用在南极科考站中，离百姓餐桌还是有些远。

从田园到餐桌，这是一条食物链，也是一条价值链。为谷物产业链画一条“微笑曲线”，附加值更多体现在上游的农资公司和下游的食物品牌，处于中间的种植环节附加值最低。

在商业模式上，上游的种子、化肥、农机与种植业相去甚远。一般来说，农业公司只是购买农资和服务，很少进入这些领域。此间的道理就像淘金的人会购买铁锹和牛仔裤，却不会去生产这些东西。

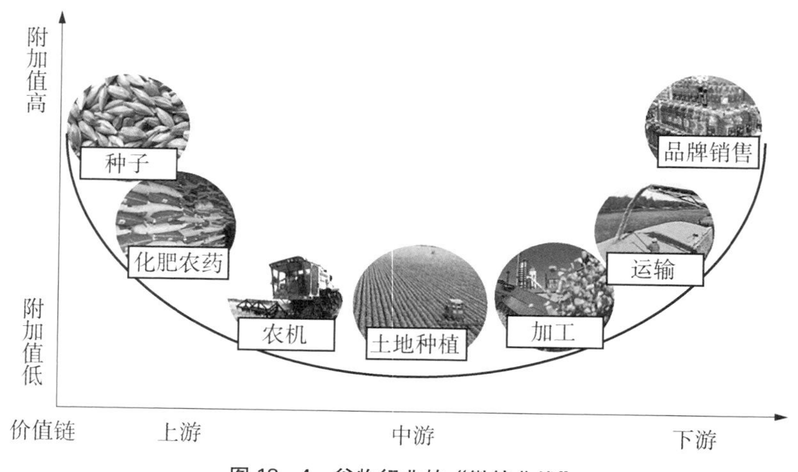

图 13-4　谷物行业的“微笑曲线”

土地和种植位于价值中游，前期投入大，利润率却很低。一句话，种地卖粮挣的是辛苦钱。千百年来，种地就遵从“一分耕耘一分收获”的朴素哲理，“拔苗助长”会适得其反。谷物公司更愿意通过“订单农业”与农民合作：统一订购种子、化肥和农药，春季派发给种植户，秋季再按照合同价格收购粮食。这种战略联盟既可充分利用农民廉价的土地和劳动力，又能间接掌控低利润的种植环节。公司获得了原料供应保障，再切入到下游高附加值的加工、运输和销售。

下游的销售是“兵家必争之地”，大公司都在努力获得品牌溢价。20 世纪 90 年代，随着生活水平的提高，食用油消费快速增长。嘉里粮油公司抓住这个机会，推出“金龙鱼”小包装食用油。逢年过节，亲友走动和公司福利发放，一桶晶莹剔透的食用油成为很好的选择，食用油顺势开启了品牌化。然而时至今日，粮食未能复制食用油的品牌模式，依然摆在农贸市场里散装销售，偶有产地标示，却没有品牌溢价。有些企业一厢情愿地“王婆卖瓜”，为做广告而做广告，最终事倍功半。

粮油企业要打造品牌，需要审时度势，认真研究行业特点和消费模式。对于咖啡、茶叶和葡萄酒而言，“七分靠原料，三分靠工艺”。然而大宗谷物相对同质化，对下游加工食品的影响没有这么大。电饭煲里还经常飘出米饭的香味，然而家里已经很少包饺子和蒸馒头，越来越多的面食来自速冻食品厂和面包房。

2010 年前后，中粮集团曾积极探索“全产业链”模式，不仅要做大粮油产品原料，还通过并购向产业下游的消费端全方位发力，横跨米面粮油肉奶酒多个领域，旗下品牌超过 30 个。然而整合之难如同器官移植，诸多业务缺少协同效应，消化不良问题开始显现，不得不施行“瘦身”，重新进行战略聚焦。

食品行业竞争高度市场化，在单一产品赛道上称雄都殊为不易，百花齐放的难度可想而知。世界食品巨擘都只是切入了食品产业链的部分领域或者关键环节。比如嘉吉侧重于上游的食品配料；雀巢则在下游 B2C 类食品领域谋求发展；而益海嘉里则依托金龙鱼品牌，专注于粮油行业。

再说说风险。天有不测风云，今天的人类还没有能力改变地球的气候。人有房子，牛羊有圈舍，谷物却是没家的孩子，在田野中任由风吹日晒。灾害天气经常不期而至，春旱会影响苗期长势，秋雨会影响粮食收储。即便有了天气预报预警，满地的作物既不能拔苗助长，也不能提前收割，只能听天由命。一场台风，谷物会大面积倒伏；一场病害可以让谷物成片枯萎；一场冻害甚至可以让谷物绝收。

由此可见，作为初级农产品的谷物需要面对自然灾害和市场波动的双重风险。在这种商业环境下，投资谷物产业不要想赚快钱，它需要“十年磨一剑”的恒心。商业史上，有些大公司就是靠卖米面起家的：韩国三星集团最初是一个卖面粉的小公司，“台湾工业之父”王永庆创业时开的是一家米店，掌控香格里拉酒店的郭氏家族做的是粮食和白糖贸易。这些商业巨擘最初选择粮油生意，并非因为利润丰厚，而是因为处于在特殊的历史时期，粮油是刚需，门槛又不高，可以白手起家。

放眼世界，谷物加工的平均利润率在 5%左右，粮食贸易的利润率甚至不到 1%。相对于种植业，养殖业的盈利能力要好一些。A 股上市公司中，养殖企业的数量和规模要远大于种植业。饲料工业位于农业产业的“枢纽”之地，将谷物转化为肉蛋奶，打通了种植和养殖两大产业之间的“任督二脉”，很多公司建立起了“饲料—养殖—食品”的纵向一体化模式，提升盈利空间。

俗话说“猪粮安天下”，中国每年要吃掉 7 亿头猪和 100 亿只鸡，分别占肉类消费量的60%和20%。很多人认为养猪喂鸡是件粗活，其实今天的养殖场已经进入工业化时代，需要精细的成本控制。猪大约每吃2.5斤饲料可以长出1斤肉，而鸡每吃1.7斤饲料就能长出1斤肉，猪的养殖周期（150天）比鸡（40天）也长很多，所以猪肉的价格比鸡肉要高。饲料成本占养殖成本的70%，生猪和粮食的价格比跌破5∶1，养殖场就会赔钱，反之则能盈利。每隔3—4年，养殖业会经历一轮盈亏周期。200斤的生猪6个月就可以出栏，5斤的肉鸡甚至只需要40天，养殖场的资金周转率高于一年一季的谷物。不过养殖场也有固有的风险，暴风雪中畜禽可能被冻死，猪瘟和禽流感也会不时发生。

未来，谁来种地？

回望中国几十年的工业化进程，农民做出了巨大的贡献和牺牲。2000年以来，城市的房价上涨了10倍，但粮价只涨了1倍。粮价维持低位可以降低整个社会的生活成本，可是这样做相当于让农民承担了更大的社会责任。吃苦耐劳的农民进城打工，建设起繁华的城市，成就了中国“世界工厂”的头衔，然而至今农村人均收入仍不足城镇的一半。

或许有人会说，现在中国人均收入高了，国家可以放开粮价，让种粮人多一些收益。问题不是那么简单，尽管中国的粮价被“压低”，但仍高出国际粮价约30%。发达国家粮食单产水平高，又采用机械化生产和规模化种植。相比之下，中国人多地少，小农户多小散乱，在产量和成本上缺少竞争力。

1980—2021年，中国农村人口的比例从80%减少到35%。如今常年在农村居住的人口约为5亿，其中2亿以种地为业。年轻人更加喜欢五光十色的城市生活，不愿意在田野间经受风吹日晒。和互联网大厂比较，农业既不光鲜，也不挣钱。“厌农”并不是中国特色。荷兰农业设施全球一流，土地生产率高居全球第一，农产品出口总值列全球第三。然而过去20年，荷兰农业人口减少了1/3，农场数量减少了一半——在年龄超过55岁的农场主中，约有60%找不到继承人。

有人开始担心中国进入老龄化社会，农村人口越来越少，也越来越老，如果以后没有人种地，会不会出现粮荒？其实，美国耕地面积是中国的1.5倍，却只有500万农民。在发达农业国家，一个农业人口可以养活50个人。在中国，一个农业人口只能养活7个人。未来，农业机械化完全可以解决中国劳动力短缺问题。

图13-5　现代农业机械

今天，中国农作物（耕种收）的机械化率已经超过70%，种地所需人工已经比40年前大约减少了90%。传统农业主要靠牲畜和人力，春耕时节全家人一起下地，犁耕地、锄刨坑、手点种，还有施肥和除草，至少要忙碌半个月。现在有了农业机械，多道工序一气呵成，两三天就能完工。抢出更多的农时，谷物就可以有更多的生长期，进而有更高的产量，这对一年两熟制的作物尤为重要。2022年春，东北粮食主产区有些地方突发新冠疫情，高效的农业机械为抢农时、保春耕做出了重要贡献。

当然机械化也有缺点，比如：水稻秧苗如同婴儿，手工插秧会加以呵护，机械手却不懂这些，很容易伤根伤苗。再比如：谷物成熟后会有倒伏，田边地头也有死角，机械收割会遗漏这些谷穗。买一台农机要花费几十万元，然而只有春种秋收两个农忙季，折旧成本高。为了提高农机利用率，有些农机公司会根据各地谷物收获期的差异，从南方北上千里，进行跨区作业。

近年来，智慧农业突飞猛进。数以万计的无人机在田野中精准喷洒农药，替代了过往的人力"背负式"喷雾器作业。利用区块链技术，粮食储备公司可以优化物流、贸易、金融、技术等供应链管理。将来的农场主还可以通过手机登录，准确掌握土壤、温度和湿度，了解谷物的生长和病害情况，准确测算出化肥和农药的用量。借助遥感卫星获取作物生长信息，政府可以准确掌握种植面积，银行和保险公司可以高效进行贷款和理赔，粮商可以掌握期货交易和粮食贸易的主动权。

放眼未来，中国农业的下一轮机遇会是土地流转后的大农场时代，这是一个天翻地覆的变化，届时会有更专业的种子公司、农资公司、农机公司和保险公司，农业院校的莘莘学子会迎来更多的用武之地。如果你是一个热爱自然的人，现代农场主也是一个不错的职业方向。经常在田间忙碌，呼吸着新鲜的空气，沐浴着灿烂的阳光，肯定对健康有益。潮起潮落间，很多看起来热热闹闹的风口专业，或者很快花开花谢，或者存在中年危机，但农业却是可以干一辈子的行当。相信千万年以后，人类脚下依然是厚德载物的土地，赖以维持生命的依然是五谷杂粮。

第四部分

大国粮仓　国之基石

1万年前，地球上的人口只有几百万，2022年已经增长到80亿，有10%的人口仍生活在饥饿中。辽阔的耕地是农业的基础，俄罗斯、美国、巴西和印度分别是最大的小麦、玉米、大豆和水稻出口国。

在过去两千多年里，中国的人口从3000万增长到14亿。今天的中国是第一粮食生产国，也是第一粮食进口国，还跃升为世界第一肥胖大国，但对中国而言，粮食安全依然大于天。

据预测，2050年，地球人口会增加到95亿，2100年则达到110亿。要养活更多的人，要更多依赖以基因工程为代表的现代育种技术。

第 14 章

饥荒：笼罩人类的千年诅咒

抬头寻找天空的翅膀，候鸟出现它的影迹。带来远处的饥荒，无情的战火，依然存在的消息。玉山白雪飘零，燃烧少年的心。使真情溶化成音符，倾诉遥远的祝福。

——罗大佑，《明天会更好》

在农业文明史上，粮食短缺是贯穿始终的主题。某个社会一旦拥有更多的粮食，就会产生更多的人口。当人口多到超过粮食产量承载的极限时，战争、瘟疫、饥荒就会纷至沓来；人口急剧减少后，又会开始新一轮的循环。科幻片《复仇者联盟》中，灭霸认为万物一直在生长，但是宇宙的资源有限，所以要消灭一半生物来达到宇宙的平衡。而 200 多年前，还真有人研究这个观点——他就是英国的托马斯·马尔萨斯。

马尔萨斯人口论

1798 年，32 岁的马尔萨斯仍然是个单身汉，绝对是晚婚晚育的典范。这一年，他发表了惊世之作《人口原理》，阐述了下面的人口逻辑：人和动物、植物一样都被自己种类繁殖延续的本能冲动支配着，结果就会造成过度繁殖。人口按照几何数列 1、2、4、8、16、32……增加，但生活资料却按照算术数列 1、2、3、4、5、6……增加。所以，当人口的增长超过了食物的供应，人均占有食物的量会不断减少，就会爆发饥荒、疾病或战争，进而引起人口数量大幅度下降，直到达到新的食物平衡。

这个“诅咒”曾经数千年萦绕在人类头顶，从古埃及到中国，从印加帝国到近现代欧洲，都不曾幸免。和平时期的男欢女爱导致人口激增，一旦超越土地的承载能力，就出现粮食短缺，人们为混口饭吃不惜落草为寇，战乱频发，往往还伴随着瘟疫。

在 14 世纪之前，全球人口增长极为缓慢。在粮食不足时，不管是东方还是西方，都会残忍杀婴，其中多数是女婴。在工业化时代之前，动物本身也会陷入“马尔萨斯陷阱”。因为自然资源是有限的，动物大量繁殖，也会因食物和领地争夺而相互厮杀。为了降低竞争压力，它们甚至会杀死雄性幼崽。

达尔文在《物种起源》里写道：“1838 年的 8 月，也就是我开始进行系统全面调查工作以后的第 15 个月，我以消遣为目的阅读了马尔萨斯写的《人口原理》，由于长时间对动植物的习性进行观察和研究，很简单地能够看到随处可见的生存竞争事实，因此我茅塞顿开，恍然大悟。在这样的生存环境中，凡是那些有好处的变化都被保留了下来，那些对生物不利的变化都逐渐消失。这样的演变最终导致了新物种的产生。”

玉米、红薯等美洲高产作物走向世界之初的200年，有效缓冲了气候灾害影响，中国和欧洲的人口都增长了4倍，这在人类历史上是前所未有的，被誉为“18世纪的食物革命”。然而进入19世纪，世界粮食增产再次遇到天花板。欧洲列强在海外建立了很多殖民地，依靠这些地方出产的粮食，宗主国得以化解粮食危机。而闭关锁国、积贫积弱的大清帝国再次掉入“马尔萨斯陷阱”。饥民揭竿而起，先后爆发了白莲教起义、捻军起义和太平天国运动。

近代饥荒的清朝样本

回望华夏历史，没有内忧外患的太平岁月其实并不多。中国古代的四大农书——西汉晚期的《氾胜之书》（氾胜之著）、北魏时期的《齐民要术》（贾思勰著）、元朝的《农书》（王祯著）和明朝末年的《农政全书》（徐光启著），都“生于乱世”，或者说它们是被战乱和饥饿逼出来的。如果当时的人们衣食无忧，也许就会缺少农艺创新的动力。

很多清宫电视剧中，从康熙到乾隆的134年是一派太平盛世，皇帝云游，后宫争宠，街头百姓也都衣着光鲜，浑身上下连块补丁都没有。其实，经过康熙和雍正两个承平时代后，中国人口一路暴增，远超粮食增速，大清帝国很快陷入僧多粥少的困境。到了乾隆后期，甚至沦为“饥饿的盛世”。

18世纪中叶，工业化浪潮在英国兴起，国际贸易开始向全球蔓延，大清帝国却依然在沉睡之中。1793 年（乾隆五十八年），英国派出了第一个访华使团到达中国。英国人对传说中的东方帝国充满好奇。他们相信，中国就像《马可·波罗游记》中所写的那样，黄金遍地，人人身穿绫罗绸缎。然而，一踏上中国的土地，他们马上发现了触目惊心的贫困。老百姓“都如此消瘦”，主要食物仍是粗粮和青菜，肉、蛋、奶都少得可怜。农民把所有的精力都放在土地上，精细化的耕作让植物间不留缝隙，不浪费一点点空间。只希望能在少得可怜的土地里，尽量多长一点粮食，以便填饱肚子。春荒之际，还要采摘野菜才能度日。一旦遇到饥荒，普通人家卖儿卖女的情况十分普遍。类似英国公民的啤酒肚或英国农夫喜气洋洋的脸在中国难得一见。

为了增加产量，种地变得更加精细复杂。投入的人力越来越多，但边际效应越来越小。与此同时，野蛮开荒破坏了生态环境，森林砍伐造成水土流失、河道淤塞，旱涝、蝗灾也频繁出现。嘉庆皇帝 1796 年继位，其实是接了个烂摊子。

1853 年，太平天国运动风起云涌，清廷欲调兵遣将进行镇压，但财政困难，力不从心。清政府以“义捐”名义向鸦片商人征收重税以弥补财政缺口。这种饮鸩止渴的做法相当于给买卖鸦片开了绿灯。鸦片获利要比小麦和玉米高出三五倍，各地掀起了种植鸦片的狂潮，种植范围很快从西南的云贵川三省扩展到大江南北。“天府之国”四川成了鸦片主产区，产量一度占到全国的 40%，涪州（今重庆涪陵）成为著名的鸦片生产和交易中心。遍地开花的鸦片为晚清提供了 10%的税收，跻身支柱产业。林则徐是 1850 年去世的，他若泉下有知，绝对会气得吐血。

1877—1878 年，全球气候转暖，中国却突遭极端旱情，华夏大地拉开了饥荒序幕。山西省是重灾区，老百姓食不果腹，开始剥树皮、挖草根、吃观音土，甚至出现了把死人从坟墓里挖出来吃掉的现象。山西本来就土瘠民穷，鸦片种植居然占据了10%的农田，而且都是相对肥沃的耕地。时任山西巡抚曾国荃（曾国藩的弟弟）就指出："此次晋省荒欠，虽曰天灾，实由人事。自境内广种罂粟以来，民间积蓄渐耗，几无半岁之粮，猝遇凶荒，遂至无可措手。"

乔家大院位于重灾区山西祁县，主人乔致庸是一位有良知的商贾。面对饥荒，他让家人"禁肉食，著粗服"，组织家仆上街开设粥铺，要求"筷子插上不倒"。在他的带动下，一些富户也纷纷效仿，使祁县成为流亡灾民较少的县。当时全国受灾人口在1.6亿到2亿之间，约占当时清朝人口的一半。后来有1000多万人饿死，2000多万灾民出走逃荒，有了悲壮苍凉的"走西口"和"闯关东"。女人和小孩被明码标价低贱卖出，换来一点口粮。1877年为丁丑年，1878年为戊寅年。这次大灾荒因此被称为"丁戊奇荒"。

此间，清政府也采取了救灾行动，然而有限的粮食解决不了饥荒问题。灾害初期，政府官员先是隐瞒不报，再是救济不力。为防止灾民盲目流动，引发暴乱，官府严防死守。当时江西、湖北、湖南等鱼米之乡和东北的黑龙江、吉林、内蒙古并未受灾，却并没有把余粮用于赈灾，甚至还有商人出口粮食。

现代饥荒的非洲样本

今天，全世界仍有8亿饥饿人口，死于饥饿的人数超过艾滋病、疟疾和结核病死者的总和。全球每年产出28亿吨谷物，人均约为

700斤。尽管低于800斤的国际粮食安全线，理论上也不至于让10%的人口生活在饥饿中。然而全球农业资源分配很不均衡。非洲妇女平均生育5个孩子，人口从1950年的2亿增长到2021年的13亿，占世界人口的1/6，但非洲粮食产量仅为世界总产量的1/15，人均粮食只有300斤，为全世界最低。尽管进口了一些粮食，但仍有1/5的非洲人在忍饥挨饿。20世纪后半叶全球发生过65次饥荒，其中有34次发生在这一地区。非洲的百年饥荒既有天灾因素，也有人祸因素。

先说天灾。以津巴布韦为例，这是非洲南部的一个贫穷国家。在20世纪90年代旱灾平均五年发生一次，近年来则是每两年发生一次，有时甚至会连年干旱。干旱炎热的气候本就不利于农作物生长，还会加剧虫害，疟疾、霍乱和埃博拉病毒等传染病也会在开荒种地时突然袭来，让撒哈拉沙漠以南的非洲大地深陷贫穷、饥饿和艾滋病中。

再说人祸。19世纪末至20世纪初，非洲几乎完全沦为欧洲的殖民地。为了满足欧洲市场的消费需求，欧洲人在非洲推行单一种植模式，导致大量农田用于种植经济作物，如棉花、甘蔗、咖啡、可可、橡胶、茶叶和剑麻等，这些经济作物虽然能够赚钱，却不能当饭吃，非洲国家的粮食不得不依赖进口。例如，毛里求斯是个面积仅有2000平方千米的岛国，殖民时期形成单一的蔗糖经济。世界糖价波动时，国家经济遭受重大冲击。富裕的农场主还买得起高价粮食，穷人只能忍饥挨饿、流离失所。

1914年，落魄的丹麦富家女凯伦·布里克森（Karen Blixen）远嫁非洲肯尼亚，获得了“男爵夫人”的称号。她的农场中种植的并不是谷物，而是咖啡。当她的家业尽毁于一场火灾，不得不离开非洲时，出于人道主义关怀，她跪地祈求总督给村里的黑人土著保留一块能够维系生存的土地。她的自传《走出非洲》被搬上银幕后，成为那个时代的非洲缩影。影片 1986 年一举拿下奥斯卡 7 项大奖，结尾处，凯伦深沉悲伤的独白缓缓响起，发人深省：

> 如果我聆听一首属于非洲大地的歌，
> 它让人想起夜空下的长颈鹿，
> 和它背上那一弯非洲新月。
> 采咖啡人流着汗水的脸庞——
> 原野里颤动的空气，
> 是否还有着我熟悉的色彩？
> 明亮的全月是否在碎石路投下我的身影？
> 雄鹰是否在恩贡山上寻觅我的踪迹？

知识卡：《种桑误国》的典故

非洲的种植结构失衡问题在中国历史上早有前车之鉴。春秋时期，齐桓公想吞并近邻鲁国和梁国，然而自身实力不足。鲁梁两国的百姓擅长纺绨（丝织物），宰相管仲给齐桓公出了一个计谋：命令齐国臣民必须穿丝质衣服，老百姓只准种粮，不准种桑树。齐国蚕丝需求增大，绨价快速上涨。趋利的鲁、梁两国干脆放弃种粮，全部改种桑树。过了几年，看到时机成熟，齐桓公突然宣布齐国改穿布衣，禁止绨料和粮食贸易。鲁梁两国顿时陷入缺粮困境，虽然急令百姓返农，但为时已晚，后来不得不归顺齐国。

第二次世界大战结束后，很多非洲国家开始独立，但老百姓等来的并不是安稳富足的生活，而是军人政权、暴动和内战等人祸。1983—1985年，非洲经历了20世纪最大的一次干旱，旱情严重的地区河流干涸、田地龟裂、牲畜倒毙，超过1.5亿人陷入饥荒，数以千万计的人口背井离乡。联合国称这次大旱为“非洲近代史上最大的人类灾难”。为了赈济非洲饥民，迈克尔·杰克逊（Michael Jackson）召集美国流行乐坛的45位歌手共同演唱了歌曲《四海一心》（We are the world），很快风靡全球。在《四海一心》的启发下，罗大佑联手60位港台歌手演唱了《明天会更好》，郭峰等120位大陆歌手推出了《让世界充满爱》，全世界掀起了一股热心公益、关注和平的潮流。

1989年，奥黛丽·赫本（Audrey Hepburn）被任命为联合国儿童基金会特使。她多次去非洲实地考察，访问埃塞俄比亚、索马里、苏丹等国家，组织了一系列贫困儿童救助项目。她曾说过一句经典名言：“当你长大时，你会发现你有两只手，一只用来帮助自己，一只用来帮助别人。”很多人都看过赫本主演的电影《罗马假日》，她不到80斤的纤细身材也是由于少年时期经历“二战”，食物短缺和营养不良造成的。

尽管有很多人为非洲灾民付出努力，但是饥荒依旧在持续。为什么不直接对非洲进行粮食援助？理想很丰满，现实很骨感。解决饥荒问题绝不是把粮食运到非洲这么简单。

一些地方战火纷飞，处于无政府状态。粮食往往运抵港口和城市，但大量饥民聚集在乡村，难以从中受益。在埃塞俄比亚，援助经费和粮食遭挪用的状况屡禁不止，甚至被军阀用于发放军饷和武器采购；在肯尼亚，粮食救援机构所依靠的中间商、政府官员以及各路军阀卷入救援粮倒卖中，而难民营里的民众却饿得骨瘦如柴；索马里的地方武装不仅截留援助物资，还提出各种苛刻条件，比如只接受伊斯兰国家捐赠等，甚至将饥荒说成国际社会“干涉索马里内政”的结果。面对各种乱象，联合国也是有心无力。亚洲首位诺贝尔经济学奖获得者阿马蒂亚·森（Amartya Sen）曾一针见血地指出：“饥荒并不是因为粮食短缺而爆发，问题更多是由于分配不均引起的……只有建立起平等、富有政治责任感的社会氛围，饥荒才能得到避免。”

粮食援助有时还会“帮倒忙”。一般来说，自然灾害发生后的前3个月是食物短缺最严重的时期，而援助物资到达受援国平均需要4—6个月，也就是一季作物的生长期。受灾国农业可能已经开始恢复的时候，援助粮食涌入市场会打压当地粮价。谷价低贱严重影响农民的生计，让贫困问题变得更为复杂。

生物能源技术也会“火上浇油”。2006—2008年，国际粮价上涨了约3倍。非洲的粮食产量本来就很低，粮价飙升无异于雪上加霜。造成粮价危机的原因，并不是灾害导致全球粮食减产，而是石油价格从每桶60美元一路狂涨到148美元，美国大量采用玉米和大豆发展生物能源，国际炒家顺势投机，推高了全球粮食价格。

联合国《世界人口展望2022》报告预测：2050年全球新增人口中，超过一半将集中在刚果（金）、埃及、埃塞俄比亚、印度、尼日利亚、巴基斯坦、菲律宾和坦桑尼亚等8个国家，其中5个国家位于非洲。不过，非洲农业有着很大的增产潜力。在撒哈拉以南的非洲，有一半的地方年降水量超过500毫米，相当于中国的河北、陕西，可以种植玉米、木薯等耐旱作物。

非洲耕地面积约为2亿公顷，另外还有6亿公顷可供开发的耕地，约占全世界可开发耕地面积的20%，相当于5个中国的耕地面积。然而这里极度缺乏水利、化肥和农机，玉米亩产只有世界平均水平的1/3。大量荒地无法确权，也影响着农民投入。作为饲料的主要成分，国际市场上的玉米和大豆主要是转基因品种，但多数非洲国家禁止进口转基因作物。

如果非洲民众能够借鉴一下华夏农民的精耕细作，境况会好一些。过去几十年，非洲国家也一直是中国重点援助的对象。然而中国本身就是粮食进口国，不可能对非洲国家直接提供大规模的粮食援助，可以做的是帮助贫困国家提高粮食生产能力，比如品种改良、农业机械推广、节水灌溉和仓储设施建设等。

人造谷物与人造肉

2021年，中国学者在《科学》杂志上发表论文，在实验室条件下实现了从二氧化碳到淀粉的人工合成。听起来，这项技术既有助于碳中和，又能解决粮食问题，很快刷爆朋友圈。有媒体甚至据此推测：将来没有食物可吃时，化学家就可以大显身手，因为空气可以造面包。

这项研究虽然证明了人类可以在实验室里合成生物大分子，但是用这种代价高昂的方式去生产成本低廉的淀粉，是没有商业价值的。谷物就相当于一块高效的太阳能电池，光合作用依旧是最物美价廉的能量生产方式。在可以预见的未来，粮食生产依然要依靠土地，要从工厂里大量生产出养活人类的粮食是不现实的。即使将来有了人造谷物，也会以微生物为载体，而不是化学合成。

近年来，世界范围内掀起素食主义风潮。人类每年要吃掉14亿头猪和18亿头牛。有些动物保护人士珍爱动物的生命，对屠宰厂深恶痛绝。也有些环保主义者认为养殖场会排放大量温室气体，少吃肉食就是减少碳排放。美国约有5%的成年人是素食主义者（vegetarian），2%的成年人是纯素食主义者（vegan），后者对和动物沾边的食物一概拒绝，包括牛奶、鸡蛋、冰淇淋等。在中国营养学会2016年发布的《中国居民膳食指南》中，明确指出“目前我国素食人群的数量约5000万人”。

为了迎合“素食”风潮，有些食品企业开始推出“人造肉”产品，包括汉堡包、肉丸和鸡块等。这些产品主要是以豆类、小麦等植物蛋白为原料，添加脂肪、黏合剂、着色剂、维生素和风味成分，再通过挤压工艺技术，生产出模仿肉类色香味的“素肉”制品。其实“素肉”在中国不算新鲜事物，在传统素斋食谱中早就有以植物为原料的素鸡、素鹅和素鱼。不过在蛋白种类和能量密度上，现代“植物肉”终究不如动物肉，也难以呈现后者复杂而精致的口感。

也有学者在研究“细胞培养肉”，就是用糖、氨基酸、油脂、矿物质和多种营养物质，将动物肌肉细胞“喂养”长大。这种工艺不使用抗生素，还可以杜绝疯牛病及口蹄疫等病毒感染。但这项研究还处于实验室阶段，要面对成本和伦理等难题。特别要指出，口感是最难模仿的属性，毕竟这与牲畜的饮食习惯、年龄等都有关系。要在实验室里培养出逼真的牛排，还有很长一段路要走。

第 15 章

中国究竟能养活多少人？

从明天起，做一个幸福的人。喂马，劈柴，周游世界。

从明天起，关心粮食和蔬菜，我有一所房子，面朝大海，春暖花开。

——海子《面朝大海春暖花开》

1994 年，美国学者莱斯特·布朗（Lester R. Brown）在《世界观察》上刊载了一篇文章，题目为《谁来养活中国》，在西方引起广泛关注。20 多年过去了，尽管中国并没有出现食物短缺问题，但是布朗提出的问题依旧值得我们警惕。粮食是一个国家的生命线，永远只能多不能少。粮食如果减产 10%，结果不是每人少吃 10%的粮食，而是可能饿死 10%的人口。

中国人口：从 3000 万到 14 亿

根据史学家考证，春秋战国时期的中国人口约为 3000 万。“秦王扫六合”的进程中，大约有 180 万人被斩首，相当于杀掉了 6%的人口。此后的两千多年，人口数量在王朝兴衰中出现过波动，但总体呈上升趋势。中国先后有过四次重大的粮食增产，为人口增长奠定了基础。

第一次是秦朝以后，随着灌溉和磨粉技术的发展，源自西亚的麦类在汉唐时期取代小米，从卑微的异国谷物蹿升为受到尊崇的华夏主粮。冬种夏收的麦子又与其他作物进行一年两熟种植，提高了粮食产量。有了坚实的粮草基础，秦始皇和汉武帝得以建立起强大的帝国。不过，当时老百姓的生活并不富足，一天只吃两顿饭，诸侯可以吃三餐，皇室才可以吃四餐。西汉时，皇帝给淮南王的流放圣旨上，就有一个惩罚措施：“减一日三餐为两餐。”

第二次是宋朝开始，中国引入了早熟的占城稻，稻麦轮作之外，南方又逐渐发展出双季稻，水稻产量大大增加。北宋时期不仅人口从唐朝的 8000 万飙升至 1 亿，人们还吃上了一日三餐。“苏湖熟，天下足。”吃饱喝足了，宋朝人开始有了闲情逸致，琢磨诗词、瓷器和书法。正如陈寅恪先生所评价的：“华夏民族之文化，历数千载之演进，而造极于赵宋之世。”

第三次则是明末清初，玉米、红薯和土豆等美洲高产作物先后传入中国，在贫瘠山地上推广种植。依靠产量优势，玉米很快取代小米，将北方的“小麦—小米”复种演变为“小麦—玉米”复种，水稻产量也大幅提升，助力清朝人口超过 4 亿。

第四次是1950年以后，随着良种、化肥和农药的推广，粮食产量从1952年的1.6亿吨大幅提高到2022年的6.8亿吨，人口从5亿猛增到今天的14亿。

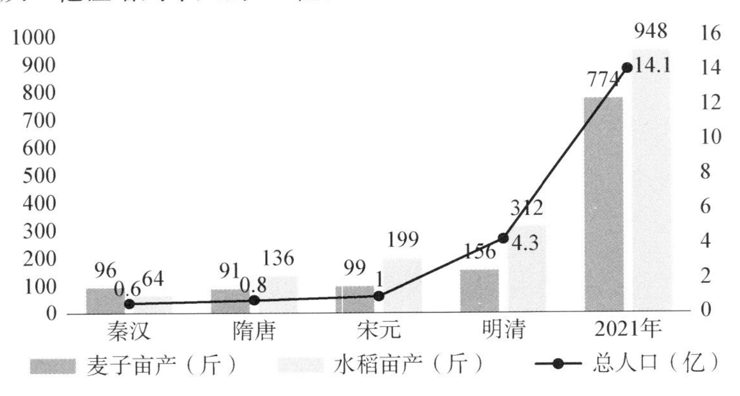

图15-1 中国历代粮食亩产和总人口估算

注：①根据张善余、余也非、吴慧和吴宾等学者的研究数据整理；②各个朝代的人口采用的是峰值数字，朝代末期因饥荒和战乱频发，人口会大幅减少；③古代缺少全国性的统计，表中数据基于学者们的估测，存在一定偏差，但总体上反映出粮食与人口的增长趋势。

回望过去3500年的中国历史，谷物在华夏大地上“你方唱罢我登场”，各领风骚千百年。小米支撑了最初的1500年，见证了商周的繁荣；小麦支撑了第二个1000年，促成了大唐的繁荣；南方的水稻支撑了最近的1000年，南粮北运，延续了宋元明清千年的文明。如果以谷物为主角，我们可以分别称之为小米时代、小麦时代和水稻时代。加上400年前从美洲来到中国并成功逆袭成为主要谷物之一的玉米，中国的谷物品种丰富，产量高、口感好、能量高、可抗灾……可谓一应俱全。

除了谷物品种，粮食产量的提高和耕地面积的扩张也息息相关。秦汉时期先开发黄河流域，唐宋时期再开发长江流域。明清时期先是“江西填湖广”，然后是“湖广填四川”，一直填到喜马拉雅山脚下。明代隆庆四年（1570 年），云南最南端的一块地域被区划为“西双版纳”，傣语意思就是“12 千块良田”。清代光绪三十三年（1907 年），水稻在四川西南边缘一处海拔 3000 多米的山谷试种成功，就此设立了“稻成县”，就是今天的稻城。清朝后期出现了全局性的粮食紧缺，东北解禁，饥民马上去“闯关东”。历经 2000 多年的农业发展，中国的耕地面积从春秋时期的大约 2.3 亿亩增加到今天的 19 亿亩，同期粮食单产也大约 100 斤增长到 1000 斤，随之人口从 0.3 亿增长到 14 亿。粗算下来，过去 2000 多年，中国的粮食产量大约增加了 80 倍，人口增加了近 50 倍。

在世界很多地方，考古学家都发现了人口增加与粮食增产之间的关联。然而究竟是人口增加迫使人们扩大粮食生产？还是粮食增产促使人口增加？其中的逻辑近似于“先有鸡还是先有蛋”。其实，这个问题可以从近代的大饥荒中找到答案。每当饥荒爆发时，物质和生存条件恶化，生育率会下降。很多婴儿出生后，也会因为营养不良而夭折或被父母遗弃。由此可见，首先是有了食物保障才会有人口的增长，增加的人口又会需求更多的食物——人类或者去扩大耕地面积，或者去提高每亩产量。若没有不断增长的粮食产量支撑一定数量的人口，国家的经济规模与消费市场便无从扩大，生产力也谈不上进步。

1840 年，中国有 4 亿人口，占全世界总人口的三分之一。为什么中国能养活这么多人？精耕细作提高产量和节衣缩食减少浪费当然是重要的原因，还有另外一个关键因素——以谷物为主食。

食物链本质上是一个能量转化体系，欧美国家以肉类为主食，牛羊鸡猪将大量谷物饲料转化成富含蛋白质的肉类，在新陈代谢环节会消耗掉很多能量。在现代养殖场，畜禽大约每吃 3 公斤饲料可以长出 1 公斤肉，而近代养殖场的这一比例高达 10∶1。中国人以谷物为主食，能量利用率更高，自然可以养活更多的人口。

从食物配给制到第一肥胖国

建国之初，工业基础几乎为零，连火柴都要进口。1954 年，全国人均粮食量仅为 270 千克，只有今天的一半。当时国家推行“统购统销”政策，政府是唯一的粮食收购者，禁止民间自由买卖粮食。中国人勒紧裤腰带，把省下来的粮食出口换汇，买回急需的工业化设备。一粒一粒的粮食启动了中国的工业化进程。

1959—1961 年，中国经历了“三年困难时期”。根据国家粮食局的数据，当时大约短缺了 2800 万人的口粮。创办四川希望集团的刘氏兄弟当时就在忍饥挨饿。刘永好饿得嘴里直冒酸水，刘永言更是饿到浑身浮肿，奄奄一息。后来不知道母亲从哪里弄来了一点米糠，才算把他们的命保了下来。今天 70 岁以上的老人都经历过这个特殊时期，对饥饿有着深刻的体会，至今见不得浪费粮食。

进入六七十年代，老百姓的日子过得依然清苦，只能勉强维持温饱。很多农家圈养了两三头黑毛猪，孩子们放学后会到田野里割猪草。淘米水和刷锅水里面有米糠和油星，也舍不得扔，存在泔水桶里。很多农家有一口专门煮猪食的大铁锅，把切碎的猪草、谷糠连同生活泔水一起倒进锅里，煮熟后的猪食散发着一种刺鼻的酸味。喂养一年的猪崽能长到 100 多斤。“杀年猪”卖的钱可以去购买新衣、年货和农具，贴补家用。

平常的日子是吃不到肉的，为了帮我补充蛋白质，我父亲从村里的榨油坊买来豆粕，放在布袋里，让我拿着洗衣棒槌用力拍打。豆粕被捣碎后，再掺到玉米面中，蒸出的玉米窝头有一种独特的豆香。回想起来，少年时吃的“玉米 + 豆粕”就是今天的饲料配方。麻雀如今是国家二级保护动物，但在 20 世纪因为与人争粮，曾与老鼠并列为“四害”。逮麻雀和抓老鼠是学校鼓励、孩子们喜欢的一项活动。

图 15-2　20 世纪 80 年代的消灭麻雀宣传画

1958—1978 年，中国农业主要以“生产队”为单位，村民们集体劳动，吃大锅饭，日子过得艰难。1978 年的安徽省凤阳县小岗村，不论男人女人，只要能蹦能跳的，都曾外出讨饭。走投无路下，18 户农民“违规”签订了一份“生死契约”，内容如下：“我们分田到户，每户户主签字盖章，如以后能干，每户保证完成每户的全年上交和公粮，不在（再）向国家伸手要钱要粮。如不成，我们干部作（坐）牢杀头也干（甘）心，大家社员也保证把我们的小孩养活到十八岁。”幸运的是，这份“托孤”式的契约得到了邓小平和时任安徽省委书记万里的支持，就此拉开了中国农村“包产到户”的序幕。

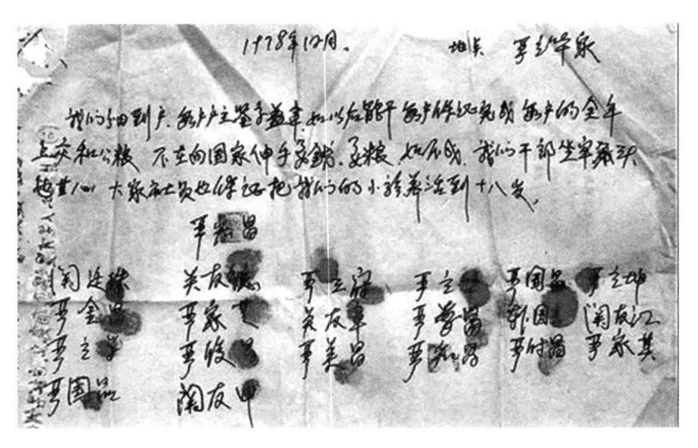
1978年12月。 地点 严立华家

我们分田到户，每户户主签字盖章，如以后能干，每户保证完成每户的全年上交和公粮，不在向国家伸手要钱、要粮，如不成，我们干部坐牢杀头也甘心，大家社员也保证把我们的小孩养活到十八岁。

图 15－3 小岗村“承包到户”契约

李健演唱过一首很感人的歌曲——《父亲写的散文诗》：“1984 年，庄稼还没收割完。儿子躺在我怀里，睡得那么甜。明天我要去邻居家，再借点钱。孩子哭了一整天了，闹着要吃饼干……”歌中唱到的 1984 年，中国粮食总产量首次突破 4 亿吨，人均 390 千克，勉强维持温饱。当时中国人均肉类只有 15 千克，相当于今天的 1/4，逢年过节才能吃上肉。

那一年，我正在吉林市第十八中学读书。那是一所远离城区的中学，每人每月定量只有 27 斤粮。下课铃声响起，同学们冲向食堂，狼吞虎咽。当时很少能吃到大米白面，主食就是玉米和杂粮。为了下饭，周末返校时会从家里带回一罐腌制的咸菜，家境好的同学才会有肉酱。副食店里有 2 毛钱一包的方便面，但很多同学都买不起。国家施行食物配给制，买米买肉不仅需要钱，还需要粮票和肉票。“票证经济”曾影响了两代老百姓的生活。

粮票一直到1993年才被正式取消。一句话，中国人能吃饱饭不过是最近三十几年的事情。

转折发生在1980年代——良种、化肥和农药开始推广应用，成为粮食增产的“三驾马车”。1981—2021年，中国粮食产量从3.4亿吨增长到6.8亿吨，翻了整整一倍。此外，2021年中国又进口了1.6亿吨粮食，合计8.4亿吨，折算下来人均粮食达600千克。今天中国人过上了富足的生活，平均每人每年会吃掉64公斤肉，和欧盟大致相近，高于世界平均水平——43公斤。丰衣足食的中国人迅速胖起来。1992年，18岁以上成年人的超重和肥胖比例只有20%，今天已经达到50%，中国肥胖人口已经跃居世界第一。

在远古时代，肥胖基因其实是人类的一大优势。毕竟在饥一顿饱一顿的日子里，人类必须尽可能在体内储存更多的能量物质，以熬过艰难的日子。多余的碳水化合物转化成脂肪，食物短缺时脂肪再转化成能量，帮助人类维系生存——熊类冬眠前大量储藏脂肪就是这个道理。同等重量下，脂肪氧化释放的能量是淀粉和蛋白质的2倍，是最好的能量储存方式。肚子和腰是人体负重最好的地方，也是脂肪存储的最佳位置。

有人将肥胖归咎于谷物中的碳水化合物。其实在七八十年代，城镇人口每人每月定量35斤粮，平均一天1斤米，加水后能蒸出2斤饭。今天有多少人一天会吃掉2斤饭？也就是说过去几十年，中国人的碳水化合物摄入量不仅没有增加，甚至还略有减少。那么今天人为什么会发胖？一是因为其它的食物吃多了，比如肉类、油类、啤酒、奶茶、薯片、蛋糕等。中国人每年要喝掉4000万吨啤酒，相当于三个杭州西湖喝下去了。喝一天啤酒不会胖起来，但经年累月地喝，再加上高油多肉的配餐，“啤酒肚”

自然会鼓起来。二是因为能量消耗大大减少。过去人们要在田间劳作，现在重体力劳动都交给机械设备，整天待在空调房里刷手机。久坐不动，营养物质自然会在腰腹上不断积累。

关注销量和股价的食品公司也在不遗余力地迎合人类的味觉偏好，生产出高糖、重盐、低价的食品。一杯珍珠奶茶的热量有400大卡，一袋100克的油炸薯片则高达500大卡。大航海时代以前，糖在欧洲大陆非常稀缺，贵如黄金，只有贵族才能尝到。因此，20世纪70年代，很多食品公司用甜味来吸引消费者，宣传甜味能带来快乐。今天，口号从“要快乐”变成了“要健康”。曾被高高捧起的糖类被重重摔下，戴上了“不健康”的帽子。

有人为了减肥，忍饥挨饿地控制饮食量。需要注意的是，蛋白质和脂类能为人体提供能量，但能为大脑提供能量的只有碳水化合物。如果缺乏葡萄糖，大脑就会出现头晕、乏力甚至晕厥症状，医学上称为“低血糖反应”。如果热量摄入不足，健康就无从谈起。饮食健康的关键在于营养均衡，米面中富含淀粉，肉类中含有更多的蛋白质、脂肪、B族维生素和铁、钙、磷等矿物质。早餐组合中，牛奶加面包或者豆浆加油条能让我们均衡地摄入淀粉、蛋白质和脂肪。富含淀粉的馒头如果再配一碗大米粥，就有点重复了——这其实淀粉加淀粉的组合。要提高免疫力，人体必须摄入足够的蛋白质，才能够产生针对病毒的抗体。

大国农业资源对比

19世纪，法国历史学家亚历西斯·德·托克维尔（Alexis de

Tocqueville）曾深刻指出："未来世界大国一定是陆地大国，像美国、俄国和巴西，因为它们首先能在农业生产中养活自己。"100多年过去了，中国正处在崛起进程中，这一论断值得我们注意。

放眼全球近200个国家，粮食自给率超过100%的国家只有约15个，能够大量出口粮食的国家更是屈指可数：美国、巴西、阿根廷、俄罗斯、加拿大和澳大利亚。全球每年产出约28亿吨谷物，其中贸易量约为5亿多吨。美国是最大的玉米出口国，巴西是最大的大豆出口国，俄罗斯是最大的小麦出口国。中国是世界第一粮食生产国和第一粮食进口国，对粮食安全的重视程度也是世界之最。

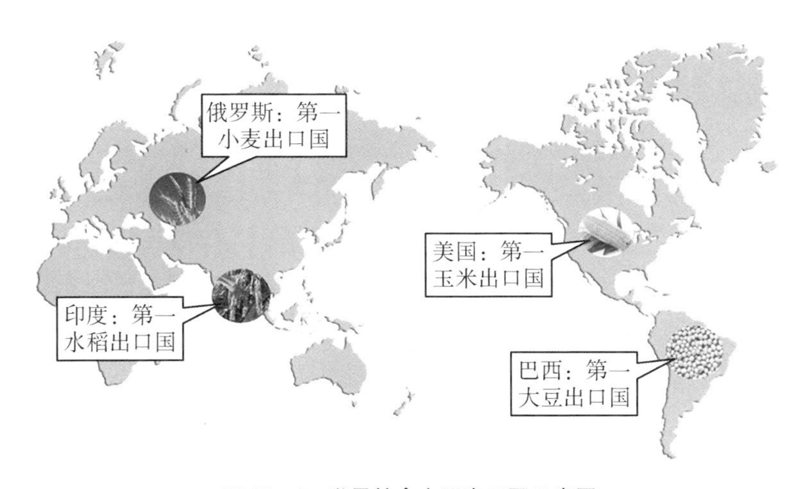

图15-4　世界粮食主要出口国示意图

决定一个国家粮食产量的首要因素是耕地面积和气候条件。全世界有15亿公顷的耕地面积，占陆地总面积的10%。美国耕地面积为世界第一，排在第二、三、四位的分别是印度、中国和俄罗斯。中国和印度都有14亿人口，人均耕地面积约为0.1公顷，只有美国的1/5和俄罗斯的1/9。就人均耕地资源而言，中国农业缺少比较优势。

2021年，自然资源部发布了第三次全国国土调查结果：中国现有种植粮、棉、油、糖、菜等农作物的耕地19亿亩，种植果树、茶树等经济作物的园地3亿亩，适宜发展畜牧业生产的草地40亿亩。中国大部分地区位于温带和亚热带气候区，热量充足，48%的耕地种植一年一熟，37%的耕地种植一年两熟，还有15%的耕地种植一年三熟。中国粮食总产量居世界第一位，夏粮和早稻为中国贡献了1/4的粮食。

虽然美国的耕地面积是中国的1.2倍，但谷物种植一般一年一熟，化肥和农药的用量不到中国的一半，很多农田用来种植棉花或放牧，每年还有约1/5的农田休耕，粮食总产量约为5.7亿吨，排在世界第二。俄罗斯的耕地面积与中国差不多，但气候寒冷，热量不足，很多地方并不适合种植，粮食产量只有中国的1/5。

虽然印度国土面积还不到中国的1/3，但地形平整，有一半的土地可以进行耕种，耕地面积反而比中国要多。印度半岛大部分地区属于热带季风气候，年降水量在1000毫米左右，比中国江南的“鱼米之乡”还要多，几乎全年都是无霜期，作物可达到一年三熟。从某种程度上，印度的农业条件要优于中国，然而印度气候雨热不均，6—9月的雨季经常酿成洪涝灾害，雨季过后又要面对旱季缺水问题。气温在5月高达40℃，水分大量蒸发，加剧了旱情。印度缺少农业机械、化肥和农药，耕作方式也很落后，粮食产量不到中国的一半。

人均粮食是衡量粮食安全最直接的指标。中国人均粮食（不算进口）483 千克，约为美国的 1/4 和俄罗斯的 1/2。世界上饥饿人口最多的国家是印度，人均粮食只有 220 千克，还不到中国的一半，超过 2 亿印度人吃不饱饭。所幸印度是“素食王国”，如果将大量粮食用作饲料，饥饿问题会更严重。

表 15-1　主要国家耕地与粮食资源比较（按耕地面积排序）

国家	耕地面积（万平方公里）	耕地占国土比例	人口（亿）	人均耕地（公顷）	粮食总产量（亿吨）	人均粮食（千克/不计进口）
美国	158	16.9%	3.28	0.48	5.70	1738
印度	156	52.3%	14.00	0.11	3.08	220
中国	128	13.3%	14.13	0.09	6.83	483
俄罗斯	122	7.1%	1.45	0.84	1.21	834
巴西	82	9.6%	2.14	0.38	2.59	1210
加拿大	39	3.9%	0.38	1.03	0.56	1526
乌克兰	33	54.7%	0.42	0.79	0.86	2048
阿根廷	33	11.7%	0.46	0.72	1.42	3087
澳大利亚	31	4.0%	0.25	1.24	0.55	2200

注：①根据 2019—2021 年美国农业部和中国国家统计局等机构发布的数据整理而成；②不同年度的数据会有小幅波动。

欧洲的面积为 1000 万平方千米，和中国差不多，人口（7.5 亿）却只有中国的一半。因为气候冷凉和土地承载力不高，谷物产量远不如东亚季风区。所幸，欧洲没有南北走向的高山，大西洋的湿润水汽可以一路由西向东，穿越以法国为主的西欧平原、德国为主的中欧平原和俄罗斯、乌克兰为主的东欧平原。今天这四个国家的粮食总产量占欧洲的 60%。大西洋气流甚至会穿过中亚大地，辗转 7000 千米来到新疆的伊犁河谷，形成 600 毫米的年降水量，孕育出一片 5 万平方千米的“塞外江南”，赛里木湖被誉为“大西洋的最后一滴眼泪”。

2000 年，俄罗斯仍大量依赖进口粮食。普京提出“没有农业的复兴，就不可能有俄罗斯经济的复兴”。此后，俄罗斯推出土地流转政策，加大农业资金支持，发展农业机械化。经过 20 年的努力，俄罗斯不仅实现了粮食自给自足，还跻身世界第一小麦出口国。与俄罗斯接壤的乌克兰被誉为“欧洲粮仓”，是第四大小麦出口国。在全球 2 亿吨的小麦出口量中，俄罗斯和乌克兰合计占比约 30%。2022 年春，这两个国家突然爆发战争，国际小麦价格在一个月内飙升了 50%。春季是冬小麦生长的关键阶段，战乱导致农民无法正常施肥洒药，小麦必然大幅减产。土耳其和埃及等国家的小麦进口主要依赖俄乌，粮食安全形势立马变得严峻。远离硝烟的中国也感受到了战争的扰动，小麦价格上涨了 10%。历史又一次印证了美国前国务卿基辛格所说的那句名言：“谁控制了粮食，就控制了人类。”

谁来养活中国?

中西方的饮食结构存在很大差异。从能量的角度，肉类可以替代粮食。古代欧洲的种植技术粗放，粮食产量也不高。不过，草场上有牛羊，海洋里有鱼虾，造就了欧洲人大鱼大肉的饮食习惯。中国人的能量主要来自谷物，正餐中如果没有米面主食，就会觉得没吃饱。然而在欧洲人的餐桌上，牛排配红酒足矣。时至今日，中国人均肉类消费量只有 60 千克，远低于欧美的 100 千克。

2021年，中国年产粮食达到6.8亿吨，加上进口的1.6亿吨粮食，合计8.4亿吨，人均粮食达到600千克，远高于400千克的国际粮食安全标准线。互联网一代生活在衣食无忧的时代，餐桌空前丰盛，对人口和环境所面临的压力浑然不觉，很少关注粮食安全。然而水旱灾年，不管十年一遇还是百年一遇，时间拖得足够长，我们总会碰到。1937年，邓云特（邓拓）先生曾在《中国救荒史》一书里给出过统计数据：自公元前1766年到1937年的3703年间，一共发生过5258次灾害，平均每8个月一次。几乎无年不灾，无年不荒。

放眼世界，农业用地总面积约为50亿公顷，其中2/3为草地和牧场，只有1/3用作耕地。随着灌溉等现代农业技术的推广，全球粮食仍有一定的增产空间。然而中国人均只有约0.1公顷耕地，要在2个篮球场大小的土地上生产出喂饱一个人的食物，谈何容易？在“中国用世界8%的耕地养活了世界18%的人口”的背后，是连续多年对土地进行超负荷的开发种植，这在其他国家是极为罕见的。

随着人口增加和肉蛋奶消费量增长，中国的粮食进口量快速增加。2000—2021年，中国粮食进口量占全球的份额已经从5%提高至30%。环境负荷压力、水资源枯竭、碳中和等问题叠加在一起，中国首先要保证水稻和小麦的自给自足。

按照进口粮食重量折算，中国粮食的对外依存度不到20%。但如果将进口粮食换算成耕地面积，数据就令人不那么淡定了。1亿吨大豆就需要8亿亩耕地；0.6亿吨其他谷物会消耗1亿亩耕地；每年进口约0.1亿吨肉类和奶粉，按照消耗饲用谷物测算，又需要1亿亩耕地。上述三大类农产品汇总，相当于中国进口了约 10 亿亩耕地。中国自有 19 亿亩耕地面积，按照耕地面积折算，我们的粮食对外依存度超过 30%。好在中国的计划生育政策实行了三十多年，相当于少生了 4 亿人，否则粮食安全形势会更为严峻。

或许有人认为：既然绝大多数国家都需要进口粮食，东亚近邻韩国和日本甚至一多半的粮食都要依靠进口，中国对粮食安全不必过于紧张。需要注意，日本人口是 1.2 亿，韩国人口只有 0.5 亿，中国却有 14 亿人口，一旦发生粮食短缺问题，后果不堪设想，我们不能冒这个风险。灾害或战乱爆发时，各个国家都会选择加大粮食储备。一边是进口国的疯狂采购，另一边是出口国的自我保护，全球粮食贸易会受到冲击，甚至引发“食物民族主义”浪潮。

那么，如果粮食完全自给自足，中国究竟可以养活多少人？我们可以来做个测算。单纯依靠国内的 19 亿亩耕地，按照目前的消费水平，中国可以养活 10 亿人。2021 年，中国达到 14.1 亿的人口峰值，2050 年人口缓慢减少到 12 亿，2070 年再减少到 10 亿。也就是说，按照现有的耕作强度，50 年后的中国才可能实现粮食自给自足。由此可见，“把饭碗端在自己手里”不是三五年的事情，而是三五十年的艰巨任务。

如何实现粮食安全和可持续农业之间的平衡？这是摆在我们面前的一项战略议题。中国有一半的耕地采用一年多熟的复种模式。如果进一步考虑可持续农业，让这些农田改成一年一季种植，或者每年让 20%的耕地休耕，粮食产量会相应减少。预计到 2100 年，中国人口降至 7 亿时，我们才可能实现自给自足。提高粮食自给率是“面子”，保护环境和资源是“里子”。在某种意义上，进口粮食不仅是在进口资源，也是在进口青山绿水和蓝天白云。

喜马拉雅山炸开一个口子?

地球上人类真正能够利用的淡水量仅占地球总水量的3‰。通俗地说，地球上"弱水三千"，人类"只取一瓢"。中国耕地面积仅占国土面积的14%，制约粮食产量的首要因素不是土地面积，而是水资源。如果有水，沙漠里都会出现绿洲。土壤水分状况在农业领域有个独特的名字——墒情。通常，土壤含水量在60%左右，谷物的感觉会是最舒服的。土壤含水量达到90%，谷物根系就会开始窒息。土壤含水量降低到30%左右，就是干旱。一旦土壤含水量降至10%时，谷物的吸水力小于土壤的持水力，谷物便会因缺水而凋萎。

中国的人均水资源约为2200立方米，仅相当于世界平均水平的1/4。农业（种植和养殖）消耗了中国总用水量的60%，然而农业用水效率仅为50%，明显低于发达国家70%—80%的水平。每生产1千克粮食，大约需要耗费1吨水。具备灌溉条件的农田大约占中国耕地面积的一半，但这一半的灌溉农田却生产出了中国75%的粮食。

最近的1000年，雨水充沛的南方是粮食主产区，中国的粮食供给基本上是"南粮北运"。然而改革开放以来的四十年，南方大规模发展工业，这一局面发生了逆转。南方耕地上低效益的粮食作物逐渐被经济作物取代，北方发展成为粮食主产区。北方（秦岭—淮河以北）的耕地面积占全国的64%，却仅拥有不到20%的水资源。"北粮南运"给粮食流通和北方水资源带来很大压力。

随着粮食产量的增加，北方的缺水问题也在加剧。由于过度开采，华北井灌区的地下水位下降幅度甚至超过 20 米，成为世界上最大的地下水漏斗区。为了缓解北方的缺水问题，中国开启了宏大的南水北调工程。北方产粮区为国家的工业化和城镇化做出了贡献，自身却陷入“粮食大省、经济弱省、财政穷省”的尴尬境地。粮食布局失衡的问题也值得我们关注。

在古代社会，绝大多数人口都是农民，大家生活在星罗棋布的乡村，人口和水资源分布相对均衡。伴随着工业化进程，越来越多的人口聚集到城市。比如：北京是一座严重缺水的城市，却汇集了 2000 多万人口。经济和就业导致的人口汇集与水资源布局存在错位，加剧了城市供水压力。在中国 600 多个城市中，有 400 多个供水不足，110 个严重缺水。工业和生活用水增加势必会影响农业用水。尽管处理后的工业和城市废水也可以灌溉农田，缓解农业水资源短缺，但回用水中含有重金属和病原微生物等有害物质，会影响土壤和人体健康。

如果要在地球上找一个与海洋距离最远的地方，应该就是中国的西北地区。这里和东边的太平洋、西边的大西洋和北边的北冰洋，距离都在 4000 千米以上。中国年降水量 200 毫米以下的荒漠地区大多分布在祁连山以北和以西地区，位于青藏高原北缘的祁连山还阻碍了太平洋季风的脚步，使得夏季的湿润气流难以挺进河西走廊和新疆地区。南边的印度洋相对近一些，距离约为 2000 千米，但有喜马拉雅山脉阻隔，印度洋气流很难到达这里。新疆南部的塔克拉玛干沙漠面积达到 33 万平方千米，相当于辽宁省和吉林省的面积之和。然而这里的年降水量只有 50 毫米，是一片不毛之地。

相对于喜马拉雅山脉北麓的一片荒芜，南麓却承接着湿润的印度洋气流，印度的乞拉朋齐年降水量甚至超过 1 万毫米，就是 10 米的雨量，被称为“世界雨极”。电影《不见不散》中，葛优扮演的男主角手舞足蹈地说出自己的大构想：“如果我们把喜马拉雅山炸开一道，甭多了，50 千米宽的口子，世界屋脊还留着，把印度洋的暖风引到我们这里来，试想一下，那我们美丽的青藏高原从此摘掉落后的帽子不算，还得变出多少个鱼米之乡。”

理论上讲，让印度洋的季风暖流给干旱的西北带来甘露，确实是一个可以改变中国西部气候环境的办法，但操作起来不太现实。抛开南亚国家是否同意，我们就算一下工程量。喜马拉雅山脉东西长约 2400 千米，平均海拔 4000 米以上，其间崇山峻岭。想引来季风中的水汽，至少要炸开一个 100 千米宽的通道，相当于修建高铁宽度的 1000 倍。再考虑到高原运输、废弃石料处理等问题，即使是基建狂魔，也未必敢接这单生意。

从气候学的角度，西北地区存在一个高压中心，即使我们能炸开这条水汽通道，西北的干冷空气也会从北向南灌入山口，和南边来的印度洋水汽狭路相逢，最终变成雨雪，在峡谷两侧形成植被、雪峰和冰川。那种景象就像今天位于青藏高原东南的雅鲁藏布江峡谷。暖湿气流依旧难以穿越而至，更无法滋润西北大地。

一个地方的年降水量只有达到 400 毫米，才能支撑起茂盛的植被。西北很多地区的年降水量只有 200 毫米，炎炎烈日下，年蒸发量却在 1000 毫米以上。水分入不敷出，如何实现绿意盎然？这样的地方适合太阳能发电，却很难种粮。西北地区要发展农业，可以借鉴的是以色列模式，发展节水灌溉技术，通过滴灌和喷灌用好宝贵的雪山融水资源。

知识卡：以色列的节水农业

《圣经》中，为了摆脱被奴役的命运，摩西率领犹太部众走出埃及。逃亡路上被红海阻隔，生逢绝境，在神的帮助下，他在红海中辟出一条陆桥，来到“迦南地”种植葡萄。罗马帝国时期，反抗失败的犹太人被放逐到欧洲，失去了拥有土地的权力，演变成一个以商业见长的民族。几千年来，祈雨祷告一直是犹太人祈祷活动的重要内容。他们最大的梦想就是回到那片“流淌着奶与蜜的土地”。

1948 年，颠沛流离了 2000 年的犹太人终于建立了现代以色列国，国土面积仅相当于 1.5 个北京市，而且 2/3 是干旱的沙漠。那里的年均降水量只有 200 毫米，和中国西北的干旱地区相近。以色列人均水资源仅为 270 立方米，只是中国 2200 立方米的零头。以色列开国总统哈伊姆·魏茨曼（Chaim Azriel Weizmann）说过：“只要给我们一碗水，一颗种子，这个民族就能生存。”面对这片干旱缺水的“蛮荒之地”，以色列议会在 1955 年通过法律规定：水属于全体人民。即使土地产权人在自家土地上掘水，也需要获得政府许可。所有公共事业单位必须安装水表，以此衡量各个家庭或企业的用水量。这种精细的数据采集方式让以色列在信息科技领域领先世界几十年。

1962 年，以色列开始推广滴灌技术，灌溉效率大大提高。过去三十多年来，以色列的农业用水量一直稳定在每年约 13 亿立方米，而农业产出量却翻了 5 倍。滴灌技术不断把沙漠变成绿洲，以色列的耕地面积由 1949 年的 16 万公顷扩大到今天的 45 万公顷。因为滴灌和喷灌系统遍布全国，以色列被喻为“管道缠起来的农业”。电脑可以根据植物长势和土壤湿度，把混合了肥料和农药的水精确渗入植株根部，以最少的水培育出农作物。那些没有水肥之处，杂草当然生长不出来。如此又避免了使用除草剂或人工除草，可谓一举两得。今天以色列的水资源利用率高达 95%，学校教室里的海报不断地告诫孩子们“不要浪费一滴水”。

既然水资源短缺，以色列当然不会大面积种植水稻，而是优先考虑耐旱的麦类、豆类和经济价值高的园艺作物。以色列还建立“大粮食”体系，就是把水果、蔬菜和肉蛋奶全部纳入粮食范畴。这些食物吃多了，自然会减少对谷物的需求。大量瓜果蔬菜还出口到欧洲，被誉为欧洲的“冬季厨房”，以色列再用赚取的外汇进口粮食。以色列人还把谷物的秸秆和水果的果皮果渣堆沤发酵，再配上一定比例的碎玉米、豆粕，做成标准的奶牛饲料。

今天，以色列是世界高科技农业的象征。然而西北地区要推广滴灌技术存在的最大难题是成本太高。欧盟农产品的价格是中国的 5 倍以上，以色列的农产品卖给欧洲人，还有价格竞争力。如果把这套技术用在中国，价格就会吓退多数人。中国地域辽阔，还是从农业主产区长途调运农产品更为划算。

第16章

拯救人类的“绿色革命”

> 我曾经有过许多梦想，那些梦想都在遥远的地方，我独自远航。我坚信，一个基因可以为一个国家带来希望，一粒种子可以造福万千苍生。
>
> ——钟扬，植物学家

种子，在农民眼里代表着明年的希望，在科幻作家笔下象征着末世的曙光，在育种家心中则是消灭饥饿的诺亚方舟。自从谷物驯化以来，人类一直在寻求最优质的种子，以期获得更高的产量。今天地球上的谷物产量比远古年代提高了数十倍甚至数百倍，育种家在其中做出了重大贡献。

千百年来，人类只是笼统地以为“龙生龙，凤生凤，老鼠儿子打地洞”。1872年，达尔文发出这样的感叹：“遗传的定理绝大部分依旧未知。没有人能够说明在同一物种的不同个体中的相同特性，或在不同物种中的相同特性，为什么有时候能够遗传，而有时候不能；为什么孩子能恢复其祖父母甚至更遥远的祖先的某项特征。”达尔文不知道的是，他的疑问在七年前已经被一位叫孟德尔（Gregor Johann Mendel）的修道士解决了。

孟德尔、李森科与DNA双螺旋

1822年，孟德尔出生在奥匈帝国的一个农民家庭里，从小就对植物的生长很感兴趣。由于家境贫困，他在21岁时来到奥古斯丁修道院当修道士。1856年，孟德尔在修道院里开辟出一块35米长、7米宽的狭窄菜园，开始了著名的豌豆试验。1865年，他发表了现代遗传学的奠基之作《植物杂交试验》。当时，这篇论文刊登在一本很不知名的刊物上——《布尔诺自然研究学会会刊》。

然而他的研究结论在当时过于超前，在科学界没有引起任何反响。据说孟德尔也曾给达尔文写过一封信，说明了自己通过杂交实验所得出的结论。但是这封信没有引起达尔文的重视，他甚至可能都没有拆开信封。孟德尔一生籍籍无名，晚年的他曾对好

图16-1 印有孟德尔头像的德国邮票

友尼耶赛尔吐露心声："看吧，我的时代终将到来。"在他去世16年后的1900年，这个生物学的基础定律终于被世人解读，从此遗传学进入到孟德尔时代。

孟德尔去世后的第三年，尼古拉·瓦维洛夫（Nikolai Vavilov）在莫斯科出生了。长大后他成为蜚声世界的农学家和地理学家。从1916年到1940年，在交通不便、条件艰苦的情况下，他居然进行了180次科学考察，足迹遍及欧洲、非洲、亚洲和美洲的50多个国家和地区。他从世界各地收集了15万份种子材料，在列宁格勒（今圣彼得堡）建立了全世界最早的种质资源库。随着考察的深入，瓦维洛夫发现全世界有几个作物起源中心，这些地方拥有独特的植物品种和丰富的多样性，孕育出后来遍布世界的主要农作物。他提出的"植物起源中心学说"为现代种子资源收集、引种驯化和杂交育种奠定了重要的理论基础。

瓦维洛夫深入了解这些采集物种的生长特性，包括生长期和抗寒、抗虫、抗病能力，不断选育出适应苏联冷凉气候的品种。到了1936年，苏联15%的耕地种上了瓦维洛夫考察队带回来的小麦、大麦、燕麦和玉米品种。一句话，他就是苏联的"袁隆平"。作为苏联列宁农业科学院的首任院长，他还亲自主持编辑、出版了达尔文、孟德尔、摩尔根等生物学家的经典著作。正当瓦维洛夫的声望达到巅峰时，他的生命之舟却坠入了一个悲惨的深渊。

20世纪30年代，苏联出了一个名叫李森科（1898—1976）的"伪科学家"。他出生于乌克兰一个"根红正苗"的农民家庭，早年曾做过瓦维洛夫的科研助手。他偶然间发现在雪地里过冬的小麦种子在春天播种后会提早成熟，进而躲过入秋后的霜冻，并获得更高的产量。李森科据此提出“春化处理”理论，认为低温环境是改变遗传特性、实现作物增产的“万灵药”。今天看来这个理论很荒唐，试想：把谷物种子在播种前放进冰箱里冻上几天，就能发生基因变异，进而实现增产吗?

李森科虽然学识浅薄，却擅长“用行政手段去解决科学中的争论”。他大力宣扬苏联不需要西方的孟德尔遗传学，声称“反对春化处理的人就是苏联人民的敌人，一定要彻底打倒”！当时的苏联领导人斯大林急于与西方分庭抗礼，对这套言论非常赏识，李森科迅速飞黄腾达。很快，苏联轰轰烈烈掀起了反遗传学运动，研究遗传学的学术机构被取缔，数以千计的生物学家遭受迫害，遗传学被引向绝望的深渊。

身处逆境，瓦维洛夫选择坚持科学、宁折不弯，他留下了一句名言：“我们可以走向烈火，可以被焚烧，但我们绝不放弃自己的信念。”1940 年，他被投入监狱。入狱后的前半年，他申请获得纸张和笔墨，撰写出《农业发展史》；服刑期间他还给狱中人员讲授《遗传学》和《栽培学》理论。1943 年，这位毕生都想帮助国家消灭饥饿的农学家被饿死在萨拉托夫监狱里，年仅 55 岁。当瓦维洛夫遭受牢狱之灾时，他创建的列宁格勒种子库却引起了世界的重视。1941 年，纳粹德国围困了列宁格勒。希特勒特别派遣了一支突击队，命令他们要不惜一切代价夺取瓦维洛夫的种子库，并将标本带回柏林。所幸列宁格勒并未沦陷，1944 年战役结束时，种子库的守卫人员里有 9 人被饿死，却没有一粒珍贵的种子被吃掉。

“红衣主教”李森科独霸苏联科学界 30 年，令这个国家在遗传育种领域一落千丈。当苏联的生物学家在李森科的淫威之下瑟瑟发抖时，现代遗传学却在英国取得了重大突破。1953 年，剑桥大学的两位科学家沃森（James D. Watson）和克里克（Francis Crick）提出了 DNA 双螺旋结构模型，揭示了遗传特性代代相传的科学原理。直到 1964 年，苏联科学院终于投票否决了李森科主义。在人类史上，这是一段政治压倒科学的悲剧，不堪回首。

李森科理论如日中天时，也影响到了中国。20 世纪 50 年代，中苏关系处于蜜月期，中国的学术和教育也沿用苏联模式，学校里开始讲授李森科的学说。中国植物学泰斗胡先骕先生当时就指出这一理论的错误，却因此遭受了不公平的批判。在当时的大环境下，湖南省安江农校的年轻教员袁隆平也曾按照李森科理论从事育种研究，走了不少弯路。所幸他在 1962 年接触到现代遗传学理论，开启了杂交水稻研究。多年之后回顾研究历程，他感叹："幸亏我猛醒得早，如果老把自己拴死在一棵树上，也许至今还一事无成。"

农民为什么不再自己留种？

图 16 - 2 《播种者》，米勒

在古代，人们普遍认为最好看的农作物能够产出最好的种子，并据此自行留种，下季继续种植。人们也默认一个规则：种子是天地赋予的资源，就像免费的阳光和空气。如果有人向你讨要种子，等于夸赞你的农艺。给人一包种子也犯不上要钱，就算积德行善了。进入 20 世纪 20 年代，杂交育种技术开启了种子商业化的时代。

1926 年，美国农学家亨利·华莱士（Henry Wallace）在艾奥瓦州创立了先锋种业，这是世界上最早的杂交种子公司之一，今天已经发展成为世界级的种业巨擘。艾奥瓦州的玉米产量全美第一，因此也被称为“玉米州”。这里位于美国中北部，夏季炎热，常发生旱灾。亨利进行了大量的田间实验，开创性地研发出抗旱性优异的杂交玉米种子。

当时的美国农民习惯于使用自己留用或政府免费发放的种子，不愿意花钱买种子公司的商业种子。转变出现在 1934—1936 年——美国大平原连年遭遇旱灾，甚至发生了震惊世界的“黑风暴”，玉米大面积受灾。时势造英雄，亨利被罗斯福委任为美国农业部长。他深知杂交玉米的抗旱优势，杂交玉米种子在美国得以迅速推广，种植份额从 1933 年的 0.1%迅速增长到 1960 年的 96.3%。“三军未动，粮草先行”，“二战”爆发后，农业政绩突出的亨利又被罗斯福委任为美国副总统。

培育一个杂交品种，需要搜集丰富的父母本品种资源，再历时数年进行选育。普通农民几乎不可能完成这项工作，花钱从种子公司购买杂交种子成为必然的选择，这一技术壁垒为种子的商业化奠定了基础。杂交玉米出现以后的 60 年里，美国的玉米单产增长了 6 倍。与此同时，美国农民也越来越相信种子公司的科技广告，渐渐不再自己留种。

为什么是杂交玉米开启了种子商业化时代，而不是杂交小麦或者杂交水稻？要解释这个问题，我们首先需要谈谈谷物的“婚恋生活”。谷物的花期只有三五天时间，雄蕊会抓住这段短暂的

“青春期”扬花授粉。瓜果梨桃的花朵比较大，果园里会经常看到蜜蜂飞舞传粉。然而谷物的花朵很小，颜色也很单一，雄蕊只能请清风“做媒”，把花粉传给雌蕊。

水稻和小麦是雌雄同花、自花授粉植物，雄蕊和雌蕊相依相偎，距离只有几毫米，婚姻半径超短，异花授粉率很低。小规模的育种研究还可以通过人工去除雄蕊，再进行辅助授粉，完成杂交。但要用这种“绣花”方法进行大规模的杂交制种如同天方夜谭。育种家想到了一个办法：先培育出“雄性不育系”，将母本上的雄花变成“东方不败”，这样就避免了雄花和雌花“近亲结婚”，雌花只能接受配套父本的雄花花粉，就此实现了杂交育种。20 世纪 70 年代，以袁隆平为代表的一批育种家历时数十年，终于培育出雄性不育系，中国的杂交稻技术从此领跑世界。

相对于多数谷物的自花授粉，玉米却是少见的异花授粉，有得天独厚的杂交优势。雄花在玉米植株顶端高高立起，雌花则是长在腰部的玉米棒子，外面包裹着几层苞叶，羞涩地把自己隐藏了起来。到了授粉季节，细长娇嫩的玉米须（雌花的花柱）从苞叶中探出头来，承接雄花散发出来的花粉，然后在玉米棒上结出一排排丰满的籽粒。因为雄花和雌花生长在不同的部位，玉米不需要培育不育系，通过人工去雄就可以进行杂交。1945—2000 年，杂交优势显著的玉米单产增加了 3 倍，杂交水稻单产也有 2 倍增幅。因为存在杂交技术瓶颈，小麦和大豆的单产只有 1 倍增幅。

在玉米制种基地，先将父本和母本隔行交叉种植，授粉期将母本顶端的雄穗拔除，这样母本的雌花就只能接受父本上的雄花粉，从而生产出稳定的杂交种子。玉米花粉可以存活 5 个小时，远多于小麦花粉的 30 分钟和水稻花粉的 10 分钟，甚至可以飘到

500 米远。因此，制种基地需要和常规农田隔开一定的距离，以保证杂交种子的纯度。甘肃省张掖市位于河西走廊中部，这里地势平坦，土壤肥沃，水源充沛，日照时间长，是得天独厚的制种基地，全国一半的玉米种子是在这里繁育出来的。

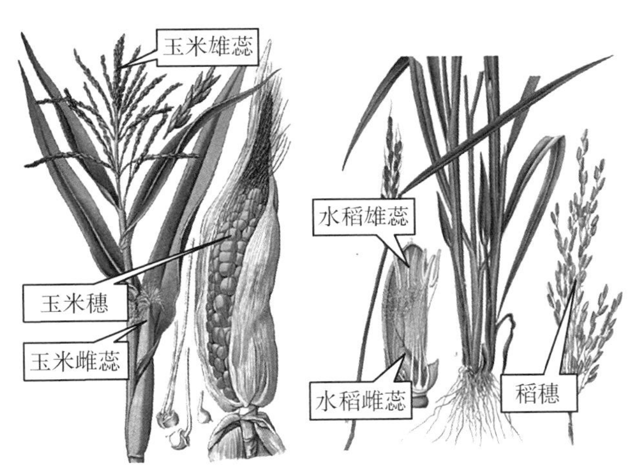

图 16-3　玉米（左）和水稻（右）的植株结构

千百年来，中国农民都是自己留种。20 世纪 80 年代的中学语文课本上有一篇课文《梁生宝买稻种》，作者柳青，讲的是 1953 年，陕西渭河平原由种植一季小麦改成稻麦两熟，梁生宝去太白山下的产稻区购买水稻种子。有了第一年的稻种，第二年就可以自己留种，不用再花钱买种子。在很多地方，留种经验丰富的农民甚至成为小有名气的“土专家”。

1980 年以后，中国开始有了专业的种子公司，就此开启了和美国一样的种子商业化进程。传统玉米种子发芽率低，为保证出苗率每穴要播撒 3—4 粒种子，后期还要人工拔除多余的玉米苗，称之为“间苗”。2005 年，美国先锋公司培育的“先玉”杂交玉米种子开始在中国推广，发芽率超过 95%，可以进行“单粒播种”，不仅大幅减少了用种量，还节约了“间苗”劳动成本。标准化的种植间距既能改善通风透光，也为机械化收获铺平了道路。

今天，杂交玉米和杂交水稻（主要是籼稻）几乎 100%都是商品种子，而且基本是中国自主培育的品种。俗话说“一母生九子，九子各不同”，如果农民将杂交品种的后代直接留种，第二年会出现性状分离，影响产量和品质。种子公司手中会保留一定数量的父母代原种，可以批量繁育出高纯度的杂交种子。种子公司还有另外一个技术壁垒——包衣技术。种子被埋入土壤后，就成了听天由命的“孤儿”，经常遭受病、虫、草害的侵蚀。种子公司将农药、肥料等混合在一起，均匀包裹在种子表面，相当于给它穿上一件用药剂和营养剂做成的防护服，为生根发芽提供保障。

对于小麦、大豆和常规水稻（主要是粳稻）等自花授粉作物，农民如果觉得某个品种好，可以自行留种，而且不需要支付费用。然而自花授粉植物存在 1%—5%的异交率，连续留种两三代后就会出现杂化问题，农民称之为“种子不纯”了。为了省点买种子钱，搞不好会减产一半，实在得不偿失。使用商业化种子，产量和品质要比自留种子有保障，农民逐渐告别了千百年来自己留种的习惯。今天小麦、大豆和常规水稻的商品化率大约分别为 90%、80%和 70%。

很多人生活在远离土地的城市中，不了解遗传学原理，听说“农民不再留种”，就感到忧心忡忡，甚至认为是种子公司做了手脚，让种子变成“不孕不育”。“慈母手中线，游子身上衣。”直到七八十年代，妈妈们聚在一起织毛衣、纳鞋底还是一道很常见的风景，然而今天这种温暖的景象几近消失，越来越多的服装依托工厂生产。商业化种子替代自己留种也是同样的道理：这是工业化的必然趋势。

从杂交到转基因： 希望与诅咒

"二战"期间，墨西哥粮食生产连续三年歉收，向美国寻求援助。1943年，在洛克菲勒基金会的资助下，一批美国育种家被派往墨西哥开始援助工作，其中就包括小麦专家诺曼·博劳格（Norman Borlaug）博士。

谷物有积极向上的本能，身材高大可以获取更多的光照和资源。当时的小麦在化肥的助力下，已经长到和人的肩膀一样高，就像荷兰画家勃鲁盖尔（Bruegel Pieter）1565年创作的油画《收割者》画的，麦田像一座黄色的迷宫，走在其中很容易迷路。

图16-4 《收割者》，彼得·勃鲁盖尔

然而“树大招风”，瘦高的茎秆撑不住沉甸甸的谷穗，也很容易发生倒伏和折断。既然“高富帅”易倒，那就改为“土肥矬”吧。利用杂交育种技术，博劳格博士选育出了茎秆粗壮的矮秆小麦品种。新品种小麦被“矮化”了 30 厘米，只有齐腰高，更多的物质被储存到籽粒中，粮食产量显著提高。茎秆也变得粗壮，减少了倒伏损失。有了小麦的前车之鉴，育种家又让水稻的株高从 150 厘米矮化到 1 米。

新作物品种又与化肥、农药、水利和机械化等技术相结合，墨西哥的小麦总产量在 20 年间提高了 5 倍，不仅实现了自给自足，甚至可以出口。墨西哥农业经历了巅峰时刻，实现了“经济奇迹”。这一农业成就可与 18 世纪的第一次工业革命相媲美，因此也被喻为“绿色革命”。

很快，“绿色革命”技术又被推广到菲律宾、印度等面临饥荒压力的国家，大幅提高了粮食产量，农学家就此站在了历史舞台中央。“二战”结束后，世界迎来婴儿潮。1950—1984 年，全球人口从 25 亿增长到 48 亿，几乎翻了 1 番；而同期的世界粮食产量则从 6.3 亿吨增至 18 亿吨，增速超过了人口增速。如果没有“绿色革命”，人类将面临严重的粮食危机。因为在粮食增产中的杰出贡献，博劳格于 1970 年被授予诺贝尔和平奖。

然而“绿色革命”解决了旧的问题，又引发了新的问题——这几乎是所有技术进步的宿命。其一，连年粮食高产导致土地肥力下降，抽水灌溉大量消耗地下水资源，化肥损害了土壤环境，农药激发出害虫和杂草的抗性。一言以蔽之，绿色革命缺乏可持续性。其二，大型农场拥有资金、土地、种子、化肥、期货等综合优势，通过购买拖拉机大量替代人力，让处于弱势地位的农民失去工作机会，加剧了贫富分化。其三，在干旱贫瘠的非洲，当地人难以掌握现代种植技术，也负担不起农药、化肥、灌溉和机械等费用。在这种情况下，“绿色革命”的粮食产量还不如当地原产的高粱和小米。这也提醒我们：农业技术推广必须因地制宜。

进入 20 世纪 60 年代中期，欧美发达国家肉类消费量增加，产生了大量饲料进口需求。在利润驱动下，很多墨西哥农场不再种植粮食，改种牧草和饲料作物，养牛场的面积也不断扩大。饲料作物这边风景独好，粮食产量却跟不上人口的增速。到了 70 年代中期，墨西哥再次蜕变成粮食进口国，至今粮食自给率只有 60％。也是在 70 年代中期，联合国粮农组织曾经乐观地预言：“由于杂交水稻和杂交玉米等绿色革命奇迹的出现，人类将与饥饿告别。”然而实际情况并没有这么乐观，绿色革命之后的 20 年（1973—1993 年），全球育种研究一直停留在杂交技术阶段。随着人口迅速增长，1995 年世界又出现了粮食短缺。提高粮食单产如同百米短跑，进入 10 秒以后，想再提高 0.1 秒都非常艰难。世界粮食产量在 1990—2010 年之间的增速仅相当于 1960—1990 年的一半。大自然恩赐的潜力已几近用完，要进一步提高产量，需要在育种技术上出现新的突破。

柳暗花明又一村，进入 21 世纪，育种家先后绘制出多种谷物的基因组图谱。玉米基因组有 2.4GB，水稻的基因组是 0.47GB。小麦的基因组有 17 个 GB，差不多是人类的 5 倍、玉米的 7 倍和水稻的 40 倍。在掌握控制性状的基因序列后，基因工程育种走上了历史舞台。

1 万年前，最古老的育种方式就是将籽粒饱满的野生物种进行驯化种植，选育成一个品种要历时千百年。仅改变小麦和水稻的落粒性状，人类祖先就用了近 3000 年时间。100 年前，人们开始使用杂交育种技术，将自然界中亲缘相近的两个品种进行杂交，筛选出一个新品种大约需要十年时间。最近 20 多年，基因育种技术得到应用，育种家可以将蕴含某个优良性状的目的基因直接转入到农作物中，效率大大提高，五年左右就能培育出一个新品种。杂交育种曾对粮食增产做出过重大贡献，基因育种则是未来的发展方向，有人甚至将基因育种技术称为“第二次绿色革命”。

杂交育种和转基因育种的基本原理有相似之处。某个作物母本品种具备高产、抗旱性状，但抗病性状不好，育种家发现某个父本品种正好具有抗病性状的目的基因。杂交育种就是把父本和母本的整个基因序列各取一半，进行杂交，产生出复杂的基因组合。有些变化我们并不需要，但却发生了。比如引入了新的抗病基因，却失去了原有的抗旱基因。因此，杂交育种后期要进行浩繁的纯化工作，才可能选育出理想的品种。

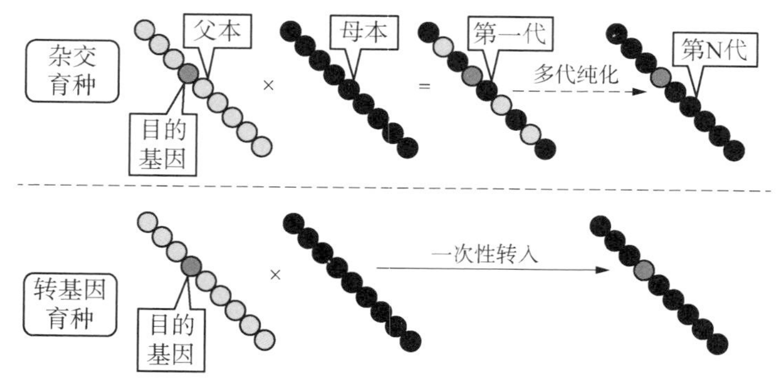

图 16－5　杂交育种和转基因育种的基本原理

如果说杂交是轰开整个基因序列的大炮，那么转基因就是目标精准的导弹。育种家会直接从“父本”物种截取抗病功能明确的基因片段，一次性“转入”母本物种中。这种方式大大减少了纯化工作量，而且可以实现跨物种的转入，进而获得更大的变异和更优良的性状。比如：玉米的光合效率比水稻要高出30%—50%，产量也比水稻高出近一倍。如果把玉米的高光合效率基因转到水稻中，就能够打破水稻的产量天花板。然而玉米和水稻之间存在生殖隔离，不可能实现杂交。这时候，就需要借助转基因技术，打通它们之间的“任督二脉”，实现超远缘育种。袁隆平先生晚年就在从事这方面的研究。

今天，美国的玉米、大豆和油菜的转基因种植比例均超过90%，是转基因作物全球第一种植和消费大国。相对于美国在转基因农业领域的大刀阔斧，欧盟的态度则相对谨慎，而且事出有因。就在美国种植转基因作物的1996年，英国爆发了疯牛病，随后禽流感、口蹄疫等一连串事件接连发生。处于“敏感期”的欧洲消费者对生物产品安全的信心大大动摇，“质疑”成为转基因食品与生俱来的一块胎记。1997年，一船满载美国转基因大豆的商船刚刚抵达荷兰港口，就被蜂拥而至的反转人士“截获”，三下五除二就将大豆倾倒在大海中。

当时的英国王储查尔斯颇具宗教气息，他发表了题为《灾难的种子》的文章，警告转基因技术“会使人类进入只属于上帝的权限范围”。不过查尔斯的亲妹妹——安妮公主的看法刚好相反。她指出，农业从来就不是天然的，她愿意在自己的土地上种植转基因作物。时至今日，有2/3的欧盟国家选择禁止种植转基因作物。然而欧盟做不到粮食自力更生，仍要进口大量的转基因玉米和大豆。

如果要在百年科学史上找出一个争议最大的话题，非转基因莫属。很多人有一种认知——物种的基因是恒定不变的。其实不然，农田里的作物品种每隔三五年就会进行一轮迭代更新，新品种就是通过改变基因实现对某种性状的优化。回望农业史，人类恰恰是通过改变基因，才将难以入口的草籽培育成高产、美味的谷物。如果认定作物基因不可改变，相当于从根本上否定育种行为，那意味着我们将返回远古荒野，继续吃狗尾巴草籽。其实基因本身并不可怕，种子里面就含有大量的遗传物质。当我们咬下一口馒头或是吞下一口米饭，就吃下了数以亿计的基因。人们真正担心的是引入新的基因后，食物会变得不安全。

转基因在中国的争论更为复杂，从“致癌”到“断子绝孙粮”，如火如荼的争论甚至可以让兄弟反目、割袍断义。我曾在全国范围内做过一次社会调查，只有18%的中国公众认为转基因是安全的。很多人都说：“我坚决不吃转基因。”中国每年进口1亿吨转基因大豆，折算下来人均消费140斤。你可以不购买转基因豆油，但转基因豆粕是畜禽饲料重要的蛋白源。在化学性质上，基因溶于水不溶于油，因此基因不在被提取的豆油里，而是会留在豆粕中。即使不吃豆油，只要吃肉蛋奶，“转基因”就是我们难以回避的现实存在。

1996年至今，转基因作物已经种植了27年。美国科学院和中国农业部等权威机构都发布声明：未发生被证实的转基因食品安全事件，已经有150多名诺贝尔奖获得者以公开信的方式联名支持转基因作物。欧洲研究人员对全球转基因种植的综合调查分析显示：转基因农业可减少37%的农药用量，增加22%的作物产量，使农民增收68%。世界上已经有29个国家种植转基因作物，还有40多个国家进口转基因农产品。今天，全世界转基因种植面积约为2亿公顷，占耕地总面积的1/7，80%的大豆、棉花和30%的玉米、油菜都是转基因作物。中国转基因作物种植面积约为300万公顷，排在世界第7位，占比1.5%。在很长的一段时间里，中国批准的商业化种植的转基因作物只有棉花和番木瓜。

当今全球种业市场中，转基因种子的市场份额已经达到一半。国际一流的种子机构已经开启基因编辑和智能设计育种，努力实现育种的精准化、智能化和工程化。中国育种家也取得了一些转基因育种成果，然而由于公众质疑，转基因农业在中国依旧步履维艰。一方面，自主研发的转基因品种难以推广种植，另一方面中国又在大量进口转基因大豆和玉米，不能不说这是一种尴尬。更为重要的是，一个作物新品种不仅要在实验室里接受分子生物学研究，更要种在土地里经受风霜洗礼，方知优劣。如果在转基因产业化环节徘徊不前，就像一支军队只在电脑上模拟演

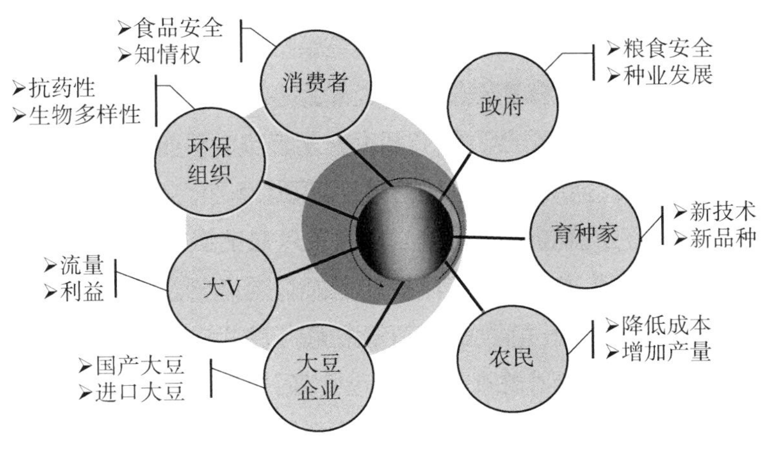

图16-6　关于转基因的争论

习，却不能进行实战演练。长此以往，损失的是中国种业的国际竞争力。

今天，中国农作物自主品种率超过95%。然而“独立自主”的背后却有很大的隐忧——只有杂交水稻走出了国门，市场范围也局限于日本、韩国等东亚水稻种植国家。覆盖全球的小麦、玉米、大豆品种，几乎看不到中国种子公司的身影。中国玉米、大豆的单产水平仅相当于美国的60%左右。

2023年，多个转基因玉米和大豆品种通过相关部门审批，大规模种植即将开启，引发了种业公司股价的一轮上涨。以前是大量进口转基因大豆和玉米，现在是自己种植，从食品安全的角度，并没有本质差异。但水稻和小麦是口粮作物，短期内政策不会放开转基因种植。

莎士比亚有一句名言：“一千个人眼里，有一千个哈姆雷特。”在纷杂的转基因争论中，国家从战略上关注粮食安全和种业竞争力，育种家想培育出性状更加优良的新品种，环境学者关注基因漂移，农民需要增产增收，消费者关注食品安全。有人认为，转基因安全是个科学问题，只有科学家才有权力做出评判；也有人认为，民众是消费者，有权表达意愿和做出选择。网络世界中，有人宣泄情绪，有人进行商业炒作。不管如何争论，地球上的人口仍在以每小时1万人的速度增长，中国每年要进口1亿多吨粮食。我们无法跳脱的现实是：什么都可以放弃，唯有食物不可或缺。

在科学家群体中，育种家是最有救世情怀的。为了养活地球上不断增长的人口，育种家必须想方设法优化谷物的性状。比如：优化种植密度和叶片角度，提高光合效率；让更多的干物质汇集到种子而不是秸秆中；让谷物耐旱、抗病虫、抗倒伏，进而减少灾害损失；优化淀粉、脂肪和蛋白质结构，以迎合消费者口感和食品工业的要求。

有学者研究了不同历史时期的水稻亩产情况，数据令人赞叹：秦朝时水稻亩产只有 80 斤，到了宋朝就提高到 269 斤，并成为中国第一粮食作物。此后，水稻亩产又从明朝的 353 斤增加到清朝的 405 斤。在良种、化肥和农药的助力下，2021 年中国的水稻亩产达到 948 斤，是秦朝时期的十几倍。

2022 年，袁隆平团队的杂交双季稻试验田亩产突破 3200 斤，再创高产纪录。这一高产数据当然可喜可贺，但我们并不能简单按照试验田数据去测算全国的水稻增产潜力。试验田会选择最适宜的气候带，选址最好的耕地，配备最科学的光温水肥，配置水稻专家负责田间管理。一言蔽之，让稻米享受着“总统套房级”的精心服务。然而在大田生产实践中，种植和管理不可能如此精细，加上有些地方土质贫瘠，平均产量只能达到试验田的一半。

“春播一粒种，秋收万担粮。”农学家不断地进行品种选育和农艺优化，让一粒种子结出更多的籽粒。通俗地说，就是提高繁殖系数。今天，大豆的繁殖系数达到 50，小麦的繁殖系数达到 80，水稻的繁殖系数达到 200，玉米的繁殖系数则高达 500。相比之下，大豆的繁殖系数最小，产量也最低。玉米的繁殖系数最大，产量也最高。

盛夏季节，人们都喜欢躲在空调房里，但育种家必须戴上草帽，拿着小板凳，顶着烈日给谷物授粉。晴天一身汗，雨天一身泥。为了缩短育种周期，很多育种家都过着“候鸟”生活，冬季把选育品种拿到热带的海南岛再种植一熟，实现一年两代。在漫长的选育周期中，育种家一直心情忐忑。在100个试验品种中，有时只能选出1个优良品种。更多的时候，第一年看到了一些希望，没想到第二年种下去，“龙种变跳蚤”，得到的只是又一轮的失望。就像徐志摩说的：“我将于茫茫人海中，访我唯一灵魂之伴侣。得之，我幸；不得，我命！”一旦某个品种的长势不理想，农民第二年就会选用其他品种。十年艰辛选育出来一个新品种，种植两三年可能就会被淘汰。

也有许多品种是默默无闻的普通农民选育出来的，黑龙江五常的“稻花香”大米饭粒油亮，香味浓郁，这个品种就是初中毕业的朝鲜族农民田永太从无数稻穗中筛选出来的变异株。农民常年在田间劳作，最早发现性状优良的变异株，开始留种繁育。很多时候，育种家只是完成了后期的杂交和纯化工作，一线的农民才是最大的贡献者。

“一粒米中藏世界，半边锅里煮乾坤。”种子是国家粮食安全的根本，种业已经成为各国竞相抢占的战略产业。今天，中国种业市场规模达到1200亿元，是世界第二大种子市场，仅次于美国。但在美国，前4位的种子公司占据了80%的市场份额。在中国，前10位的种子公司只有20%的份额。作为中国种业的龙头企业，隆平高科的销售收入还不到美国种业公司孟山都的5%。

今天，种子产业已经跻身技术密集型、资本密集型和人才密集型的全球化产业。中国5000家种子公司中，大多数只是在买卖种子。世界种业巨擘已构建起完整的产业链体系，从种质资源、育种技术、品种选育、规模化制种到种子加工、种子销售和生产技术服务。2017年，中国化工斥资430亿美元收购了全球第三大种子公司瑞士先正达。2018年，德国拜耳斥资660亿美元收购了美国孟山都，成为全球第一大种子公司。2019年，杜邦先锋和陶氏益农将种子业务重组为科迪华（Corteva），成为全球第二大种子公司。全球种业三强鼎立格局形成，三家集团的全球市场份额合计占比超过50%。

末日种子库与生物多样性

如果说种子是农业的芯片，种质中蕴含的优质基因则是种子的芯片，是保障国家粮食安全的战略性资源。中国已将种源安全提升到关系国家安全的战略高度，集中力量发展种业科技，努力实现种源自控。作为农业的发源地之一，中国幅员辽阔，拥有多种气候类型和地貌环境，在植物资源上拥有得天独厚的优势。目前中国保存着50万份种质资源，居世界第二位，仅次于美国。值得深思的是，中国4/5的种质资源是自有品种，而美国有3/4来自世界各地。

国际种业巨擘注重战略布局，不断挖掘优良的性状和基因，在全球申请知识产权保护。而中国申请的品种保护几乎局限于国内，缺乏具有重要价值的关键基因。如果只有“矿藏”，却没有合适的机制和技术，是生产不出高附加值的产品的。保存50万份种子只是一个开始，有80%的种质资源尚未进行充分鉴定，后续的基因鉴定是一项浩大的工程，需要国家层面的规划和投入。

在大自然的历史长河中，能够存活下来的物种，既不是最强壮的，也不是智力最高的，而是最能够适应环境变化的。经过千万年的自然选择和人工选育，野生近源品种和古老地方品种饱经风霜，生生不息。它们形成了庞大的家族群，演变出很多优良的遗传基因，比如耐寒、抗虫、耐病、耐涝、耐盐、抗干旱、抗草等。对于人类而言，种质资源库相当于庞大的“基因银行”，储存着物种在不同时间和地点进化出来的特性，这是大自然给人类的馈赠。

举个例子。20 世纪初，美国传教士从中国、日本和朝鲜半岛采集了几千份大豆材料，其中包括一种叫“北京小黑豆”的中国地方品种。1954 年，孢囊线虫病使美国大豆种植遭遇毁灭性打击。这种病害会损伤大豆根部，造成 30%—50%的减产，严重地块甚至绝收。天无绝人之路，美国育种家在 3000 多份大豆种质资源中“翻箱倒柜”，最终在“北京小黑豆”中找到了一种独特的抗病基因。当时这份来自中国的种质资源已在美国保存了 47 年。通过远缘杂交，育种家在 1957 年培育出新的抗病品种，使得美国大豆产业得以复苏。今天，全世界的大豆胞囊线虫抗病品种，抗原基因几乎都是引自北京小黑豆品种。

说到濒危物种，我们往往会想到大熊猫、白鳍豚和华南虎等珍稀动物，却很少关注人类赖以维系生存的农作物。今天，人类对种子的研究步伐远远赶不上植物品种消逝的速度。在过去的 100 年里，90%以上的地方品种已经从农田中消失。将来有一天，人类想寻找能抗旱、抗病的性状时，也许忽然发现具备这些基因的植物已经在地球上消失了。所幸，已经有人在为“世界末日”未雨绸缪。

2008 年，挪威在距离北极圈极点 1000 多千米的山体中，建

图 16－7　“末日穹顶”种子库

成了一座总长 120 米的“全球种子库”。挪威人给它取了个响亮的名字——“末日穹顶”。洞内面积约 1 千平米，总共可储存 450 万份样本，每份样本保存约 500 粒种子。种子库位于极寒之地，可以抵御热浪冲击。洞穴高于海平面 130 米，可以无惧冰川融化导致的海面升高。在自然环境中，谷物种子只能存活几年时间，在零下 18℃低温和真空封装条件下有可能存活 100 年。这些珍贵的种子需要进行定期检查，发现发芽率下降时，就需要在农田中种植繁育，再把收获的种子放进库房中。

如果人类遇到核战争、小行星撞击、气候剧变、海平面上升等末日危机，在没有其他种子可用的情况下，可以打开“末日穹顶”，在地球上重新建立谷物生产系统。2023 年，“末日穹顶”已经储存了来自世界各地的 100 多万份种子样本。然而一座种子库中能够保存的种子数量终究是有限的。植物种群能够在天地间生生不息，广袤的大自然才是真正的种子库。最好的保护方式是“原位”种植。然而在农业进入工业化的今天，人类要繁育数以百万计的作物品种，几乎是不可能完成的事情。

在莎士比亚的《哈姆雷特》中，“人是宇宙的精华，万物的灵长”。然而放眼大自然，动物、植物和微生物在地球上共同组成了一个生生不息的生物系统，人类只是数百万物种中的一员。一旦地球气候发生极端变化，人类有可能像恐龙那样灭绝，细菌却能够生存下来。从古至今，科学家和哲学家都在努力揭示自然与生命之间的奥秘。1859年，达尔文在《物种起源》的结尾写下一段充满诗意的话：

> 凝视纷繁的河岸，覆盖着形形色色茂盛的植物，灌木枝头鸟儿鸣啭，各种昆虫飞来飞去，蠕虫爬过湿润的土地；复又沉思：这些精心营造的类型，彼此之间是多么地不同，而又以如此复杂的方式相互依存，却全都出自作用于我们周围的一些法则，这真是饶有趣味……生命及其蕴含之力能，最初由造物主注入到寥寥几个或单个类型之中；当这一行星按照固定的引力法则持续运行之时，无数最美丽与最奇异的类型，即是从如此简单的开端演化而来、并依然在演化之中；生命如是之观，何等壮丽恢宏。

过去的1万年里，人类改变自然界最多的就是农耕活动。为了支撑起高密度的人口需要，人类把地球上10%的陆地开垦成耕地。从某种意义上说，农业本身就是对自然生态环境的破坏。比如远古时期的中国华北平原曾经是茂密的温带森林，具有丰富的生物多样性。随着中原人口的增加，开垦不断，自然生态逐渐变成了纵横阡陌的人工农业生态。那些迎合人类需求的谷物物种得以散播到世界各地，全球适合植物栖息的原野大部分被驯化物种占据，“谷”仗人势，成为当然的“钦定”物种。野生物种退居边缘地带，不断消亡。

如果说几千年的传统农业是农作物抢占野生物种的生存空间，那么最近 100 年的现代农业则开启了农作物之间的“内卷”。一个优良品种培育出来以后，出道即巅峰，大面积地攻城略地。地方品种的种植空间被大量侵占，作物品种越来越单一化。我小的时候，东北的田野中种植着大豆、高粱、花生、小米、糜子、绿豆、红豆、甜菜、麻类等十几种杂粮作物，如今几乎只剩下水稻和玉米这两种“铁杆庄稼”。

一望无际的原野中，曾有很多树林、灌木和草丛，是虫类和鸟类的良好栖息地，在农业生态圈中也发挥着重要的作用，比如昆虫传粉、捕食鼠类。然而农民为了扩大耕地面积，不断清除野生植物，破坏了虫鸟栖息地。虫鸟数量减少，人类只能依靠农药来消除病虫害，造成了严重的环境污染。

广袤的农田中，杂草总是与谷物如影随形。为了让谷物占得先机，人类与杂草争斗了几千年。他们用手拔，用锄头铲，用农药杀，恨不得地里寸草不生，永绝后患。一株野草如果长在了农田里，哪怕是开出了美丽的花，在人类眼里它依旧是入侵者。可是，野草可以侵入耕地、淹没农作物，却没有栽培品种可以回归自然、取代野生物种。

大约一半的野生植物物种是靠动物传播种子的。植物进化出了甜美的果实，并且和动物建立起一条不成文的“约定”——享用了植物果实的动物，也肩负着将种子带向远方的重任，互相唇齿相依。工业革命导致气候变化，植物需要走出“舒适圈”，寻找更适宜的分布区。然而人类活动导致哺乳动物和鸟类物种减少，植物的扩散能力也随之大幅度下降。有研究估计，全球植物跟踪气候变化进行迁徙的能力大约降低了60%。

从生命在地球上诞生起，生物多样性就是自然存在的概念，或者说是这个世界的本质。生物多样性为自然选择提供了“原料”，物种变少，变异也会减少，自然选择也就无从谈起。人类不能只有对自己的“私心”，也需要有对大自然的“公心”。2000年，联合国大会宣布每年的5月22日为国际生物多样性日。现代人类开始走出以自我为中心的“陷阱”，懂得要与自然和谐相处。

结束语

远去的乡村记忆

一块地上只要几代的繁殖，人口就到了饱和点；过剩的人口自得宣泄出外，负起锄头去另辟新地。可是老根是不常动的。这些宣泄出外的人，像是从老树上被风吹出去的种子。

——费孝通，社会学家、人类学家，《乡土中国》

昆德拉说过：我们注定是扎根于前半生的，即使后半生充满了强烈的和令人感动的经历。行文至此，再写一段乡村记忆，与同龄人共忆远去的时光。

直到 20 世纪 80 年代，中国乡村仍有很多茅草屋。房前屋后会有一个几米高的柴草垛，孩子们喜欢在上面玩耍。拴在一旁的马匹喜欢从草垛里一根又一根地衔出枯黄的秸秆，百无聊赖地嚼着。仓房里放着锹镐犁铧各式农具，木质把柄透着纹理，表面已经被磨得光滑。

年少时，我站在东北乡下老屋的院子里，一眼能够看到绵延几十里的农田。“好雨知时节，当春乃发生。”最先发芽出土的是野菜，有荠菜、蒲公英、蒿芽。拿起藤筐和小镰刀，很快就能满载而归。烧开一锅清水，放入几滴豆油，把洗好的野菜扔进去，有时还会加一个鸡蛋。菜汤里蕴含着浓浓的乡野气息，别有一番风味。

人误地一时，地误人一年。4 月翻地，5 月播种，8 月抽穗，9 月收割，春华秋实。人和黄牛在农田里忙碌，后来又有了拖拉机。到了播种和收获季节，学校会放一周的农忙假，孩子们可以在家帮大人干农活。其时极目四望：原野葱郁，地阔天高。

农村有这样一句老话——“世上只有三件苦，插秧，割禾，走长路”。农忙时节，天刚蒙蒙亮，一家人已经在地头。烈日当头，就靠草帽遮阴。毛巾挂在腰间，已经洗得褪色。被汗水浸湿的衣服就挂在地头吹干，白白的，析出一层盐。粗糙的乡村生活打磨出人们坚韧的神经。

秋天到了，田野中一片金黄。田埂上栖息着数不清的蚂蚱和青蛙。听到人的脚步声，它们会四处飞蹿，令人眼花缭乱。1984 年，张明敏在央视春晚上演唱了一首《垄上行》，作词是庄奴先生，写得非常优美：“我从垄上走过，垄上一片秋色。枝头树叶金黄，风来声瑟瑟，仿佛为季节讴歌。我从乡间走过，总有不少收获。田里稻穗飘香，农夫忙收割，微笑在脸上闪烁”。

大豆秸秆的质地比玉米和水稻要硬很多，用镰刀收割，虎口经常会磨出血泡。收割的谷物一捆一捆地摊放在打谷场上，用马拉石磙或连枷摔打进行脱粒。散养的土鸡鬼鬼祟祟地在四周逡巡，趁人不注意，就冲上来啄食谷粒。有些人家将金黄色的玉米和红色的辣椒串起来，挂在屋檐下，远远望去，真的很美。

风干后的粮食用马车运到十几里外的粮站。粮站的人有些凶，农民们战战兢兢地等着他们过磅和扣水，然后踩着有些摇晃的跳板，把 100 多斤的粮袋子扛到三层楼高的粮囤上卸粮。卖粮的钱，就是一家人下一年的花销。

村子里有一台厚重的石磨，家家户户排着队碾米磨面，算得上最早的“共享经济”。磨盘旁种着几棵老榆树，为忙碌的人畜遮阴。磨盘看着很笨重，却能将粗硬的麦子、玉米和大豆磨成精细的食物，也蕴含着农人实打实的性格。残留在磨台上的细粉会被扫到簸箕里，一两一钱都凝结着汗水。麸皮也不会被浪费，拿回家去养猪喂鸡。夕阳西下，炊烟升起的屋舍里是忙碌的母亲和摇风车的孩子，秸秆燃烧发出噼噼啪啪的响声。

秋天收获的新米有一种独特的香气，赠送给亲友，承载着农家主人一份特别的心意。将淘好的稻米放在直径一米的大铁锅里，蒸熟后掀开厚厚的木质锅盖，一团热气腾空而起，灶房里变得如同仙境。锅底上结了那一层金黄色的锅巴，嚼起来非常松脆。

日子过得节俭，生活用品也会就地取材：稻壳灌的枕头，糜子捆的扫把，高粱编的帘子，稻草搓的草绳，葫芦切的水瓢，鸡毛束的毽子，藤条扎的篮筐。进入农闲季节，男人们将稻秸切碎，和到稀泥中，抹在土墙上，防风保暖。孩子们还会带秸秆到学校，堆放在简陋的教室后面，冬天用来生火取暖。炉火带来了暖意，玻璃窗上厚厚的冰花渐渐融化。

过年时，全家人在一起包饺子。剁馅、揉面、擀皮、包馅，很有仪式感。包个钢镚在里面，祈望吃到的人来年鸿运高照。上高中那年，我试着帮妈妈擀面皮。一开始笨手笨脚，后来熟能生巧，擀得飞快。多年以后，这项技能深得丈母娘嘉许。今天厨房里的饺子、馒头、面条几乎都是工业化生产，帮助人们节约了很多时间，却也少了全家人一起忙碌的温馨。

很多人家都是四五个孩子，兄弟姐妹间懂得关心和忍让。学校作业很少，家里也没有电视，孩子们经常成群结队地在野外疯玩，迎着风就一天天长大了。奔跑在乡间小路上，远远地就听到汽笛声响起。很快，一列绿皮火车从原野中驶过，蒸汽机的烟囱里拖着长长的烟柱。那时候真向往能坐着火车去远行，去地理课本中提到的那些地方，去看看外面的世界。

田野里弥漫着泥土和植被的气息，那里有一个生机勃勃的动物世界。天上有大雁和麻雀，草丛中有蝈蝈和蚂蚱，地下有蚯蚓和蝼蛄，河塘里有青蛙和野鱼，屋檐下是蜘蛛网和燕子窝，院子里狗撵鸭子嘎嘎叫。篱笆墙上落满了蜻蜓，翅膀金灿灿的。“阳光下蜻蜓飞过来，一片片绿油油的稻田。水彩蜡笔和万花筒，画不出天边那一条彩虹。”罗大佑的《童年》是对农业文明的真实记述。无忧无虑的少年，沐浴着金色的阳光。

人们守着一亩三分地过日子，早出晚归，走不了多远。一年四季，春种、夏长、秋收、冬藏，有农忙也有农闲，大家脚踏实地，心态平和。曾经十里八村的乡亲，祖祖辈辈一起在田间劳作，彼此之间知根知底。婚姻半径就在方圆二三十里之内，对婚姻的想法也是天长地久。今天伴随着城镇化进程，越来越多的人群挤进钢筋水泥的楼房里，即使住在对门也彼此生疏。视野中到处是高楼大厦和车水马龙，没有了辽阔的原野和天际的火烧云，人们对土地的感情也变淡了。

小学课本上，有过一篇叶圣陶先生1933年写的小说《多收了三五斗》。故事中的万盛米行位于今天的苏州，毗邻已经开启近代工业化先河的上海。因为谷贱伤农，一位戴旧毡帽的农民说："我看，到上海去做工也不坏，听说一个月工钱有十五块，照今天的价钱，就是三担米呢！"种地亏本，倒不如进城打工，这位农民算得上是"农民工"的先行者了。

从1952年到2021年，农业占中国GDP的比重从50%下降到7%。经典经济学理论早已勾画出一条乡土沉沦、城市崛起的发展路径，农业现代化就是农业工业化、农村城镇化、农民工人化。在推陈出新的历史进程中，乡村甚至成为人们想要尽快逃离的地方。

"小燕子，穿花衣，年年春天来这里。我们盖起了大工厂，装上了新机器，欢迎你，长期住在这里"，这首歌陪伴了几代人的童年。然而现实生活中，钢筋水泥的工厂和城市并不是小燕子的宜居之地。城镇化是农村社会解体的加速器，进城以后很多农民成为脚手架上的建筑工人和风雨中的外卖骑手。由于复杂的原因，很多人仍在"回不去的乡村和进不去的城市"之间徘徊着。

或许有人想：为何不让农民群体直接迁入城市？这样做既能共享城镇化的红利，又能加速农业现代化。但是，中国还有5亿人口生活在乡村，这么多人一下子涌入城市，住房、养老、医疗、就业和社保等一系列问题恐怕是"不能承受之重"。中国太大了，有些事情只能靠时间来解决。

我们正在经历一场几千年未有的社会变革，工业化农场是大势所趋，田园牧歌的时代已经远去。有的古村落在原野中存续了几百年，经受住了改朝换代和兵荒马乱的洗礼，今天却变成需要被保护的文化遗产。回到故乡的村子里，乡间小路蒿草丛生，村口的水井早已废弃，很多房屋空无一人。石磨被丢弃在荒草之中，原野里没有了老牛哞哞的叫声。村里只剩下一些老人还在坚守，小学校已经因为缺少生源而关闭，曾经热闹的火车站也早已停运。站在田埂上，空气中依然是熟悉的味道，回忆年少时光，恍若隔世。岁月如歌，那时候的生活虽然清苦，但心中却充满了温情和希望。

“从前书信很慢，车马很远，一生只够爱一个人。”

主要参考文献

1．R. B. Alley, Abrupt Climate Change, Science, 2003, DOI: 10. 1126/science. 1081056.

2．deMenocal, P. et al. , C. Climate and the peopling of the world. Nature 2016(538): 49－50. https://doi. org/10. 1038/nature19471.

3．Wang YJ, et al, Millennial- and orbital-scale changes in the East Asian monsoon over the past 224,000 years, 2008(28)1090－1093, doi:10. 1038/nature06692.

4．Ambrose SH, et al, Late pleistocene human population bottlenecks, volcanic winter, and differentiation of modern humans. Journal of Human Evolution, 1998 (6):623－651, doi:10. 1006/jhev. 1998. 0219.

5．Zhivotovsky LA, et al. Features of evolution and expansion of modern humans, inferred from genomewide microsatellite markers. The American Journal of Human Genetics, 2003,72(5):1171－1186.

6．The HUGO Pan-Asian SNP Consortium, Mapping human genetic diversity in Asia. Science 2009(326): 1541－1545. 10. 1126/science. 1177074.

7．Cann, R. et al. , Mitochondrial DNA and human evolution. Nature, 1987(325): 31－36. https://doi. org/10. 1038/325031a0.

8．Svetlana Yashina. et al. Regeneration of whole fertile plants from 30,000-y-old fruit tissue buried in Siberian permafrost. PNAS 109,4008－4013(2012).

9．陈胜前,《史前的现代化:从狩猎采集到农业起源》,三联书店,2020 年。

10．石慧等,《大豆在中国的历史变迁及其动因探究》,《农业考古》,2019(3):32—39。

11．蕾切尔·劳丹著,杨宁译,《美食与文明》,民主与建设出版社,2021 年 1 月。

12．赵志军,《新石器时代植物考古与农业起源研究》,《中国农史》,2020(3):3—13。

13．李家和,《江西万年仙人洞遗址农具质疑》,《农业考古》,1982(02):135。

14. 薛进庄,《植物如何征服陆地》,《自然》,2017(2):42—45。
15. 吕厚远,《气候变化与中华文明起源与形成》,文汇讲堂 2022 年第 2 期,2022 年 11 月 26 日
16. Y-H. Liu, Links between the East Asian monsoon and North Atlantic climate during the 8200 year event, Nature Geoscience, 2013(6), DOI: 10. 1038/NGEO1708.
17. 刘浴辉等,《中国全新世 4. 2kaBP 气候事件及其对古文明的影响》,《地址科技情报》,2013(1):99—107。
18. 徐群,《皮纳图博火山云对 1992 年大范围气候的影响》,《应用气象学报》,1995,6(1):35—42。
19. 朱丕荣,《1991 年世界农牧业产量变化》,《世界农业》,1992(3):56。
20. Wu Q., et al., Outburst flood at 1920 BCE supports historicity of China's Great Flood and the Xia dynasty [J], Science, 2017(6299):579 - 582, DOI: 10. 1126/science. aaf0842.
21. 吴文祥等,《4000aBP 前后降温事件与中华文明的诞生》,《第四纪研究》,2001(5):443—451。
22. 王绍武,《夏朝立国前后的气候突变与中华文明的诞生》,《气候变化研究进展》,2005(1):22—25。
23. 王绍武,《8. 2 ka BP 冷事件》,《气候变化研究进展》,2008(3):193—194。
24. 郭正堂等,《过去 2 万年以来气候变化的影响与人类适应》,《中国科学院院刊》,2016,31(1):142—151。
25. Gutaker, R. M. et al., Genomic history and ecology of the geographic spread of rice. Nat. Plants 6, 492 - 502(2020). https://doi. org/10. 1038/s41477-020-0659-6.
26. Vavilov N. I., The Origin, Variation, Immunity and Breeding of Cultivated Plants. Soil Science, 1951(6):482.
27. Aaron Benanav, Making a Living: The history of what we call work, The Nation, OCTOBER 4, 2021, https://www. thenation. com/article/society/james-suzman-work/.
28. 理查德·梅比,陈曦译,《杂草的故事》,译林出版社,2015 年 6 月。
29. 陈洪梅等,《玉米野生近缘种——大刍草的研究与利用》,《种子》,2007(2):62—63。
30. 崔凯,《从野草到米饭,谷往今来,餐桌上的粮食都经历了什么?》,"果壳"公众号,2019 年 2 月 13 日。
31. John F. Doebley et al, The Molecular Genetics of Crop Domestication, Cell 127, 2006:1309 - 1321.
32. 卢宝荣,《民以食为天:一个影响了人类文明的基因》,"造就少年"公众号,2019 年 1 月 22 日。
33. Fricke, E. C., et al., The effects of defaunation on plants' capacity to track climate change. Science, 2022. 375(6577):p. 210 - 214.
34. 史军,《水果史话》,中信出版集团,2020 年。
35. Carrigan, M. A, et al, Hominids adapted to metabolize ethanol long before human-directed fermentation. PNAS, 2015, 112(2), 458 - 463. https://doi. org/10.

1073/pnas. 1404167111.

36. Yuehui Fang, et al, The burden of cardiovascular disease attributable to dietary risk factors in the provinces of China, 2002 - 2018: a nationwide population-based study, The Lancet Regional Health-Western Pacific, May 08, 2023, DOI: https://doi. org/10. 1016/j. lanwpc. 2023. 100784.

37. 贾雷德·戴蒙德,谢延光译.《枪炮、病菌与钢铁》,上海译文出版社,2006 年。

38. Carl Haub, How Many People Have Ever Lived on Earth?, Population Reference Bureau, October, 2011.

39. Zhu, D. et al. Global hunter-gatherer population densities constrained by influence of seasonality on diet composition. Nat Ecol Evol 5,1536 - 1545(2021). https://doi. org/10. 1038/s41559-021-01548-3

40. 陈淳,《最佳觅食模式与农业起源研究》,《农业考古》,1994(3):37—44。

41. 陈胜前.《中国狩猎采集者的模拟研究》,《人类学学报》,2006(1):42—55。

42. 索尔·汉森著,杨婷婷译,《种子的胜利》,中信集团出版社,2017 年。

43. Samuel A. Smits et al. , Seasonal cycling in the gut microbiome of the Hadza hunter-gatherers of Tanzania, Science, 25 Aug 2017.

44. 曾纵野,《我国白酒起源的探讨》,《黑龙江酿酒》,1978(2):12—16。

45. 赛巴斯蒂安·亚当斯,司晓静译,《世界历史长卷》,新世界出版社,2017 年。

46. 斯塔夫理阿斯诺,吴象婴等译,《全球通史:从史前史到 21 世纪》(第 7 版),北京大学出版社,2006 年。

47. 尤瓦尔·赫拉利,林俊宏译,《人类简史:从动物到上帝》,中信出版社,2014 年。

48. 吉迪,《中国北方与南黎凡特:农业与定居生活起源的比较研究》,复旦大学科技考古研究院学术讲座,2019 年 10 月 28 日。

49. 许慎,《说文解字》,第 7 卷。

50. 李中恢,杨爱珍,《我国古代数学思想在农业生产中的应用》,《农业考古》,2008(3):53—55。

51. 埃利尔·斯蒂恩等,《干旱气候区的可持续发展:地中海地区》,《人类环境杂志》,1999(4):75—79。

52. 田刚,《数学内外的奥秘》,"知识分子"公众号,2020 年 5 月 27 日。

53. J. M. 罗伯茨等著,陈恒等译,《企鹅全球史(第六版)》,东方出版中心,2020 年 10 月。

54. 宋娇等,《古代两河流域地区土地盐碱化问题探析》,《农业考古》,2015(3):273—276。

55. Jacobsen T. , et al.. Adams R M . Salt and Silt in Ancient Mesopotamian Agriculture: Progressive changes in soil salinity and sedimentation contributed to the breakup of past civilizations. Science, 1958(3334):1251.

56. Harvey Weiss, et al, "The Genesis and Collapse of Third Millennium North Mesopotamian Civilization", Science 261(1997), pp. 995 - 1004.

57. 乔安·弗莱彻,杨凌峰译,《埃及四千年》,浙江文艺出版社,2019 年。

58. 何平,《谁最先到达美洲? ——新发现与新理论》,《学术研究》,2004(01):106—109。

59. 何帆,《为什么欧洲人能轻易征服美洲》,《金融时报》,5 月 26 日文章。

60. 迈克尔·波伦著,邓子衿译,《杂食者的两难》,中信出版集团,2017 年。
61. 刘佳等,《玉米在非洲的引种与推广》,《农业考古》,2019(3):207—214。
62. 曾雄生,《亚洲农业的过去、现在与未来》,中国农业出版社,2010 年。
63. 王磊,《人天生就是肉食动物吗?》,《现代快报》,2010 年 6 月 28 日。
64. 希罗多德,王以铸译,《希罗多德历史》,商务印书馆,1959 年。
65. 史海波,《古希腊民主制度起源和形成的社会史考察》,《北方论丛》,2008(3):86—90。
66. 骆晓,《气候:哈拉帕文明的兴衰》,《中国国家天文》,2013(10):42—47。
67. 张帅,《埃及粮食安全:困境与归因》,《西亚非洲》,2018(3):113—139。
68. 袁南生,《外交官眼中的真实印度》,"财经"公众号,2020 年 10 月 22 日。
69. Watson A. M., "The Arab Agricultural Revolution and Its Diffusion, 700 - 1100", Journal of economic history, 1974,34(1),8 - 35.
70. Watson, A. M., Agricultural innovation in the early Islamic World. London-New York: Cambridge University Press, 1983, p1,26 - 7,54,149.
71. Arranz-Otaegui A., et al., Regional diversity on the timing for the initial appearance of cereal cultivation and domestication in southwest Asia. Proceedings of the National Academy of Sciences, 2016,113(49):201612797.
72. Dixit, Y. Abrupt weakening of the summer monsoon in northwest India～ 4100 yr ago. Geology, 2014(4),339 - 342.
73. 王思明,《世界农业文明史》,中国农业出版社,2019 年。
74. 刘夙,神农是谁? 为何退隐? "刘夙的科技世界"公众号,2021 年 9 月 24 日。
75. 赵志军,《中国农业起源概述》,《遗产与保护研究》,2019(1):1—7。
76. 徐旺生等,《中华和谐农耕文化的起源、特征及其表征演进》,《中国农史》,2020(05):5—12。
77. 杜海斌,《唐代粮食安全问题研究》,陕西师范大学 2013 年博士学位论文。
78. 李宗彦,《禾穗比金子更宝贵》,人民日报,2013 年 12 月 27 日。
79. 张博文,《小麦与水稻的接力赛》,国学,2007(6):23—25。
80. 吴文祥等,《试论黄土、黄土高原与原始农业和文明的关系》,"原始农业对中华文明形成的影响研讨会"论文集,2001:10—16。
81. 杨雪梅,《喇家遗址:东方的庞贝》,《人民日报海外版》,2017 年 6 月 20 日。
82. Lu H, et al., Millet noodles in Late Neolithic China. Nature, 2005,437(7061):967 - 968.
83. Houyuan Lu, et al. Earliest domestication of common millet (Panicum miliaceum) in East Asia extended to 10,000 years ago." PNAS, 2009(18):7367 - 72. DOI: 10.1073/pnas.0900158106.
84. 张小明等,《生态视野下长安都城地位的丧失》.《中国农史》,2007(3):29—36.
85. 何新,《历史的枢纽——中西亚史地新考》,现代出版社,2022 年 12 月。
86. 姚伟钧,《中国食俗文化的形成与嬗变》,《人民论坛》,2023(1):110—112。
87. 李翠华,《先秦至唐宋时期春节习俗研究》.中山大学,2010 届硕士论文。
88. 王军,《中国历史上俸禄制度研究及启示》,《经济研究参考》,2003(83):2—12。
89. Al-Khalili J. The house of wisdom : how Arabic science saved ancient knowledge and gave us the Renaissance [M]. Penguin Books, 2012.

90. George H Perry. Diet and the evolution of human amylase gene copy number variation, Nature Genetics, 2007,9, doi:10. 1038/ng2123.
91. Guangyan Wang et al, Exchanges of economic plants along the land silk road, 2022(22):619, https://doi. org/10. 1186/s12870-022-04022-9.
92. 温骏轩,《谁在世界中心》,中信出版集团,2017 年。
93. 温骏轩,《地缘看世界:欧亚腹地的政治博弈》,中信出版集团,2021 年。
94. 刘军,《河姆渡遗址发掘记忆碎片》,《中国文化遗产》,2012(6):73—79。
95. 吕珊雁,《河姆渡:稻香飘过七千年》,《农村农业农民》,2016(1):59—60。
96. 王永磊,《河姆渡文化与稻作文明的摇篮》,"北大文研在线论坛"第 159 期,2022 年 4 月 18 日。
97. 王宇丰,《水稻的故事》,泰山出版社,2022 年。
98. 李硕,《翦商:殷周之变与华夏新生》,广西师范大学出版社,2022 年。
99. 安田喜宪,《稻作渔猎文明——从长江文明到弥生文化》,中西书局,2021 年。
100. 郑晓蕖等,田螺山遗址出土菱角及相关问题,《江汉考古》2017(5):1—6。
101. 曾雄生,《宋代的早稻和晚稻》,《中国农史》,2002 年第 1 期。
102. 凌朔,《宋真宗推广占城稻》,《甘肃农民报》,2017 年 9 月 28 日。
103. 侯甬坚,《红河哈尼梯田形成史调查和推测》,《南开学报(哲学社会科学版)》,2007(3):53—61。
104. 衣保中,《朝鲜移民与近代东北地区的水田技术》,《中国农史》,2002,021(001):37—46。
105. 刘夙,《水稻起源的战争:印度还是中国?》"果壳"公众号,2015 年 10 月 15 日。
106. 曾雄生,《中国稻史研究》,中国农业出版社,2018 年。
107. 玄松南,《水与稻作农耕技术的发展》,《人与生物圈》,2021(4):75—83。
108. 田不野.《水稻虽然种在水田,但其实不喜欢水?》,"我是科学家",2020 年 5 月 14 日。
109. Wensheng Wang et al. , Genomic variation in 3010 diverse accessions of Asian cultivated rice, Nature (2018) April 25th.
110. Conklin H C, Agricultural involution: the process of ecological change in Indonesia. Clifford Geertz [J]. American Anthropologist, 1968,70(3). DOI:10. 1525/aa. 1968. 70. 3. 02a00550.
111. 黄宗智,小农经济理论与"内卷化"及"去内卷化",《开放时代》,2020(4):126—139。
112. T. Talhelm etc. , Large-scale psychological differences within China explained by rice versus wheat agriculture, Science, (2014)344:603 - 608.
113. 杨筑慧,《文明与互鉴:"糯稻文化圈"及其变迁管窥》,《中央民族大学学报》(哲学社会科学版),2021(6):61—73。
114. 杨富巍等,以糯米灰浆为代表的传统灰浆——中国古代的重大发明之一,《中国科学》(E 辑:技术科学),2009(1):1—7。
115. 尚静等,明代长城修筑中是否使用了传统糯米灰浆技术?《中国建材报》,2022 年 4 月 11 日。
116. 艾尔莎·阿布顿(Elsa Abdoun),《欧美人和亚洲人的思维方式不同,原因竟在于农作物不一样》,"新发现"公众号,2019 年 1 月 9 日。
117. 田冰,《论明代农业生产发展的特色》,《郑州航空工业学院学报》,2004(6):

18—21。
118. 宗殿,《宋明清时期太湖地区水稻亩产量的探讨》,《中国农史》,1984(3):37—52。
119. 宋德宣,《康熙在我国水稻栽培史上的贡献》,《沈阳农学院学报》,1985(3):51—55。
120. 陈海林,《玉米圈为什么出不了袁老爷子》,《创业家》,2009(11)。
121. New York University, Global Cooling Event 4200 Years Ago Spurred Rice's Evolution, Spread Across Asia, Nature Plants, May 15,2020.
122. 范敬群,《186 位水稻专家为"粳"字读音较真》,《楚天都市报》,2011 年 9 月 24 日。
123. Cubry, Philippe, et al. "The rise and fall of African rice cultivation revealed by analysis of 246 new genomes." Current Biology 28. 14(2018):2274 - 2282.
124. Lu R S, et al. Genome sequencing and transcriptome analyses provide insights into the origin and domestication of water caltrop (Trapa spp. Lythraceae) [J]. Biotechnology Journal(2022)20, pp. 761 - 776 doi:10. 1111/pbi. 13758.
125. 刘琪瑞,《茭白:清风吹折碧,削玉如芳根》,"唐诗宋词古诗词"公众号,2021 年 8 月 12 日。
126. 李增高等,《康熙与水稻》,《北京农学院学报》,1990,000(001):125。
127. 李增高,《康熙御稻的育成与推广》,《古今农业》,2005,000(003):20—32。
128. 周士琦,《御田胭脂米小议》,《文史杂志》,1997(05):55—56。
129. 园文,《康熙帝为何培植水稻》,《科学大观园》,2012(2):50—51。
130. 陈超,《占城稻如何成为古代农业"明星品种"》,《中国气象报》,2020 年 3 月 11 日。
131. 游修龄,《占城稻质疑》,《农业考古》,1983(1):25—32。
132. 岳玉峰,《中国水稻史话》,《北方水稻》,2019(1):68—70。
133. 李镐澈,《韩国农业在世界农业史上的意义与展望》,《中国农史》,2004,23(002):108—115。
134. 曹丹,《东北三省水稻种植面积及产量空间格局变迁与分析》,2018。
135. 魏海苹等,《中国稻田甲烷排放及其影响因素的统计分析》,《中国农业科学》,2012,45(17):3531—3540。
136. 徐振伟,《"二战"后美国对日本的粮食战略及其影响》,《世界历史》,2020(1):88—107。
137. 潘艳,《天皇、稻米与日本人的民族认同》,《东方早报・上海书评》2016 年 5 月 31 日。
138. 刘夙,《小麦起源地的争议》,"果壳"网,2015 年 6 月 18 日。
139. Zhao, X. et al. Population genomics unravels the Holocene history of bread wheat and its relatives. Nat. Plants 9, 403 - 419(2023). https://doi. org/10. 1038/s41477-023-01367-3.
140. 刘歆益,《大麦和小麦是如何传入中国的?》,"知识分子"公号,2017 年 11 月 16 日。
141. 赵志军,《揭开小麦传入中国之谜》,首都科学讲堂,2020 年 5 月 9 日。
142. 赵志军等,《小麦:秦统一天下的力量》,《国学》,2011(8):72—73。
143. Fang Zhang etc. , The genomic origins of the bronze age Tarim basin mummies, Nature (2021) October 27th, https://www. nature. com/articles/s41586-021-04052-7.
144. 李成,《黄河流域史前至两汉小麦种植与推广研究》,2014 年。

145. 刘后利,《油菜的起源与进化》,《甘肃农业科技》,1984(3):2—5。
146. 杜新豪,《宿麦抑或旋麦:关于汉代以前冬、春小麦种植的述评》,《自然科学史研究》,2020(4):467—475。
147. An H., et al., Transcriptome and organellar sequencing highlights the complex origin and diversification of allotetraploid Brassica napus, Nat Commun 10,2878 (2019), https://doi.org/10.1038/s41467-019-10757-1.
148. 曾慧芳,《中国古代石磨盘研究》,西北农林科技大学博士学位论文,2012 年。
149. 魏朝卿,《烧饼的来历》,《中国保健营养》,1998(6):52。
150. 朱鲸润等,《无锡荣氏家族曾"承包"半个中国的面粉和布》,《现代快报》,2015 年 7 月 2 日。
151. 卫斯,《我国圆形石磨起源历史初探》,《中国农史》,1987(1):26—29。
152. 傅文彬等,《中国转磨起源与传播诸问题初探》,《中国农史》,2022(1):3—16。
153. 韩茂莉,《论宋代小麦种植范围在江南地区的扩展》,《自然科学史研究》1992(4):67—71。
154. 谢智飞,《论南宋东南地区麦作种植空间扩张的动力——社会经济史的视角》,《农业考古》,2023(1):37—49。
155. 张金贞.《另类唐朝:用食物解析历史》,浙江大学出版社,2018 年。
156. 顾若鹏,夏小倩译,《拉面:食物里的日本史》,广西师大出版社,2019 年。
157. 苏生,《明末清初,面包的西食东渐》,《看历史》,2017(8)82—87。
158. 史军,《面粉,白才好吗?》,"果壳"网,2012 年 6 月 16 日。
159. 默识,《食物发展史:面条是怎样炼成的》,"果壳"网,2014 年 10 月 9 日。
160. 李振声,《我国小麦育种的回顾与展望》,《中国农业科技导报》,2010(2):1—4。
161. 卢宝荣,《青稞:来自青藏高原的圣粮》,"梦飞科学艺术空间",2019-9-7。
162. Zeng, X., et al. Origin and evolution of qingke barley in Tibet. Nat Commun 9, 5433(2018). https://doi.org/10.1038/s41467-018-07920-5.
163. University of Copenhagen, Unpublished Egyptian texts reveal new insights into ancient medicine, Science Nordic NetWriter, 2018-08-17.
164. Huai Wang et al, The origin of the naked grains of maize, Nature, Vol 436|4 August 2005|doi:10.1038/nature03863.
165. Anthony J. Ranere, et al, The cultural and chronological context of early Holocene maize and squash domestication in the Central Balsas River Valley, Mexico, PNAS, 2009, 106 (13) 5014 - 5018, https://doi.org/10.1073/pnas.0812590106.
166. Dolores R. Piperno., et al. Starch grain and phytolith evidence for early ninth millennium B. P. maize from the Central Balsas River Valley, Mexico, PNAS, 2009,106(13)5019-5024,https://doi.org/10.1073/pnas.0812525106.
167. Sonia Zarrillo, et al, Directly dated starch residues document early formative maize (Zea mays L.) in tropical Ecuador, PNAS, 2008, vol. 105:5006-5011.
168. Matsuoka, Y, et al, A single domestication for maize shown by multilocus microsatellite genotyping. Proc. Natl. Acad. Sci. USA, 2002(99),6080-6084.
169. Blake, M. (2006). Dating the initial spread of Zea mays, In Histories of Maize, J. Staller, R. Tykot, and B. F. Benz, eds. (New York: Elsevier), DO-10.1016/

B978 - 012369364 - 8/50256 - 4.
170. Douglas J. Kennet, et al, South-to-north migration preceded the advent of intensive farming in the Maya region, NATURE COMMUNICATIONS | (2022) 13:1530 | https://doi.org/10.1038/s41467-022-29158-y.
171. 张箭,《新大陆玉米在欧洲的传播研究》,《第二届中国食文化发展大会论文集》,2016:283—292。
172. 刘小方,《玛雅"玉米神"与中国棒碴粥——玉米旅行记》,《百科知识》,2023(01):39—45。
173. 酸奶没泡沫,《南方人是如何打大老虎的》,"地球知识局"公众号,2019年9月10日。
174. 闵宗殿,《中国农业通史》(明清卷),《中国农业出版社》,2016年6月。
175. fengfeixue0219,《〈星际穿越〉科学考:玉米为何能成为"末日作物"?》,"果壳"公众号,2014年11月24日。
176. 暴磊,《浅谈清代对东北的封禁政策》,《学理论》,2013年3期:140—143。
177. 王国臣,《近代东北人口增长及其对经济发展的影响》,《人口学刊》,2006(2):19—22。
178. 欧阳正平,《昔日荣光,打虎英雄陈耆芳团队成员谢朝顺讲述打虎传奇》,耒阳新闻网,2018年4月2日。
179. 张志和,《华南虎保护遗传学研究》,2006年。
180. 宋大昭,《虎年说虎:中华大地上,三种大猫悄悄回归》,"知识分子"公众号,2022年2月3日。
181. 曹晓波,《27只东北虎的"返乡"路:高铁为保护区改道》,《新京报》,2016年3月7日。
182. Xuzhiping,《中国近代东北地区耕地面积的变化》,OSGeo中国中心开放地理空间实验室网站,2016年12月9日。
183. 韩茂莉,《历史时期东北地区农业开发与人口迁移》,《中国园林》,2021,37(10):6—10。
184. 易富贤,《就清朝初年人口数量与葛剑雄先生商榷》,社会科学论坛,2010(1):150—157。
185. 郑南,《美洲原产作物的传入及其对中国社会影响问题的研究》,2009年。
186. 曹玲,《美洲粮食作物的传入、传播及其影响研究》,2003年。
187. 杰弗里·皮尔彻,张旭鹏,《世界历史上的食物》,商务印书馆,2015年。
188. 赵九然,《中国玉米生产发展历程、错在问题及对策》,《中国农业科技导报》,2013(3):1—6。
189. 唐祈林,《玉米的起源与演化》,《玉米科学》,2007(4):1—5。
190. 周正庆,《16世纪中叶以前我国蔗糖业生产概论》,《中国农史》,2003(4):24—30。
191. https://www.popcorn.org/All-About-Popcorn/History-of-Popcorn.
192. https://popmaize.com/popcorn-popper-history/.
193. 薛庆喜,《中国及东北三省30年大豆种植面积、总产、单产变化分析》,《中国农学通报》,2013,29(35):102—106。
194. 马前卒,《四千年来的大豆与贸易战》,2018年4月18日。
195. 石慧等,《大豆在中国的历史变迁及其动因探究》,《农业考古》,2019(3):32—39。

196. 赵荣光,《中国酱的起源、品种、工艺与酱文化流变考述》,《饮食文化研究》,2004(4):62—71。
197. 包启安,《酱及酱油的起源及生产技术》,《中国调味品》,1992(9):3—6。
198. 江玉祥,《关于酱油的起源和传播》,《四川旅游学院学报》,2013(5):4—7。
199. 郭红转,《豆芽生长过程中维生素C的消长规律研究》,《食品研究与开发》,2006(2):133—135。
200. 雷辉志,《清末李鸿藻公子在法国成立豆腐公司引发留法热潮》,《解放日报》,2015年2月3日。
201. 易人,《巴黎豆腐公司与留法勤工俭学》,《史学集刊》,1993(2):35—40。
202. 王保宁等,《利从江南来:明清时期华北地区的豆类作物更替》,《中国农史》,2022(2):23—31。
203. 邢邑开,《东北民营近代榨油业的创起与终局》,《辽宁大学学报:哲学社会科学版》,1997(5):16—19。
204. 姜烨,《周家炉,东北民族工业的鼻祖》,人民网,2016年11月25日。
205. 陈祥,《九一八事变前后东北大豆之殇》,《北京晚报》,2019年9月18日。
206. 迟青峰,《国际需求与东北油坊业发展研究》,《农业考古》,2018(3):91—97。
207. 尹广明,《东北大豆出口贸易衰落原因探析》,《农业考古》,2013(3):47—53。
208. 张博,《制度调整与清代东北豆货贸易格局的变迁》,《天津大学学报》,2008(6):525—528。
209. 榨油工,《新技术与农业的结合:看汽车大王亨利·福特如何将大豆运用于工业》,"油脂工程师之家"公众号,2019年10月17日。
210. 榨油工,《美国的油脂加工产业是如何领先的?》,"油脂工程师之家"公众号,2019年7月29日。
211. 费里南多·罗梅洛·维摩尔等,《阿根廷大豆从小规模种植到转基因大豆的繁盛》,《中国农史》,2020(1):38—46。
212. Shurtleff W., History of soybeans and soyfoods in Japan, and in Japanese cookbooks and restaurants outside Japan (701 CE to 2014), [electronic resource] [J], 2014:P3128.
213. 老菜的江湖,《国家豆腐地理》,"壹宅壹院"公众号,2019年12月13日。
214. 游修龄,《正确评价大豆对土壤和人体健康的作用》,《科技通报》,1988年2期。
215. 宋国,《我国食品史上的四大发明》,《食品与健康》,2003(6):26。
216. 魏水华,日本的豆腐,真的来自中国?"食味艺文志"公众号,2022年10月20日。
217. 张田,《王致和怎样创造出的臭豆腐?》北京晚报,2020年2月13日。
218. 黄永芳,《麻婆豆腐　走向世界的川菜》,《天府广记》2022年第3期。
219. 马修·罗思著,刘夙译,《魔豆:大豆在美国的崛起》,商务印书馆,2023年。
220. 张福耀等,《高粱的起源、驯化与传播》,《陕西农业科学》2022年(4):82—87。
221. 赵利杰,《试论高粱传入中国的时间、路径及初步推广》,《中国农史》,2019(1):3—14。
222. 崔凯,《中国真的摆脱粮食危机了吗?》"果壳"公众号,2019年10月29日。
223. 崔凯,《全球疫情真的会引发粮价飙升吗?》"知识分子"公众号,2020年4月8日。
224. 崔凯,《食品企业战略管理》,中国轻工出版社,2012年。
225. 李昕升等,《中国原产粮食作物在世界的传播及影响》,《农林经济管理学报》,

2017,16(4):557—562。
226. Xu, J, et al., Double cropping and cropland expansion boost grain production in Brazil, Nature Food, 2021(2),264 - 273.
227. Wentao Dong, et al., An SHR-SCR module specifies legume cortical cell fate to enable nodulation, Nature (2021)589,586 - 590.
228. 金海民,《土豆在欧洲的百年寂寞》,《学习时报》,2009 年 11 月 23 日。
229. 许荣哲,普鲁士腓特烈大帝的马铃薯,《故事课 2:好故事可以收服人心》,北京联合出版公司,2018 年 6 月。
230. 中央电视台七频道,《马铃薯的故事,从欧洲到世界》,2009 年 11 月 28 日。
231. 张博然,《土豆,身不由己地改变了世界!》,《物种日历》,2016 年 7 月 7 日。
232. 郑南,《马铃薯在中国的传播》,《文史知识》,2014(1):33—39。
233. 米原万里著,王遵艳译,《旅行者的早餐》,南海出版公司,2017 年 3 月。
234. 王秀丽,《马铃薯发展历程的回溯与展望》,《农业经济问题》,2020,No. 485(05):125—132。
235. 张箭,《马铃薯的主粮化进程——它在世界上的发展与传播》,《自然辩证法通讯》,2018(4)81—88。
236. 官君策,《1848 年泛滥欧洲的"革命风暴"》,《世界博览》,2011(4):28。
237. 崔凯《成业土豆,败也土豆》,"物种日历"公众号,2020 年 9 月 5 日。
238. 闫勇,《爱尔兰大饥荒新论:政治暴力和冷漠致百万人丧命》,人民网,2012 年 4 月 27 日。
239. 梁发芾,《英国史上《谷物法》的存废之争》,深圳特区报,2018 年 5 月 08 日。
240. Tina Kyndt, et al., The genome of cultivated sweet potato contains Agrobacterium T-DNAs with expressed genes: An example of a naturally transgenic food crop. PNAS, 2015;201419685 DOI:10. 1073/pnas. 1419685112.
241. 王建革,《从人口负载量的变迁看黄土高原农业和社会发展的生态制约》,《中国农史》,1996 年第 3 期。
242. McTavish E J, et al., 2013. New World cattle show ancestry from multiple independent domestication events, PNAS April 9,2013 110 (15) E1398 - E1406, https://doi. org/10. 1073/pnas. 1303367110.
243. 陈桂权,《中西农业文明中的牛耕与马耕》,《史志学刊》,2017(1):61—64。
244. 尹绍亭,《我国犁耕、牛耕的起源和演变》,《中国农史》,2018(4):14—23。
245. 徐燕,《从汉代画像石看汉代的牛耕技术》,《农业考古》,2006(1):132—135。
246. 姚义斌等,《从汉画像石看两汉牛耕技术的进步——兼论两汉时期南方地区的牛耕问题》,《扬州大学学报》,2014(5):67—73。
247. 许倬云,《汉代农业》,江苏人民出版社,2019 年。
248. 马克·B·陶格,刘健等,《世界历史上的农业》,商务印书馆,2015 年 1 月。
249. 吕厚远,《中国史前农业起源演化研究新方法与新进展》,《中国科学》,2018(2):181—199。
250. 赵志军,《中国古代农业的形成过程》,《第四纪研究》,2014(1):73—82。
251. 一个男人在流浪,《在汉代,杀牛可是要砍头的》,"物种日历"公众号,2018 年 6 月 19 日。
252. 王传满,《中国古代妇女地位的历史变迁》,《哈尔滨市委党校学报》,2008(9):

69—73。

253．中国农业博物馆，《五千年农耕的智慧》，中国农业出版社，2018 年。

254．纪业，《基于"新异性的标准"的史识达成研究——以"铁犁牛耕"教学内容为例》，《中学历史教学》，2019(12)。

255．崔凯，《牛耕、拖拉机与数字农业》，"科学春秋"公众号，2019 年 1 月 20 日。

256．星球研究所，《人类味道简史》，瞭望智库，2019 年 4 月 7 日。

257．秦永洲，《中国社会民俗史》，武汉大学出版社，2014 年。

258．赵志军，《中华文明形成时期的农业经济发展特点》，《中国国家博物馆馆刊》，2011(1)：19—31。

259．王毓瑚，《我国自古以来的重要农作物》，《农业考古》，1981(2)：17—24。

260．刘歆益，《史前时代的农业全球化》，"东方历史评论"公众号，2019 年 7 月 29 日。

261．查尔斯·曼恩，朱菲等，《1493：物种大交换开创的世界史》，中信出版社，2016 年。

262．朗博，《为什么中国人使用筷子，西方人使用刀叉？》，《人生与伴侣》，2017(5)：63。

263．韩茂莉，《中国古代农作物种植制度略论》，《中国农史》，2000(3)：91—99。

264．韩茂莉，《世界农业起源地的地理基础与中国的贡献》，历史地理研究，2019(1)：114—124

265．党明丽，《宋代的饮食与植物油》，科教导刊(中旬刊)，2019(17)：136—137。

266．唐宝才，《阿拉伯文化及其对世界的影响》，《西亚非洲》，1981(6)：55—60。

267．张箭，《咖啡的起源、发展、传播及饮料文化初探》，《中国农史》，2006(2)：22—29。

268．高永久，《伊斯兰教与帖木儿》，《西北民族研究》，1993(1)289—295。

269．陈浩武，《重新认识伊斯兰文明》，"学人 Scholar"公众号，2021 年 10 月 25 日。

270．严敦杰，《阿拉伯数码字传到中国来的历史》，《数学通报》，1957(10)：1—4。

271．何炳棣，《美洲作物的引进、传播及其对中国粮食生产的影响》，《世界农业》，1979(4)：34—41。

272．王利松等，《影响世界的南美植物》，《人与生物圈》，2022(4)：6—15。

273．周新郢，《全球作物大交换：探源东西方文明"架桥者"》，文汇报，2020 年 7 月 5 日。

274．玛乔丽·谢弗，顾淑馨，《胡椒的全球史》，上海三联书店，2019 年。

275．Timmermann et al.，Late Pleistocene climate drivers of early human migration，Nature，volume 538，p92－95(2016).

276．彭旻晟，《现代人类如何来到中国？》，《北京日报》，2014 年 9 月 10 日。

277．竺可桢，《中国近五千年来气候变迁的初步研究》，《中国科学》，1973(2)。

278．许纪霖，《你所知道与不知道的南北文化》，"新三界"公众号，2021 年 1 月 23 日。

279．黄仁宇，《赫逊河畔谈中国历史》，九州出版社，2015 年。

280．魏特夫，徐式谷等，《东方专制主义》，中国社会科学出版社，1989 年。

281．许靖华，《太阳，气候，饥荒与民族大迁移》，《中国科学》，D 辑，1998(4)：366—384。

282．张国刚，《人类的童年与文明的边疆》，《读书》，2020(5)：100—109。

283．刘禹，《青藏高原中东部过去 2485 年以来温度变化的树轮记录》，《中国科学：地球科学》，2009，39(39)：166—176。

284．王绍武，《全球气候变暖争议中的核心问题》，《地球科学进展》，2010(6)：656—665。

285．Zhang，Yet al，Projected climate-driven changes in pollen emission season length and magnitude over the continental United States. Nature Communications，

2022,(13),1 - 10. https://doi. org/10. 1038/s41467-022-28764-0.
286. 宋歌,《艰难动荡的2020,谁是幕后黑手?》,“地理公社”公众号。
287. 水木森,《匈奴简史》,民主与建设出版社,2016年。
288. 王凯迪,《大明费举国之力为什么守不住一个辽东?》,新浪网,2020年6月21日。
289. 黄仁宇,《1619年的辽东战役》,明史研究论丛,1991(2):174—196。
290. 徐志宇,《藏粮于生态——保护农业生态环境》,《人与生物圈》,2021年(4)42—47
291. Liangcheng Tan, Great flood in the middle-lower Yellow River reaches at 4000 a BP inferred from accurately-dated stalagmite records, Science Bulletin, Volume 63, P206 - 208(2018).
292. 张德二等,《1876—1878年中国大范围持续干旱事件》,气候变化研究进展,2010(2):106—112。
293. Aixing Deng et al., Cropping system innovation for coping with climatic warming in China, The Crop Journal, Volume 5, Issue 2:136 - 150(2017), https://doi. org/10. 1016/j. cj. 2016. 06. 015.
294. 伊诺克·奇卡瓦,《迎战气候变化,守护小农户脱贫之路》,“盖茨基金会”公众号,2021年11月3日。
295. 刘强,《中国高产水稻加速全球变暖?》,“科学辟谣”公众号,2019年12月18日。
296. 王绍武等,《近千年全球温度变化研究的新进展》,《气候变化研究进展》,2007(1):14—19。
297. 符栋栋,《中国二氧化碳排放及现状分析》,《商情》,2016(28)。
298. 管清友,《碳中和,藏着一场资本大局》,“正和岛”公众号,2021年7月23日。
299. 生态环境部,《中华人民共和国气候变化第二次两年更新报告》,2018年12月。
300. Jiang, Jan K, et al., Higher yields and lower methane emissions with new rice cultivars, Global change biology, 02 May 2017, https://doi. org/10. 1111/gcb. 13737.
301. Maisa Rojas et al., Emergence of robust precipitation changes across crop production areas in the 21st century, PNAS April 2,2019 116 (14) 6673 - 6678, first published March 11,2019,https://doi. org/10. 1073/pnas. 1811463116.
302. The 2021 China report of the Lancet Countdown on health and climate change: seizing the window of opportunity, https://www. thelancet. com/journals/lanpub/article/PIIS2468-2667(21)00209-7/fullt.
303. 蔡闻佳,《热浪、洪水、野火如何威胁中国人的健康》,《柳叶刀》,“知识分子”公众号,2021年11月9日。
304. 尹亚利,《民以食为天——粮食与古希腊文明的兴衰》,人民政协网,2020年9月17日。
305. 冯正好,《论中世纪西欧的农业》,《农业考古》,2016(4):223—228。
306. Douglas Hurt, Agriculture in American history: Productivity, Power, and Unintended Consequences,《圆桌对谈:农业能给美国历史拿些什么上台面》(在线国际会议),2023年7月15日。
307. 刘琨,《近代美国作物采集活动研究》,农业考古,2015(4):246—252。
308. 黎裕等,《美国植物种质资源保护与研究利用》,《作物杂志》,2018(6):1—9。
309. 董恺忱,《东亚与西欧农法比较研究》,中国农业出版社,2007年。

310． 刘杰,《19 世纪 70 年代的英国农业危机及其影响》,《世界历史》,1999(3):29—34。
311． 付成双,《试论美国工业化的起源》,《世界历史》,2011(1):44—55。
312． 高祥峪,《第一次世界大战与美国大平原尘暴区的形成》,世界历史,2013(4):43—51。
313． 金攀,《美国保护性耕作发展概况及发展政策》,《农业工程技术》,2010(11):23—25。
314． 冯继康,《美国农业补贴政策:历史演变与发展走势》,中国农村经济,2007(3):73—78。
315． 曾中平,《罗斯福农业政策对中国农业发展的启示》,南京农业大学硕士论文,2010。
316． 刘卫东,《美国农业地域专门化及其对我国农业发展的启示》,《经济地理》,1992(2):60—65。
317． 王思明,《工业化、城市化与农业变化——中美农业发展比较研究》,《中国经济史研究》,1995(3):119—126。
318． 张小玉等,《技术变化下的资源、环境与社会——中美农业发展比较研究》,《古今农业》,1998(4):18—27。
319． 王思明,《人口,资源与技术演变:中美农业发展比较研究》,《中国农史》,1997(1):84—94。
320． 周励,《亲吻世界——曼哈顿手记》,上海三联书店,2020 年。
321． 高道明,《美国对外粮食援助政策演变及其对中国的启示》,《中国农业大学学报》(社会科学版),2018(2):106—113。
322． 李志方,《探析"二战"后美国粮食外交的演变》,广东外语外贸大学硕士论文,2009。
323． 刘景江,《1995/1996 年度世界粮食严重短缺评析》,《国际社会与经济》,1996(7):11—13。
324． 朱敬东,《从美国七十年代粮油出口情况看八十年代出口潜力》,《世界农业》,1981(9):54—57。
325． 聂琦,《美国的粮食生产与出口情况》,《中国粮食经济》,2019(6):60—63。
326． 贠方悦,土壤正在退化,东北尤其严重,"地球知识局"公众号,2022 年 7 月 3 日。
327． 朱雪峰,《中国地大,为啥就东北的土是黑的?》,"土壤观察"公众号,2020 年 7 月 27 日。
328． 郭睿,《拿什么拯救你? 留住飞速消失的东北黑土》,《中国国家地理》,2019(11):128—147。
329． 乔金亮,《黑土地变薄令人担忧》,《经济日报》,2015 年 7 月 28 日。
330． 陈能场,《土壤健康与人类健康之间的联系》,"土壤家"公众号,2020 年 5 月 15 日。
331． 甄一凡,《曾肆虐上百年的怪病,病因仍然成谜》,"果壳"公众号,2020 年 3 月 31 日。
332． 王凯等,《土壤作物系统中的硒与人体健康》,《肥料与健康》,2020,47(1):5—10。
333． 褚海燕等,《保持土壤生命力,保护土壤生物多样性》,《科学》,2020(6):42—46。
334． 杨帆等,《近 30 年中国农田耕层土壤有机质含量变化》,《土壤学报》,2017(5):1047—1056。
335． 尚二萍等,《中国粮食主产区耕地土壤重金属时空变化与污染源分析》,《环境科学》,2018(10)。
336. 张汉友,《水稻秸秆还田的利弊与措施》,《农村科学实验》,2018(4):61。
337. 陈绍荣等,《我国土壤在不断酸化——土壤酸化及酸性土壤调理剂》,《中国农资》,2012(48):22。
338. 赵永存等,《中国农田土壤固碳潜力与速率:认识、挑战与研究建议》,《中国科学院院刊》,2018(2):191—197。
339. 祝叶华,《土壤塑料污染,竟比海洋还严重?》,“我是科学家”公众号,2019 年 11 月 12 日。
340. 宗华,《土壤分析为法医科学再添利器》,《中国科学报》,2015 年 4 月 29 日。
341. 富兰克林·H. 金,程存旺等译.《四千年农夫中国、朝鲜和日本的永续农业》,东方出版社,2011 年。
342. 弗·卡特等,《表土与人类文明》,中国环境科学出版社,1987 年。
343. 杨枭,《亚历山大·洪堡:最后一位科学通才》,“知识分子”公众号,2018 年 11 月 9 日。
344. 何安安,《第二位“哥伦布”的南美探险之旅》,《新京报》,2019 年 9 月 14 日。
345. 关山远,《秘鲁兴衰史:40 年的“鸟粪繁荣”曾让它有钱又任性》,新华每日电讯,2016 年 12 月 02 日。
346. 任克佳,《失落的财富:19 世纪秘鲁“鸟粪时代”兴衰初探》,中国拉丁美洲史研究会第 17 届年会,2010:187—191。
347. 赵方杰,《空气炼金术》,“土壤观察”公众号,2020 年 5 月 19 日。
348. 杨朔,《弗里茨·哈伯:养活了二十亿人的“化学战之父”》,“知识分子”公众号,2021 年 9 月 3 日。
349. 周程,《硝酸铵简史 生存还是毁灭?》,《中国科学报》,2020 年 8 月 13 日。
350. 吕天石,《肥料、火药与中拉新航路开辟:民国时期中国智利硝石贸易探析》,《贵州社会科学》,2020(9):66—73。
351. 张卫峰等,《中国氮肥发展、贡献和挑战》,中国农业科学,2013(15):3161—3171。
352. 张凤荣,《走出误区,正确认识有机肥与有机农业》,“土壤观察”公众号,2020 年 7 月 24 日。
353. 陈能场等,《乡村振兴,护土先行》,《人与生物圈》,2021(4):48—51。
354. 万连山,《现代农业,锁困在石油中》,“格隆”公众号,2022 年 3 月 15 日。
355. 余伟民,《历史细节中的俄国革命》,《中华读书报》,2015 年 6 月 3 日。
356. 张成志,《反思历史上的饥荒事件》,《中国粮食经济》,2019 年第 6 期。
357. 崔凯,《中粮“全产业链”之惑》,《中欧商业评论》,2010(3):29。
358. 卢宝荣,《一个掀起了“绿色革命”的基因,梦飞科学艺术空间》,2019 年 2 月 27 日。
359. 卢宝荣,《雄性不育基因成就了伟大的杂交水稻》,梦飞科学艺术空间,2019 年 2 月 24 日。
360. 徐济明,《非洲出口经济作物种植业的形成》,《西亚非洲》,1987(1):49—58。
361. 曾尊固,《非洲经济作物的发展趋向》,《西亚非洲》,1984(2):39—45。
362. 安静,《浅谈达尔文进化论与马尔萨斯人口论的关系》,《农家参谋》,2018(7):158。
363. 一颗青木,《丁戊奇荒和粮食规律》,远方青木,2019 年 12 月 15 日。
364. 张宏杰,《饥饿的盛世》,重庆出版集团,2016 年。
365. 陈永伟等,《“哥伦布大交换”终结了“气候—治乱循环”吗?——对玉米在中国引种和农民起义发生率的一项历史考察》,《经济学》,2014(3):1215—1238。
366. 赵博文,《浅谈英国 1813 年粮食危机与〈谷物法〉》,吉林省教育学院学报,2012(11):110—113。
367. 周邦君,《晚清四川鸦片生产及其动因探析》,《西华大学学报》,2006(3):39—43。
368. 吴朋飞等,《鸦片在清代山西的种植、分布及对农业环境的影响》,《中国农史》,2007(3):39—48。
369. 方骏,《中国近代的鸦片种植及其对农业的影响》,《中国历史地理论丛》,2000(2):71—91。
370. 付金才,《秦国斩首考》,《历史教学》,2008(8):109—111。
371. 温伯陵,《一读就上瘾的中国史》,台海出版社,2020 年 9 月。
372. 胡泽学等,《农耕文化视域下中华优秀传统文化长盛不衰之原因阐释》,《农业考古》,2022(1):251—259。
373. Pan X F, etc., Epidemiology and determinants of obesity in China. The Lancet Diabetes & Endocrinology, 2021,9(6):373 - 392.
374. Huang, L, et al., "Nutrition transition and related health challenges over decades in China", European Journal of Clinical Nutrition, 2020(10B):1 - 6.
375. 崔凯,《中国生物质产业地图》,中国轻工出版社,2009。
376. 崔凯等,A look at food security in China, npj Science of Food, 2018(2):4—5。
377. 崔凯,《用大豆反制美国贸易战? 没那么简单!》知识分子"公众号,2018 年 3 月 27 日。
378. 崔凯,《公众为什么质疑转基因?》,"果壳"公众号,2018 年 9 月 3 日。
379. 张善余,《中国人口地理》,科学出版社出版,2007 年。
380. 余也非,《中国历代粮食平均亩产量考略》,重庆师范大学学报(哲学社会科学版),1980(3):8—20。
381. 吴慧,《中国历代粮食亩产研究》(增订再版),中国农业出版社,2016 年。
382. 吴宾,《论中国古代粮食安全问题及其影响因素》,《中国农史》,2008(1):24—31。
383. 魏科,《如果把喜马拉雅山炸开一个大口子,西北会变成鱼米之乡吗?》,瞭望智库,2021 年 6 月 15 日。
384. 沈孝辉,《科技创新、有机生态与田园艺术—记荷兰语以色列的农业》,《人与生物圈》,2021(4)100—107。
385. Xinru Li, Spatio-temporal analysis of irrigation water use coefficients in China, Journal of Environmental Management, https://doi.org/10.1016/j.jenvman.2020.110242.
386. 赛斯·西格尔,《创水记:以色列的治水之道》,上海译文出版社,2018 年。
387. 崔冰等,《植物蛋白肉制品结构设计与研究进展》,《华中农业大学学报》,2021(6):211—219。
388. 方舟子,《孟德尔的幸与不幸,生命世界》,2005(3):102—105。
389. 商周,《孟德尔:被忽视的巨人》,"知识分子"公众号,2021 年 12 月 29 日。
390. B. M. 梅德尼科夫,《尼古拉·瓦维洛夫的生平和贡献》,科学对社会的影响,1990(2):28—34。
391. 王器,《站在捍卫科学真理的最前列——尼·依·瓦维洛夫其人其事》,《苏联东欧问题》,1988(4):84—88。

392．孙慕天，《“李森科事件”的启示》，《民主与科学》，2007(3)：17—20。
393．孙琦等，《美国商业玉米种质来源及系谱分析》，《玉米科学》，，2016(1)：8—13。
394．王文仙，《“二战”后墨西哥农业生产转型与粮食问题》，《拉丁美洲研究》，2020(6)：82—101。
395．张繁等，《种子包衣技术研究现状及展望》，《作物研究》，2007(5)：531—535。
396．陈井生等，《北京小黑豆在大豆抗胞囊线虫育种中的应用研究进展》，《中国植物病理学会2012年学术年会论文集》，2012：330—335。
397．徐可，《迈向第三代杂交小麦：中国科学家最新突破》，“知识分子”公众号，2017年11月11日。
398．崔凯，《构建可持续的“天下粮仓”》，《人与生物圈》，2021(3)：60—67。
399．崔凯等，《中美公众的转基因态度差异及公众质疑转基因原因探析》，《华中农业大学学报》(社会科学版)，2020(6)：155—159。
400．王磊等，《基于种业市场份额的中国国际种业竞争力分析》，《中国农业科学》，2014(4)：796—805。
401．崔铮，《俄罗斯农业“逆袭”》，《环球》，2019(2)：54—56。
402．郑英杰等，《辽宁省杂交粳稻发展存在的问题与策略》，《辽宁农业科学》，2016(2)：43—47。
403．National Academies of Sciences，Genetically Engineered Crops：Experiences and Prospects，2016.
404．Klümper W，Qaim M. A Meta-Analysis of the impacts of genetically modified crops，Plos One，2014;9(11)：e111629.
405．崔凯，《转基因发展历程：希望与诅咒》，“知识分子”公众号，2018年6月17日。
406．邓兴旺，《作物驯化一万年：从驯化、转基因到分子设计育种》，“知识分子”公众号，2019年1月5日。
407．顾卓雅，《一步实现作物杂交制种，基因编辑技术将引领农业变革?》，“知识分子”公众号，2020年7月28日。
408．Kai Cui et al.，Public perception of genetically modified (GM) food：A Nationwide Chinese Consumer Study，Npj science of food，2018(1)：1 - 8，DOI：10.1038/s41538-018-0018-4.
409．杨婧等，《传播与解读的博弈：基于转基因科普文本的评论分析》，《华中农业大学学报》，2020(1)：143—152。
410．History of Seed in the U.S.，http://www.centerforfoodsafety.org/files/seed-report-for-print-final_25743.pdf
411．胡璇子，《数字农业为作物保护提供新方案》，《中国科学报》，2018年5月16日。
412．周清波等，《数字农业研究现状和发展趋势分析》，2018(1)：1—9。
413．达尔文著，苗德岁译，《物种起源》，译林出版社，2013年10月。
414．崔凯，《最后的农民：四十年前的乡村记忆》，“科学春秋”公众号，2018年9月30日。
415．迈克尔·波伦，岱冈译.《为食物辩护》，中信出版集团，2017年。
416．Food and Agriculture Organization of the United Nations，The Cereal Supply and Demand Brief，May 6，2022.
417．国家统计局，《关于2021年粮食产量数据的公告》，2021年12月6日。

418. 申卫峰,《以色列:沙漠里的“水硅谷”》,《深圳特区报》,2022年1月12日。
419. Beddow J M, et al. The Shifting Global Patterns of Agricultural Productivity [J]. Choices: The Magazine of Food, Farm, and Resource Issues, 2009, 24(4): 1-10.
420. Liao D, et al. A nationwide Chinese consumer study of public interest on agriculture. npj Science of Food. 2022(32). https://doi.org/10.1038/s41538-022-00147-1.
421. 中央电视台新闻频道,《总台记者探访人类最北居住地,揭秘斯瓦尔巴的“末日种子库”》,央视新闻客户端,2023年5月9日。

后　　记

2022年，我大学毕业整整30年。至今记得当年迈入吉林农业大学校门时的情景——那天阳光灿烂，我拎着用粗麻绳捆起的行囊，新奇地四处张望着。岁月如歌，转眼间30年过去，已经两鬓染霜。青春是用来奋斗的，青春也是用来回忆的。有时真想可以穿越回大学时代，迎面走来懵懵懂懂的自己，约他坐下来，聊聊人生。

感谢六位授业恩师：宾夕法尼亚大学保罗·罗津（Paul Rozin）教授、加州大学戴维斯分校沙朗·舒梅克（Sharon Shoemaker）教授、华东师范大学俞文钊教授、江南大学丁霄霖教授、吉林农业大学雷籽耘教授和宋慧教授，是他们给了我人生机遇，让我这个农家子弟能够有机会在这五所大学里学习和工作。

感谢上海三联书店的首席编辑匡志宏女士。在探讨书稿时，我曾向她许下一个心愿——写成一本十年后仍会有人读的书。匡老师是著名的出版人，吴敬琏、刘道玉、周励等前辈的书籍都出自她手。2004年，就是在匡老师的帮助下，我的第一本拙作得以出版。这本《谷物的故事》是我写的第十本书，从架构到文风，匡老师都给予了宝贵的修改建议。还要感谢刘琼编辑对叙事风格和配图提出的修改意见。

感谢“果壳”和“知识分子”等媒体。这本书的部分章节内容曾在这些平台上推出，收获了千万级的浏览量。读者留言中有很多建议和质疑，不仅鞭策我前行，也让我体会到通识传播的社会意义。感谢廖丹凤老师和柯李晶老师，我们在全国范围内合作完成了“公众关注的农业”社会调查，调查结果让我对读者有了更多的了解。廖老师一直关心这本书的写作，她多次邀请我参加中国农学会组织的科普活动，让我结识了很多同道中人。

为了厘清一些问题的来龙去脉，我查阅了很多文献，文末列出了主要的400多篇。这么多功课做下来，感觉像是又读了一回博士。感谢《自然》和《中国农史》等中外学术刊物，感谢众多的参考文献作者，特别向王毓瑚、余也非、何炳棣、游修龄、吴慧、许倬云、闵宗殿、董恺忱、韩茂莉、赵志军、王思明、曾雄生等有思想、有情怀的农史学人致敬。他们的学术成果让我在很多专业问题上找到了学术支撑。

书中很多内容源自乡村生活经历和农业实践调研。感谢以下良师益友（按照姓氏首字母排序）：岑涛、陈刚、陈能场、陈守文、陈晓雪、程莉、程永、崔树宽、崔树程、邓召明、邸利会、丁月梅、范敬群、高玉琪、葛勇、郭科、郭世伟、谷文英、洪广玉、惠家明、黄写勤、姜宝财、姜城、姜福成、蒋黎琼、金新文、金征宇、康玉荣、寇立群、李冬阳、李坤、李丽娟、李琳一、李飘、李晓明、刘波、刘峰、刘汉林、刘夙、刘晓印、刘岩、刘炎林、刘旸、刘煜才、刘浴辉、刘钟栋、卢宝荣、卢祥、卢勇、罗娅萍、马德良、Muriel Magnin、潘艳、皮万春、曲仑、阮杨、邵玺文、沈若川、宋慧、孙飞舟、孙敬亭、王彩玲、王城、王德辉、王丕武、王武、王兴国、王允野、王蕴波、吴兆韡、夏伟玉、徐县、杨江义、杨英、姚卫蓉、要明天、张春新、张辉、张继涛、张君、张英、张玉茹、赵大云、赵仁贵、赵亚繁、仲伯良、周胜、周素梅、朱红梅等。他们既有专家学者和媒体人士，也有普通农民和农业实践者。在很多问题上，他们给予了我专业的指导和帮助。

感谢几位不知名的推拿师，他们的精准拿捏缓解了我的颈椎病，让我能够完成近 20 万字的书稿。感谢家里的那块小菜园，电脑前坐久了，就去看看茂盛生长的蔬菜，数数又新结了多少黄瓜、丝瓜和青椒，放松身心。感谢电脑里的 3000 首歌曲，写作时旋律响起，和着噼噼啪啪的键盘声，文思涌动，天马行空。感谢袁阔成、刘兰芳等艺术家，从小就倚在收音机前听他们的评书，浸染了贴近生活的语言风格。

感谢抚养我度过童年时光的爷爷和奶奶，感谢天堂里的爸爸和垂暮的妈妈，回想起当年他们日夜操劳的身影，慨叹“子欲养而亲不待”。感谢岳父岳母的照顾，当我沉浸在书房里时，二老已经帮我准备好了饭菜。感谢妻子这些年的理解和支持，她也是这本书稿的第一个读者。每每我将自以为通顺的打印稿件交到她手里，立马就会变得满目疮痍，密布着各种修改批注。还有 12 岁的女儿筱野，“小棉袄”的拥抱是父亲最好的慰藉。女儿帮我绘制了书中的多幅图片，还经常向我发问，从乡村野趣到星辰大海。

本书上市后，在上海图书馆举办了新书发布会，中央电视台等 50 多家媒体刊登了对我的专访或书讯书摘。谷物并不是个吸引眼球的话题，媒体朋友如此热情，让我既感恩又惶恐。未曾谋面的陈晓卿导演在看到书后热情邀请我担任纪录片《谷物星球》的学术顾问，B 站百大 UP 主“鬼谷藏龙”（唐骋博士）还节选书中的精华内容做成了短视频系列，每一条浏览量都突破 100 万。也有良师益友提出了一些有益的意见和建议，值此加印之际，我做了数十处修订，并补充最新考证的资讯一万多字，以飨读者。

我还想告诉大家一个朴素的道理：在谷物的世界里，每个物种都有自己闪光的地方。如果你是大豆，不必在意产量不如水稻，不要叹息种植面积不如小麦，更不用自卑高度不如玉米。因为凭借高蛋白质含量和独特的根瘤菌，大豆就可以立足田野、走遍世界。面对真实的自己，成为最好的自己，这就是谷物的智慧。

“莫听穿林打叶声，何妨吟啸且徐行。”这本书三易其稿，写了整整四年，呕心沥血，“痛并快乐着”。我觉得修改书稿很像在田里锄地碎土——要静得下心来，把枯燥的内容不断敲碎和重组，让其变得平整顺畅。终于完稿了，眼前又浮现出故乡的原野。“愿你出走半生，归来仍是少年。”

2023 年 4 月 23 日（世界读书日），国家图书馆发布第十八届文津图书奖，《谷物的故事》获得推荐图书奖。谨以此书，献给所有给予我关怀和爱心的人们！

崔　凯

2023 年冬至